최신
동물보건영양학

오희경 · 김미지 · 송광영 · 이경동 · 이재연 · 이형석 · 정현아 · 강민희 공저

김유용 · 도성호 감수

머리말

최근 우리나라는 1인 가구와 핵가족의 증가 등으로 가족 형태가 다양해지면서 반려동물을 키우는 인구수가 지속적으로 증가하고 있다. 반려동물을 키우는 인구수의 증가는 의료, 사료, 미용, 숙박, 금융 등 다양한 분야로 산업을 확장시켰고, '펫노미(반려동물 산업)'라는 신조어까지 등장하였다. 반려동물 산업의 큰 발전을 위해서는 그 무엇보다도 반려동물 영양학에 대한 관심과 이해를 높이고 올바른 지식을 전달하는 것이 중요하다.

반려동물 영양학은 반려동물이 생명을 유지하고 건강하게 활동하기 위해서 영양소를 함유한 사료를 매일 섭취, 소화, 흡수하고 대사활동 유지에 관한 내용을 다룬 학문이며, 반려동물 산업에서 가장 초석이 되는 학문이라고 할 수 있다. 그동안 반려동물 영양학에 대한 외국 서적들은 출판되고 있지만, 국내에서 반려동물 영양학 교재는 현재 상당히 미흡한 실정이라 박영스토리의 주선으로 여러 대학의 뜻을 같이하는 교수님들과 함께 집필을 하게 되었다.

2019년에 동물병원 내에서 수의사의 진료업무를 보조할 수 있는 역량 있고 전문성을 갖춘 수의 보조인력 양성을 위해 수의사법이 개정됨에 따라, 2022년 이후부터는 매년 농림축산식품부에서 주관하는 국가자격시험을 통해 동물보건사가 배출되고 있다. 동물보건사는 동물에 대한 관찰, 체온·심박수 등 기초 검진 자료의 수집, 간호판단 및 요양을 위한 간호 등 동물 간호 업무와 동물 진료 보조 업무를 수행하고 있다. 따라서 숙련되고 전문성 있는 동물보건사의 역량을 키우기 위해 학생들에게 길라잡이 역할을 하였으면 하는 마음으로 '최신 동물보건영양학'이란 제목으로 출판하게 되었다.

본서는 반려동물이 섭취한 다양한 영양소들의 대사과정을 비롯하여 반려동물 체내에서 일어나는 다양한 생화학적 변화들을 쉽게 이해할 수 있도록 집필하였다. 또한 최근 반려동물 분야의 연구방향을 고려하여 전반부는 기본적인 영양소의 특징과 이들 영양소의 소화 및 흡수와 관련된 내용을 다루었으며, 후반부에는 반려동물 영양소 요구량 및 사료에 대한 내용을 설명하여 반려동물 영양학을 학습한 학생들이 영양학을 실제 반려동물 양육관리뿐만 아니라 반려동물의료산업에 어떻게 적용할 수 있는지를 알 수 있도록 구성하였다.

본서를 출판하기까지 많은 교수들의 아낌없는 노고에 감사드리며, 원고를 꼼꼼히 감수해주신 서울대학교 김유용 교수님과 도성호 박사님에게도 심심한 감사의 마음을 드리고 싶다. 또한 출판을 위하여 산파 역할을 해주신 박영스토리의 직원분들께도 감사의 마음을 드리고 싶다. 앞으로 이 본서를 통하여 동물보건사 분야의 학생들뿐만 아니라 많은 이들이 반려동물 영양학의 중요성을 이해하고 반려동물 의료산업에 많은 관심을 갖게 된다면 이 책을 집필하게 된 큰 보람을 가질 수 있을 것으로 생각한다.

2023년 8월

저자대표 오 희 경

목차

CHAPTER

03 지질과 대사 작용

CHAPTER

04 단백질과 대사작용

CHAPTER

08 에너지 요구량

CHAPTER

09 영양소 요구량

CHAPTER

10 펫푸드의 종류와 특징

CHAPTER 01

반려동물 영양학 정의 및 반려동물의 소화기관

반려동물 영양학 정의 및 반려동물의 소화기관

제1절 반려동물 영양학 정의

반려동물 영양학이란 반려동물이 사료를 섭취하고 체내 구성요소가 되는 사료 내 영양소를 이용하여 생명을 유지하고 성장하며 건강이 유지 또는 변화되어 가는 모든 과정에 대하여 연구하는 학문이다. 또한, 섭취한 배합사료의 종류와 영양가를 평가하고, 영양의 균형을 극대화할 수 있는 배합사료 및 배합사료를 구성하는 원료사료의 영양소 함량과 특성에 대해 연구한다. 더 나아가 동물의 생리적 특징 및 성장단계별 영양소 요구량 설정에 대한 연구를 할 뿐만 아니라 각 영양소의 체내 역할, 요구량, 결핍증세 및 과잉증세 등에 대해 연구하는 학문이다.

1 영양소 종류와 특성의 정의

반려동물은 생명을 유지하고 정상적인 성장 및 신체기능의 유지를 위해 여러 요소를 외부로부터 지속적으로 제공받아야 한다. 동물이 섭취하는 사료에는 에너지를 공급하거나 생체를 구성, 조절하는 영양소들이 함유되어 있고, 종류에 따라 체내에 합성되기는 하나 대부분은 사료를 섭취함으로써 얻게 된다. 영양소란 체내에서 충분한 양을 합성할 수 없기 때문에 사료를 통해서 공급을 받아야 하는 영양물질로 체내에서 다양한 역할에 관여한다. 즉 영양소(nutrients)는 사료를 구성하고 있는 성분이며 체내 에너지를 제공하고, 성장 및 다양한 생리기능을 조절함으로써 동물의 생명과 건강을 유지하는 데 필요한 성분이다. 체내에 필수적인 영양소로는 탄수화물, 지방, 단백질, 비타민, 무기질, 수분 등 6가지가 있다(표 1.1). 영양소 중 탄수화물, 지방, 단백질은 체내에서 필요한 에너지를 생성하는 영양소로서 열량 영양소라고 한다. 비타민과 무기질은 에너지를 제공하지는 못하나 체내에서 미량만이 필요하며 체내 생리적 조절 작용을 하기 위해 필요한 영양소로서 조절영양소라고 한다. 수분(water)은 동물의 체조성에서 가장 높은 비율을 차지하는 성분이지만 그 중요성이 과소평가되는 경향이 있으나, 실제로는 가장 중요한 영양소 중 하나이다.

〈표 1.1〉 필수 영양소의 종류

<table>
<tr><td rowspan="3">에너지 영양소</td><td>탄수화물</td><td colspan="2">포도당</td></tr>
<tr><td>지방(지질)</td><td colspan="2">리놀레산, 리놀렌산</td></tr>
<tr><td>단백질(아미노산)</td><td colspan="2">히스티딘, 이소루신, 루신, 메티오닌, 리신, 페닐알라닌, 트레오닌, 트립토판, 발린</td></tr>
<tr><td rowspan="5">조절 영양소</td><td rowspan="2">비타민</td><td>지용성 비타민</td><td>비타민 A, D, E, K</td></tr>
<tr><td>수용성 비타민</td><td>티아민, 리보플라빈, 나이아신, 판토텐산, 비오틴, 비타민 B_6, 엽산, 비타민 B_{12}, 비타민 C</td></tr>
<tr><td rowspan="2">무기질</td><td>다량 무기질</td><td>칼슘, 인, 마그네슘, 소디움, 포타슘, 염소, 황</td></tr>
<tr><td>미량 무기질</td><td>철분, 아연, 구리, 요오드, 불소, 셀레늄, 망간, 크롬, 몰리브덴</td></tr>
<tr><td>물</td><td colspan="2">물</td></tr>
</table>

2 영양의 정의

사료에 함유되어 있는 영양소는 소화 과정을 거쳐 소장에서 흡수가 이루어지고, 소화되지 않은 성분들은 체외로 배출한다. 영양이란 동물이 사료를 섭취 후 소화, 흡수과정을 거쳐 영양소를 이용함으로써 건강을 유지하고, 노폐물은 체외로 배설하는 일련의 과정을 말하며 단계별 과정은 다음과 같다(그림 1.1). 첫 번째 단계는 섭취과정(ingestion)으로 체내로 사료를 받아들이는 단계로 주로 입에서 일어난다. 두 번째 단계는 소화(digestion)과정으로 사료 내 고분자 영양소가 저분자 영양소로 분해되는 과정이며, 주로 위(stomach)와 소장(small intestine)에서 일어난다. 세 번째 단계는 흡수(absorption)과정이며 작은 화학 단위로 분쇄된 영양소를 소장에서 흡수하여 혈액으로 보내 간(liver), 근육(muslce) 등으로 운반하는 단계이다. 마지막으로 배설(excretion)과정은 소화되지 않은 노폐물을 체외로 배설하는 단계로 주로 대장에서 일어난다.

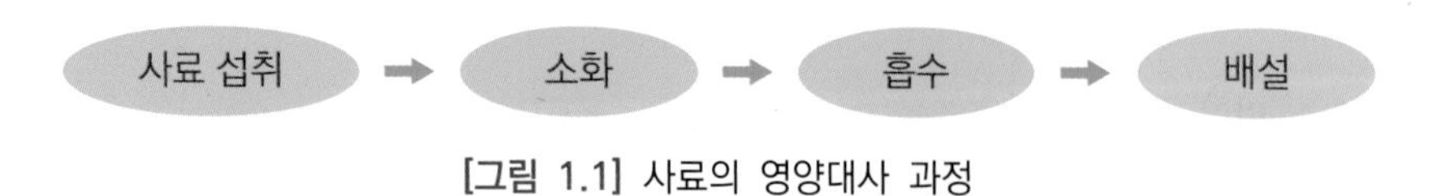

[그림 1.1] 사료의 영양대사 과정

제2절 반려동물 소화기관 특징

반려동물이 정상적인 성장과 생명현상을 지속적으로 유지하고 활동하기 위해서 탄수화물, 지질, 단백질, 비타민, 무기질, 수분 등과 같은 영양소의 지속적인 공급이 필요하다. 동물에게 있어서 필요한 영양소는 사료의 형태로 섭취하게 되는데, 섭취하는 영양소는 사료 내에서 대부분 고분자 상태로 존재하며 이러한 영양소가 효과적으로 흡수되기 위해서는 저분자 상태로 분해되어야 한다. 동물의 소화기관 내에서 고분자 영양성분을 저분자 영양성분으로 분해하기 위해서는 물리적 또는 화학적 방법으로 소화(digestion)작용이 이루어져야 한다. 소화기관에서 일어나는 영양소 소화작용은 크게 세 가지로 구분하고 있으며 다음과 같다. 저작과 소화관의 근육수축 운동에 의해 일어나는 기계적 소화, 체내에서 분비되는 소화효소에 의한 화학적 소화, 소화액과 소화작용을 조절하는 소화호르몬에 의해 이루어지는 분비적 소화 등으로 나눌 수 있다. 소화작용을 통해 분해된 영양소는 소화관벽을 통해서 흡수되어 혈관 및 림프관을 통해 간, 근육 등의 여러 기관으로 이동되어 대사과정을 거친다.

소화기관으로는 입, 식도, 위, 소장, 대장이 포함되며, 치아와 혀를 포함시키기도 하고 분비성기관인 침샘, 간, 담낭, 췌장 등도 포함된다.

반려동물이 섭취하는 사료 및 사육 환경에 따라 복잡한 소화의 생리적 기능은 기본적으로 진화하고 발달해 왔으며, 입에서부터 소화관을 거쳐 항문에 이르는 소화기관에 대한 해부학적 구조와 소화, 흡수 작용에 대한 기초 생리학적 지식은 이러한 기능을 이해하는 데 있어서 중요하다.

1 개와 고양이의 소화기관

개와 고양이는 위가 나누어져 있지 않고 한 개로 이루어져 있어서 단위동물로 분류되며, 다른 단위동물들과는 달리 전체 소화기관에 비해 위가 차지하는 부피가 크며, 맹장이 있지만 작고 단순한 구조를 가지고 있는 특징이 있다.

소화기관의 단면은 동물에 관계없이 세 층의 근육층으로 이루어져 있는데, 장 내용물과 접하는 안쪽 면부터 점막하근, 윤상근, 종주근으로 구분되며 바깥면은 장간막과 연결된 조직인 장막으로 이루어져 있다(그림 1.2).

(1) 소화기능 구분

동물이 사료를 섭취하고 배설할 때까지 소화기관에서는 다양한 소화기능에 의해 영양소의 분해와 흡수작용이 일어난다. 소화·흡수 과정은 입에서부터 식도, 위, 소장, 대장을 거쳐 항문에 이르기까지 점막 상피세포로 덮여 있는 하나의 관 모양의 구조로 된 주요 소화기관과 소화작용을 도와주는 침샘, 췌장, 간, 담낭 등의 부속기관들이 연결되어 영양소가 분해, 흡수 되는 일련의 과정을 의미한다(그림 1.3).

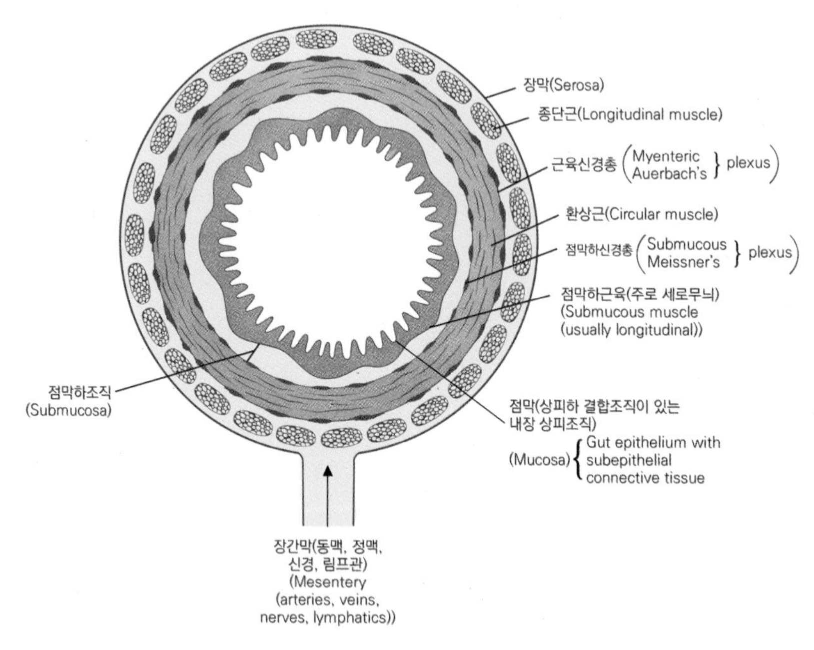

[그림 1.2] 위, 소장, 결장 벽의 구조

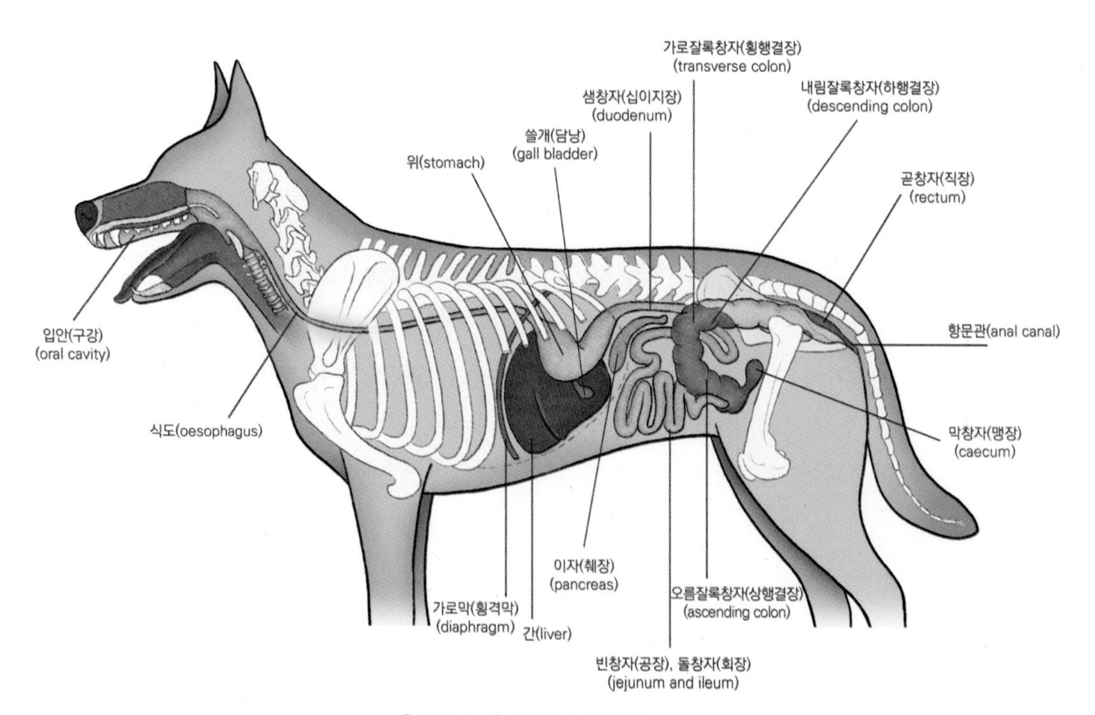

[그림 1.3] 개의 소화기관

소화기능에 포함되는 작용들은 다음과 같다.

① 섭취: 입을 통해 체내로 사료가 유입되는 것을 말한다.

② 기계적 소화: 물리적 방법을 통해서 일어나는 소화과정을 의미하며 사료를 연하게 하거나 분쇄하는 작용이다. 혀, 위, 소장 등의 소화기관이 직접 관여한다.

③ 소화: 섭취된 사료 내 고분자 영양소들이 저분자 영양소로 분해되어 체내에서 흡수를 용이하게 하기 위한 과정을 말한다. 탄수화물, 지질, 단백질 등과 같은 고분자 영양소는 소화효소의 작용에 의해 저분자 형태로 분해되어 흡수된다. 사료 내 영양소 중 포도당, 아미노산, 지방산 등과 같은 영양성분은 추가적인 소화과정을 거치지 않고 그대로 흡수된다.

④ 분비: 수분, 산, 효소, 완충물질, 유화제, 담즙 등이 소화과정 중에 분비되는 과정을 의미한다.

⑤ 흡수: 탄수화물, 단백질, 지방 등과 같은 고분자 영양소는 소화효소에 의해 분해되며, 분해물은 소화관 점막을 통해 혈액 안으로 이동한다. 광물질, 비타민, 수분 등은 장내 상피세포를 통해 체내로 직접 이동되는 과정이다.

⑥ 배설: 체액으로 분비된 부산물, 소화되지 않은 성분들이 체외로 나가는 것을 의미하며, 배변 또는 배출이라고도 하고 분이나 요 형태로 배설된다.

(2) 소화기관별 특징

1) 혀

혀는 입안 바닥에 위치하며 운동근육이 들어 있어 미세하고 정확하게 움직일 수 있도록 발달된 기관으로, 혀의 표면에 혀정중고랑(설정중구, median lingual sulcus)이 있으며, 혀끝 배쪽면 정중에는 연골조직, 근육섬유 및 지방을 포함한 끈 모양의 결합조직인 혀속덩이(설소체, lyssa)가 있다.

혀의 미각세포에서 맛을 느끼는 감각을 미각이라고 하며, 단맛, 신맛, 짠맛, 쓴맛의 네 가지로 구별되는 미각은 맛을 내는 화학물질에 의하여 감지된다. 미각을 느끼게 하는 화학물질의 수용체는 미뢰에 존재한다. 미뢰는 미각을 담당하는 감각수용기로서 혀의 유두와 연구개에 주로 존재하며, 혀에는 모상유두, 이상유두, 엽상유두, 유곽유두 등 4종류의 유두가 있다. 개는 단맛과 짠맛은 혀의 끝부분에서, 신맛은 혀의 전체에서 느낀다. 개는 단맛을 느끼는 미뢰가 가장 많기 때문에 단 것을 매우 좋아하며, 과일 등의 음식에 들어 있는 당분을 감지해 내는 능력이 뛰어나다. 개의 혀에는 약 1,500~2,000개, 사람은 약 3,000~10,000개의 미뢰가 있다. 음압에 의해 물을 구강내로 빨아들여 먹는 다른 동물들과 달리, 개와 고양이는 물을 섭취할 때 혀로 찍어서 먹는다.

혀의 기능으로는 ① 사료 덩어리를 삼키기 용이하도록 사료 식괴 형성 ② 사료와 접촉하여 감촉, 온도, 맛을 느낌(미각 기능) ③ 점액 및 효소의 분비 ④ 털 정돈, 특히 고양이 ⑤ 피부에 땀샘이 없는 개와 고양이는 타액 분비로 증발되는 과정을 거쳐 온도조절에 도움이 되며, 특히 개가 해당된다.

① 침샘

침을 분비하는 기관을 침샘이라고 하며 침샘은 쌍으로 이루어져 있다. 이하선(귀밑샘), 설하선(혀밑샘), 악하선(턱밑샘)이 있다. 개와 고양이 등의 동물의 침에는 사람과는 다르게 아밀라제(amylase)가 적게 들어 있다. 침샘의 특징은 다음과 같다(그림 1.4).

a. 이하선(귀밑샘)

상대적으로 끈끈하며, 타액 아밀레이즈를 많이 함유한 장액과 비슷한 성분이 이하선도관을 통하여 분비되며, 사료 속에 있는 가용성 탄수화물을 분해할 수 있다. 개의 경우에는 이하선이 악하선보다 크기가 작고 말, 돼지, 토끼 등과 같은 동물에서 잘 발달되어 있다.

b. 설하선(혀밑샘)

혀 밑에 여러 개의 분비공이 발달되어 수용성의 점액질 침을 분비하며, 입안에서 완충제나 윤활제로 작용한다.

c. 악하선(턱밑샘)

악하선에서 뮤신이라 불리는 당단백질을 분비하며, 혀 밑의 양쪽으로 턱밑샘관이 발달해 있다. 뮤신은 위산으로부터 위벽을 보호하는 작용을 한다(그림 1.4). 침(타액)은 수분과 점액단백질로 구성되며, 점성이 높은 액체 형태로 입에서 윤활작용을 통해 사료를 덩어리로 만들어 쉽게 삼킬 수 있도록 한다. 침의 분비는 부교감신경의 자극에 의해 시작되며, 연속적으로 일어나고 음식을 보거나 냄새를 맡는 경우 침 분비는 더욱 활성화된다. 침에는 타액 아밀레이즈가 함유되어 있으며, 전분과 다당류에 작용하여 엿당과 포도당으로 분해시킨다. 그러나 입속에서 사료의 체류시간은 매우 짧기 때문에 탄수화물 소화는 매우 제한적으로 일어난다. 또한 침은 라이소자임을 포함하고 있는데, 이 효소는 세균의 세포벽에 존재하는 다당류를 분해함으로써 살균작용을 한다.

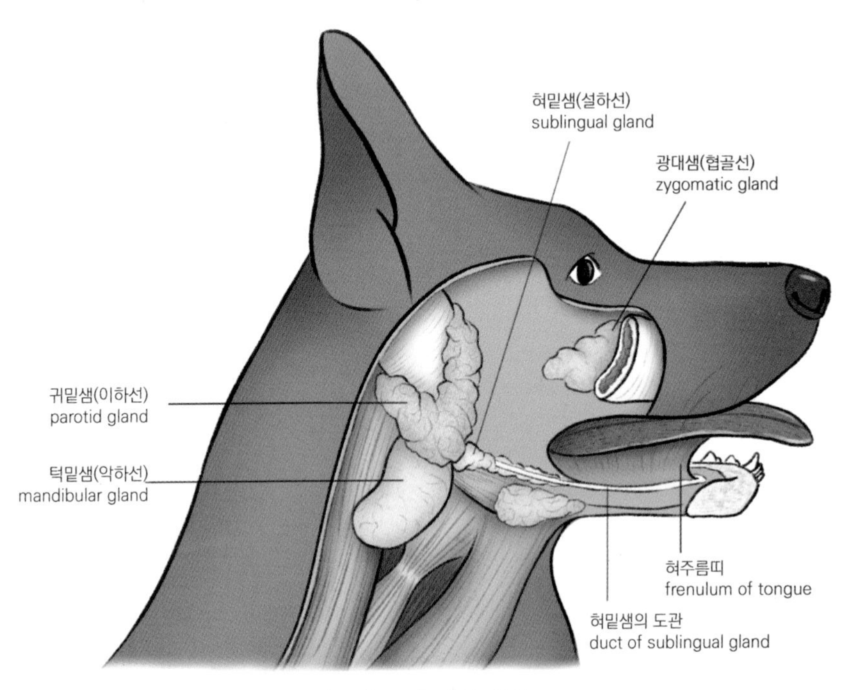

[그림 1.4] 개의 침샘

2) 식도

식도는 인두부터 위까지 연결된 단순 관구조로 되어 있고, 개의 식도 길이는 약 30cm 정도이다. 목 부분의 식도는 기관의 약간 왼쪽에 치우친 등쪽면에 위치하다가 흉강 부분에서는 배 쪽으로 위치한다. 식도가 가로막을 통과하여 배 안으로 들어가는데 이때 가로막을 관통하는 구멍을 식도열공이라 하고 배 안에서 위와 연결된다.

식도의 조직은 중층 상피세포로 되어 있고 이러한 조직은 외부 결합조직, 근층, 점막하층, 점막층과 같은 4개의 근층으로 이루어졌으며, 식도를 딱딱한 사료로부터 보호하고 사료를 위로 순조롭게 보내는 역할을 하게 한다. 식도는 사료와 음수의 섭취 통로이고, 분비세포가 없는 유일한 소화기관이다.

동물의 식도는 횡문근으로 되어 있지만, 조류의 식도는 전체가 평활근이고, 말과 고양이의 식도는 끝부분이 평활근으로 되어 있다. 고양이와 개의 구토현상은 비정상적인 현상이지만, 구토는 식도가 평활근으로 이루어진 조류에 비해 쉽게 일어난다. 식도부에는 2개의 괄약근이 존재하는데 인두와 식도 사이, 식도와 위 사이에 있다. 식도 내압은 위장의 내압보다 약간 높아서 저작된 사료가 위장으로 내려갈 때 반사적으로 괄약근이 열린다. 이때 액상은 중량에 의해 위장으로 이동하고, 고형물질은 식도의 연동운동에 의해 이동하게 된다. 또한, 괄약근은 위장으로 넘어온 사료와 위산이 역으로 이동하는 것을 예방해준다(그림 1.5). 식도의 연동운동은 동물의 머리가 몸보다 낮아도 섭취한 사료가 식도에서 위로 내려갈 수 있게 한다. 식도의 연동운동은 개의 경우 2－5cm/초 속도로 이동하고, 고양이는 9－12초당 2－5cm 이동한다. 이러한 연동운동은 동물의 종류나 신경분포 유무에 따라 다르다.

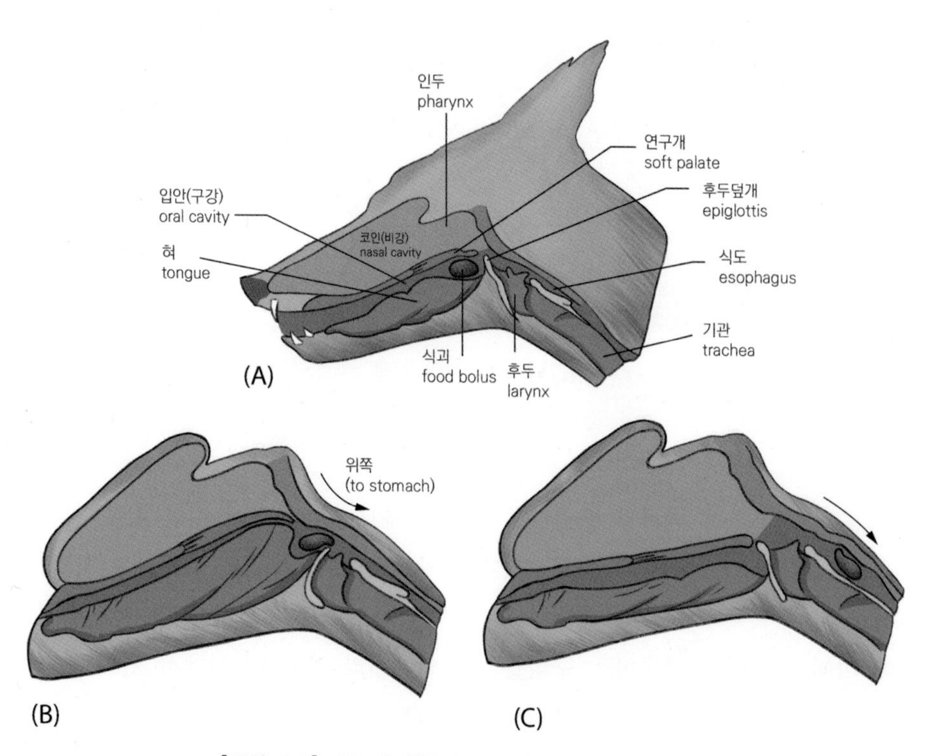

[그림 1.5] 사료의 연화과정에 관련된 해부학적 구조

3) 위

위는 식도와 연결된 기관으로 주머니 모양을 하고 있다. 개와 고양이는 단순위(simple stomach)이며 단위(monogastric)이다. 위의 기능은 섭취한 사료를 저장하고, 사료를 물리적으로 분해하며, 염산과 소화효소에 의해 사료가 화학적으로 소화된다. 또한 소화작용에 관여하는 내인성인자인 염산, 펩시노겐 등을 분비한다. 내인성인자는 비타민 B_{12} 흡수에 필수적인 요소로, 내인성인자가 분비되지 않을 경우 비타민 B_{12}의 흡수가 되지 않아 빈혈을 일으킬 수 있다. 위의 내부는 두껍고 주름이 발달되어 있으며 음식이 가득 차면 주름은 사라지고, 위가 비어 있으면 다시 수축된다. 위의 연동운동은 위가 비어있을 시에도 때때로 일어나지만 평상 시에는 정지 상태에 있으며 사료가 들어오면 쉽게 늘어난다. 위 내용물의 pH가 4.5이하가 될 때까지 약 1~2시간 동안 타액의 아밀레이즈(amylase)와 혀의 리파아제(lipase)에 의한 소화작용이 계속 일어난다. 일반적으로 위에서는 영양소의 소화작용만 진행되고, 흡수는 거의 일어나지 않는다.

위의 구조는 분문부, 위저부, 위체부, 유문부의 4부분으로 구분된다(그림 1.6). 분문부는 식도와 위가 만나는 맨 윗부분으로 사람이나 개는 다른 동물에 비해 좁은 편

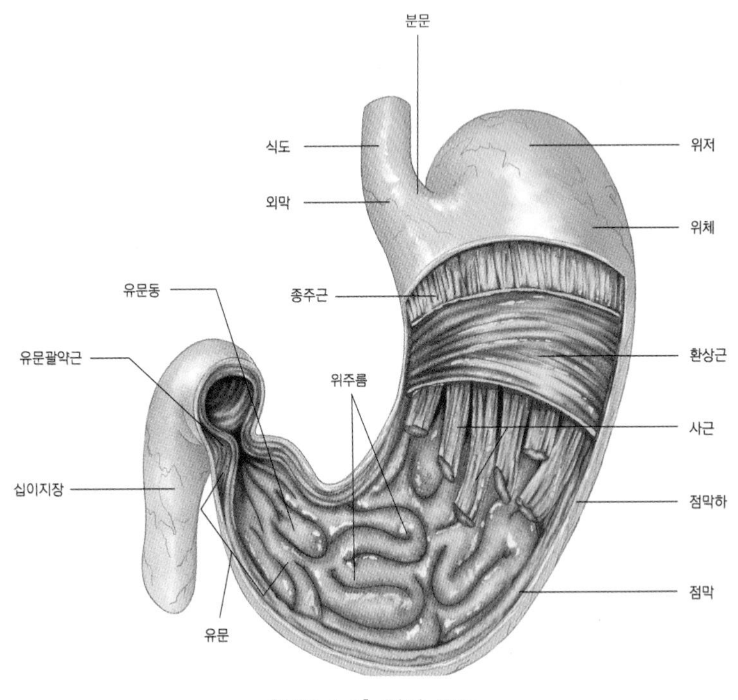

[그림 1.6] 위의 구조

이며 상부 약 3cm정도에 위치하고 있다. 위저부는 분문부의 바로 아랫부분을 말하며, 위체부는 위에서 가장 큰 용적을 차지하고 있다. 유문부는 위의 아랫부분에서 십이지장과 연결되는 부분으로 유문괄약근이 있으며 위의 내용물이 십이지장으로 이동하는 것을 제어한다.

① 위선

위선은 위저부와 위체부에 발달되어 있으며 크게 벽세포와 주세포 및 점액세포로 나뉜다(그림 1.7).

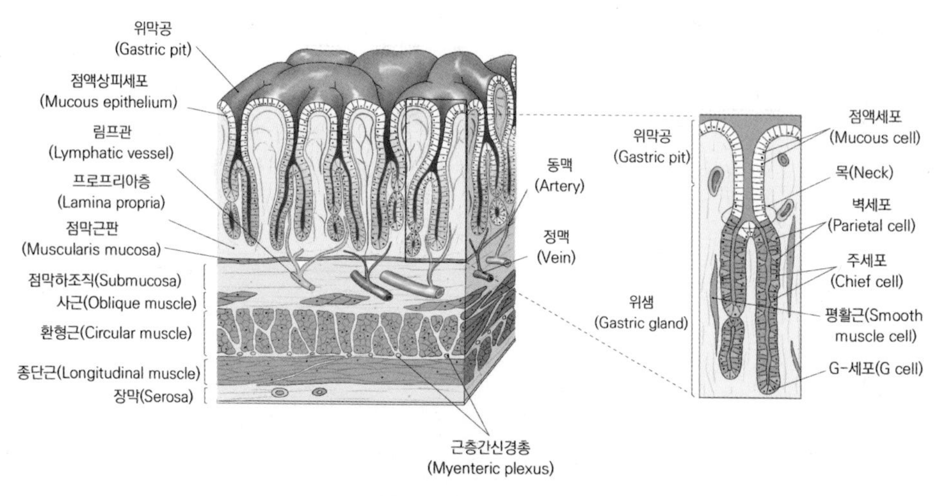

[그림 1.7] 위벽 구조

a. 벽세포

벽세포는 위저부 점막층에 분포되어 있고 위산이 분비된다. 염산으로 구성되어 있는 위산은 위세포가 손상될 수 있어서 염산의 형태로 직접 분비되지는 않는다. 염산은 수소이온과 염소이온은 구성되어 있으며, 분비된 염산에 의해 위내 환경을 pH 1.5~2.0 산성 상태를 유지한다. 염산에 의해 주세포에서 분비되는 펩시노겐이 펩신으로 활성화되며 위에서 단백질 소화를 돕는다. 또한 사료와 함께 유입되는 미생물을 사멸시키고, 식물성 사료의 세포벽을 분해하거나 동물성 사료의 결합조직을 분해하는 데 도움을 준다.

b. 주세포

주세포에서는 펩시노겐(pepsinogen)이 분비되는데 이는 단백질 소화효소인 펩신의 전구물질이다. 펩시노겐(pepsinogen)은 벽세포에서 분비되는 위산(염산)에 의해 펩신(pepsin)으로 활성화된다(그림 1.8). 펩신은 단백질 가수분해 과정에 관여하여 저분자 단백질 형태로 분해한다. 공복 시 위액의 pH는 1~2 정도이며, 펩시노겐의 활성화는 pH 2 부근에서 잘 일어난다. 펩신 활성을 위한 최적의 pH는 3.5 정도로 수소이온(H^+이온)은 위 내의 pH를 산성으로 유지함으로서 섭취된 단백질을 변성시켜 펩신이 더 효율적으로 단백질을 분해할 수 있도록 돕는다. 갓 태어난 어린 동물은 주세포에서 레닌(renin)이나 키모신(chymosin)과 같은 단백질 응고효소를 분비하고 위장 리파아제(lipase)도 분비하여 우유 속 단백질 및 지방의 소화를 돕는다. 특히, 레닌과 키모신의 분비는 우유 속 수용성 단백질을 응고시켜 위장 내 체류시간을 증가시킴으로서 단백질의 효소적 소화에 도움을 준다.

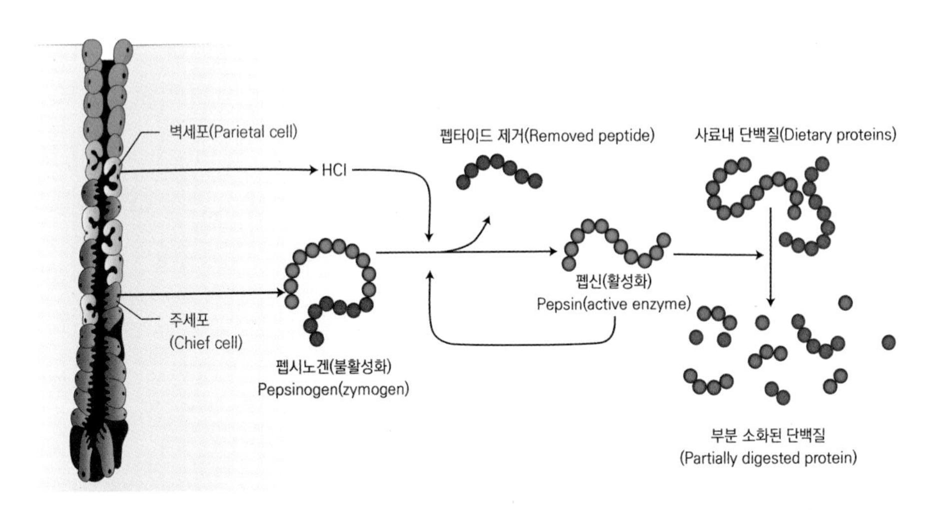

[그림 1.8] 위 내 펩시노겐 활성화 과정

c. 점액세포

점액세포는 위점막 상피층에 분포되어 있고 중탄산염이 다량 포함된 점액을 분비한다. 점액을 구성하고 있는 중탄산염은 위산을 중화시켜 강산성 환경에 노출된 위점막을 보호한다. 또한 위벽에 막을 생성하고 위액이 세포 사이로 침투하지 못하게 하여 위벽을 보호한다.

d. 유문샘

유문샘은 사료가 유입되어 위가 확장되면 주로 점액을 분비한다. 가스트린(gastrin)은 G-세포에 의해 분비되고 벽세포 및 주세포에서의 분비를 촉진하여 위 내용물이 잘 섞일 수 있도록 한다. 위 내의 pH가 1.5 이하로 저하되면 D-세포에 의해 소마토스타틴(somatostatin)이 분비되어 가스트린의 분비는 억제된다.

4) 췌장

① 췌장의 일반적 특징

췌장은 연분홍색의 소엽성 분비샘으로 위장의 아래쪽과 십이지장의 U자 모양 관의 위쪽에 위치하고 있으며 머리, 몸통, 꼬리로 구성되어 있다(그림 1.9). 췌장은 내분비샘과 외분비샘을 가지고 있다. 내분비샘에서는 인슐린(insulin)이나 글루카곤(glucagon) 등의 호르몬을 분비하고 있고, 외분비샘에서는 단백질, 탄수화물, 지방 등을 분해하는 소화효소를 분비하고 있어 혼합 분비샘으로 분류된다.

췌장의 중요한 기능은 소화효소와 완충물질 및 호르몬을 분비하는 것이다. 위장에서 소화가 일부 진행된 사료가 십이지장으로 내려오면 췌장의 소화효소로 인해 소화가 본격적으로 진행된다. 만약 췌장에서 염증이나 문제가 생기면 심각한 소화불량이 나타난다. 십이지장에 소화물이 도달하면 세크레틴(secretin)이 관여하며, pH 7.5~8.8

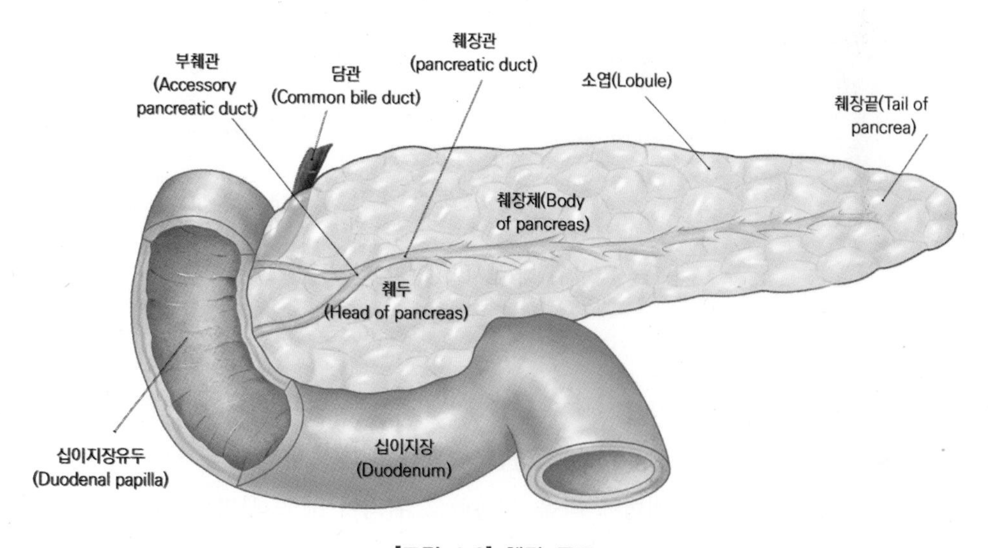

[그림 1.9] 췌장 구조

이 되는 완충용액의 분비를 촉진하여 소화물의 중화를 돕는다. 또한, 콜레시스토키닌(cholecystokinin) 호르몬은 췌장에서 분비되는 소화효소의 분비를 촉진한다.

② 췌장에서 분비되는 소화효소

췌장에서 분비되는 소화효소는 활성이 없는 전구효소 형태로 트립시노겐(trypsinogen), 키모트립시노겐(chymotrypsinogen), 프로카르복시펩티데이즈(procarboxypeptidase), 프로엘라스테이즈(proelastase), 프로리파아제(prolipase) 등이 분비된다. 췌장액의 아밀레이즈는 전분을 맥아당으로 분해하는 효소로, 개와 고양이에게서 타액 내 아밀라아제는 활성이 없고 췌장의 아밀라아제에 의해 전분이 분해된다. 리파아제(lipase)는 지방을 유리지방산(free fatty acid)과 글리세롤(glycerol)로 분해하는 효소이다. 췌장에서 분비되는 트립시노겐과 키모트립시노겐은 단백질분해효소로서 전구효소 형태이다. 이러한 전구효소들은 소장에서 분비되는 엔테로키네이즈(enterokinase)에 의해 활성화되어 단백질 소화작용에 관여한다.

5) 소장

① 소장의 일반적 특징

소장은 영양소를 소화하고 흡수하는 데 중요한 역할을 담당하는 소화기관으로서, 소장에서의 소화는 췌장액과 장에서 분비되는 효소와 담즙산에 의해 이루어진다. 또한 소장 내 서식하고 있는 미생물은 체내로 유입한 항원과 유해한 미생물을 배제하고 노폐물을 제거한다. 소장은 대장보다 가늘어서 붙여진 이름으로 대장보다 직경은 작지만 길이는 훨씬 길다. 소장은 십이지장, 공장, 회장으로 구성되어 있다. 개와 고양이의 경우 소장의 길이는 식사 섭취량, 개체의 크기에 비례하여 성묘의 경우 약 1~1.5m, 성견의 경우 1~5m이다(그림 1.10).

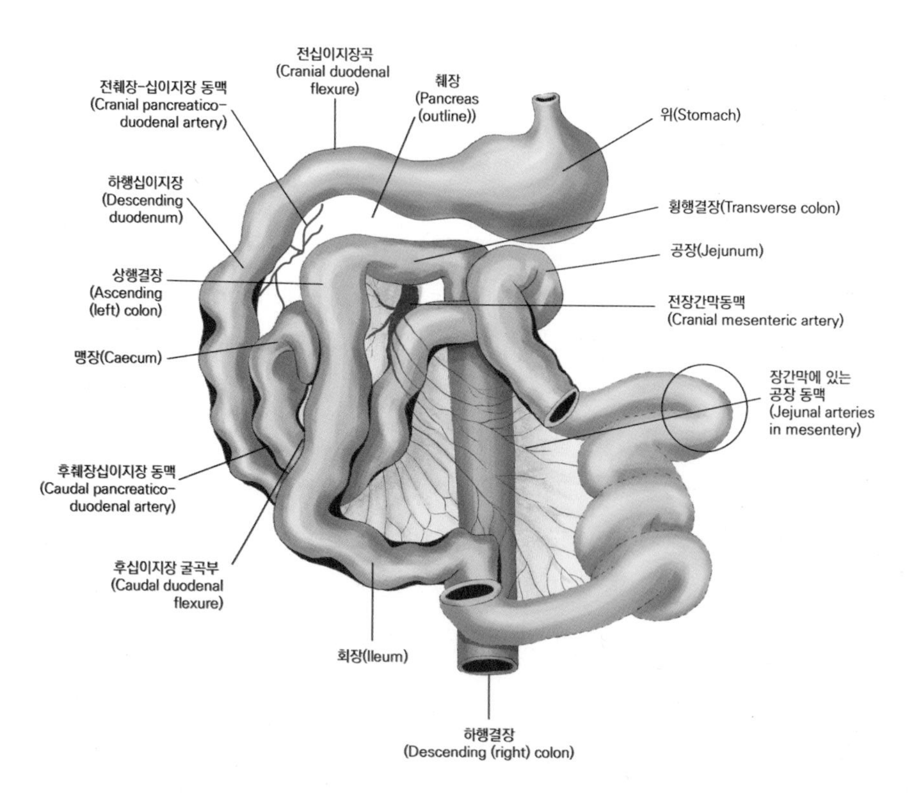

[그림 1.10] 소장의 해부학적 구조

십이지장은 소장의 첫 번째 부위이며 전체 길이의 약 10%를 차지한다. 개에서 십이지장의 장간막에는 림프구 영역인 페이에르판(Peyer patch)이 존재하는데, 이는 점막 함몰선에 존재한다. 사람의 경우 십이지장 앞부분에 분비성 브루너선(Brunner's gland)과 환형 점막 주름이 존재하지만, 개와 고양이에서는 존재하지 않는다. 십이지장에서는 위에서 부분적으로 소화된 소화물이 췌장액과 담즙 및 장액에 함유되어 있는 효소에 의해 급격히 중화되고, 영양소 소화가 이루어진다. 공장은 십이지장과 회장을 연결하는 기관으로 대부분 영양소의 소화가 일어나며, 최종분해물질로 분해된 영양소를 흡수한다. 회장은 소장의 마지막 30cm 부분에 해당하는 기관이며 주로 분해된 영양소의 흡수가 일어나고, 회장과 맹장이 연결되는 괄약근 부위에서 대장으로 넘어가는 소화물의 양을 조절한다.

소장 내부는 융모로 이루어져 있으며, 소화된 영양소의 흡수가 융모에서 일어난다(그림 1.11, 1.12). 십이지장과 회장에 비해서 공장의 중간 부위에서부터 주름과 융모가 매우 잘 발달되어 있다. 융모는 소장의 상피층의 면적을 넓혀서 영양소를 흡수하는 데에 유리하며 각 융모의 표면은 작은 솜털과 같은 미세 융모가 형성되어 있어서 흡수 표면적을 더욱 넓게 해준다. 융모 안쪽에는 모세혈관망이 발달되어 있어서 영양소들을 흡수하여 모세혈관으로 운반 후 간문맥으로 운반되게 한다. 소장 융모의 기저부에는 장액 분비선인 리버퀸샘(lieberkuhn's glands)이 발달되어 있으며 십이지장액은 알칼리성으로 점액과 전해질을 함유하고 있어 위에서 내려온 염산을 중화시켜 십이지장벽에 궤양을 유발하지 않으며 소화물을 중화시키고 장내를 약알칼리성으로 유지하게 한다.

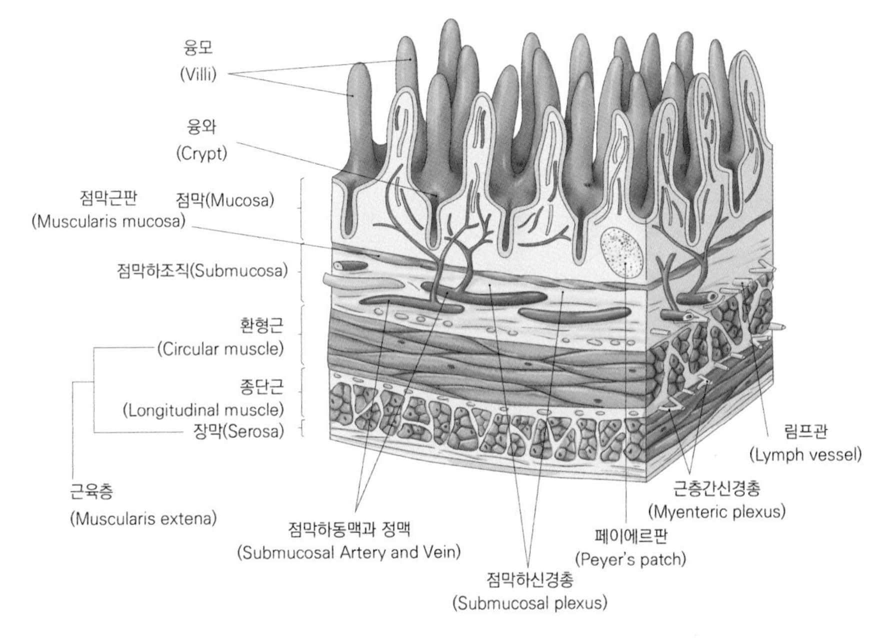

[그림 1.11] 소장벽의 단면

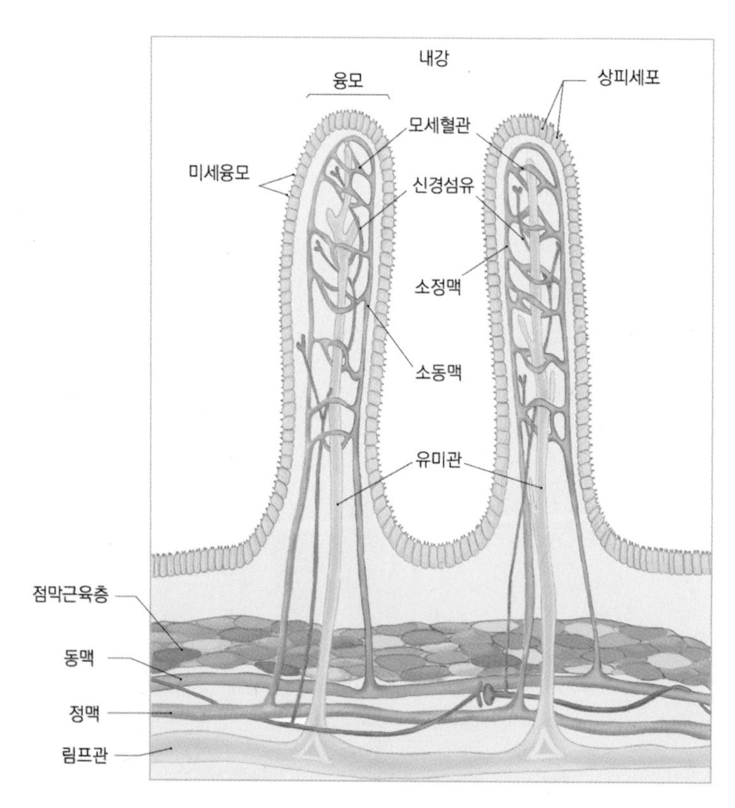

[그림 1.12] 소장 융모 모양

② 소장의 소화작용

소장에 있는 소화효소는 췌장에서 분비되는 효소와 장액으로 분비되는 효소로 분류할 수 있다. 췌장에서 분비되는 단백질가수분해효소들은 비활성 형태인 전구효소 상태로 존재하며 자극에 의해 소장으로 분비된 후 활성화된다. 예를 들어 췌장에서는 트립시노겐의 형태로 분비되어 장점막에서 엔테로키나아제에 의해 트립신으로 전환되며, 키모트립시노겐은 트립신에 의해 활성화되어 키모트립신이 된다. 프로카르복시펩티드분해효소는 트립신에 의해 카르복시펩티드분해효소로 활성되어 펩티드를 아미노산으로 분해시킨다(그림 1.13).

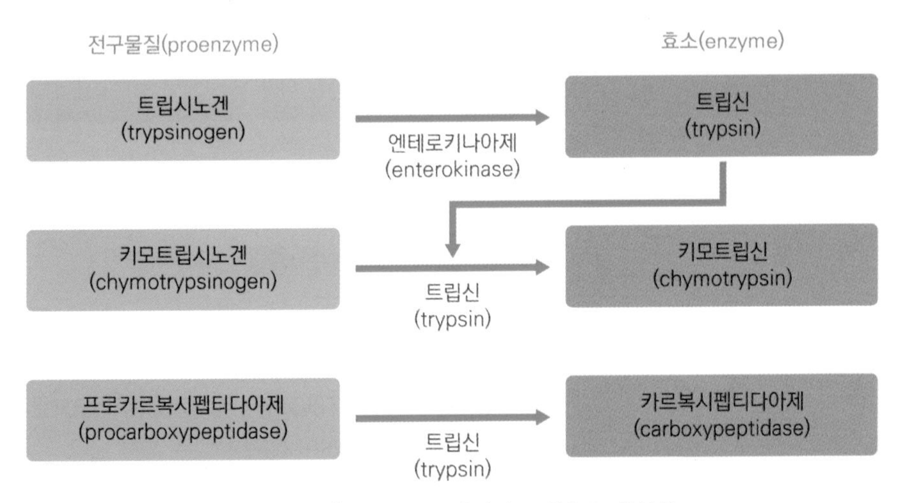

[그림 1.13] 췌장액의 단백질 소화효소 활성화

췌장에서 분비된 리파아제는 소장에서 지질을 지방산과 모노글리세라이드로 가수분해하며 담즙산염이 지질을 유화시켜 지질의 소화를 돕는다. 아밀라아제는 탄수화물을 가수분해하여 이당류인 맥아당으로 분해하며 전분 소화에 중요한 영향을 미친다.

소장융모에서 분비되는 탄수화물 분해효소로 수크레이즈(sucrase), 말테이즈(maltase), 락테이즈(lactase) 등이 분비한다. 수크라아제는 자당을 포도당과 과당으로, 말타아제는 맥아당을 2분자의 포도당으로, 락타아제는 유당을 포도당과 갈락토오스로 각각 분해한다. 개와 고양이 경우에는 젖을 뗀 시기에 락타아제 활성이 감소하기 시작하며 성장 시기에 과량의 우유를 섭취하면 유당불내증을 나타낸다. 단백질 분해효소로는 아미노펩티드효소(aminopeptidase)와 디펩디드효소(dipeptidase)로 폴리펩티드와 디펩디드를 아미노산으로 분해한다. 엔테로키나아제(enterokinase)는 췌장에서 분비되는 트립시노겐을 트립신으로 활성화시키는 역할을 한다(표 1.2). 장액은 소장의 장선에서 분비되는 점액으로 무색의 알카리성 소화액이다. 장액에 포함된 효소들은 장점막의 상피세포에서 그 기능을 하며 장액은 소화물을 희석시켜서 효과적으로 흡수되게 한다.

〈표 1.2〉 위장관의 소화효소 작용

<table>
<tr><th>소화액</th><th colspan="2">효소</th><th>작용</th></tr>
<tr><td>타액</td><td colspan="2">프티알린(타액 아밀라아제)</td><td>전분을 맥아당으로 분해</td></tr>
<tr><td>위액</td><td colspan="2">펩신(pepsin)</td><td>단백질을 프로테오스, 펩톤으로 분해</td></tr>
<tr><td rowspan="6">췌장액</td><td colspan="2">트립신(trypsin), 키모트립신(chymotrypsin), 엘라스타아제(elastase)</td><td>단백질의 펩티드 결합을 분해</td></tr>
<tr><td colspan="2">카르복시펩티드분해요소(carboxypeptidase)</td><td>단백질의 카르복실기(carboxyl group) 말단으로부터 마지막 아미노산 절단</td></tr>
<tr><td colspan="2">리파아제(lipase)</td><td>중성지질로부터 유리지방산과 모노글리세라이드(monoglyceride)로 분해</td></tr>
<tr><td colspan="2">아밀라아제(amylase)</td><td>전분을 맥아당과 포도당으로 분해</td></tr>
<tr><td colspan="2">리보뉴클레아제(ribonuclease)</td><td>RNA로 분해하여 유리 뉴클레오티드 형성</td></tr>
<tr><td colspan="2">데옥시리보뉴클레아제(deoxyribonuclease)</td><td>DNA를 분해하여 유리 뉴클레오티드 형성</td></tr>
<tr><td rowspan="6">소장액</td><td rowspan="3">이당류 가수분해</td><td>수크라아제(sucrase)</td><td>설탕을 포도당과 과당으로 분해</td></tr>
<tr><td>말타아제(maltase)</td><td>맥아당을 포도당 2분자로 분해</td></tr>
<tr><td>락타아제(lactase)</td><td>젖당을 포도당과 갈락토오스로 분해</td></tr>
<tr><td colspan="2">아미노펩티드분해요소(aminopeptidase)</td><td>폴리펩티드(polypeptide)를 아미노산으로 분해</td></tr>
<tr><td colspan="2">디펩티드분해요소(dipeptidase)</td><td>디펩티드(dipeptide)를 아미노산으로 분해</td></tr>
<tr><td colspan="2">엔테로키나아제(enterokinase)</td><td>트립신(trypsin) 활성화</td></tr>
</table>

③ 소장의 흡수 작용

소장에서는 소화 결과로 생성된 단당류, 아미노산, 지방산, 글리세롤, 비타민, 무기질과 같은 영양소 흡수가 주로 일어난다. 십이지장과 공장에서 영양소가 활발하게 흡수되며 대부분 영양소는 소장점막 장벽을 통과 후 혈류를 통해서 간 조직으로 운반되나, 긴 사슬지방산은 림프계를 통과하여 간으로 이동된다. 영양소 흡수방식은 확산과 같은 수동적인 이동과 에너지를 사용하여 이동하는 능동적인 이동에 의해 이루어지며 흡수능력은 소화관의 부위별로 차이가 있다.

a. 탄수화물 흡수

탄수화물의 소화 과정으로 생성된 단당류의 경우 주로 소장에서 흡수되는데, 단당류 종류에 따라 흡수 방식이 다르다. 포도당과 갈락토오스는 미세융모의 포도당 운반체에 의해서 에너지를 사용하는 능동수송으로 흡수된다. 과당, 만노오스, 아라비노오스 등의 단당류는 촉진확산으로 흡수된다(그림 1.14). 일반적으로 포도당 흡수율을 100으로 볼 때 갈락토오스의 흡수는 매우 빠르게 진행되는 데 비해 과당, 만노오스, 아라비노오스 등은 천천히 흡수된다.

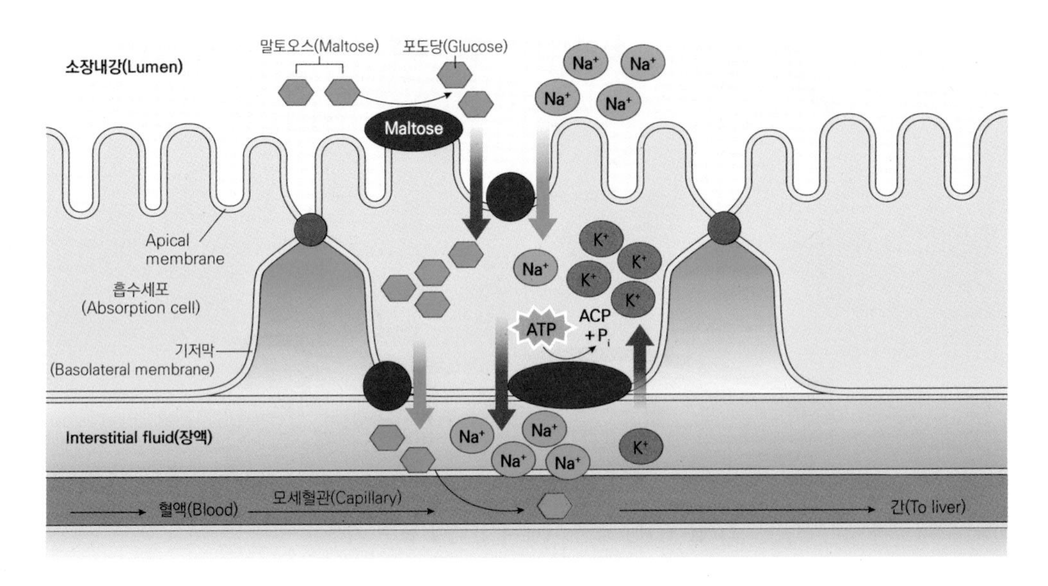

[그림 1.14] 소장 내에서 탄수화물 흡수 기전

b. 단백질 흡수

단백질 및 일부 펩타이드는 소장 내 단백질 소화효소에 의해 아미노산으로 분해되어 포도당 흡수 기전과 마찬가지로 각각의 특유한 운반체에 의해 능동수송으로 흡수된다(그림 1.15). L－형 아미노산은 능동수송에 따라 흡수되며, D－형 아미노산은 단순확산으로 흡수되지만 흡수효율이 낮아 흡수되는 양도 현저히 적다. 아미노산은 간문맥을 따라서 간으로 이동한 후 에너지로 사용되기도 하고 포도당이나 지질로 전환되거나 혈류로 이동한다.

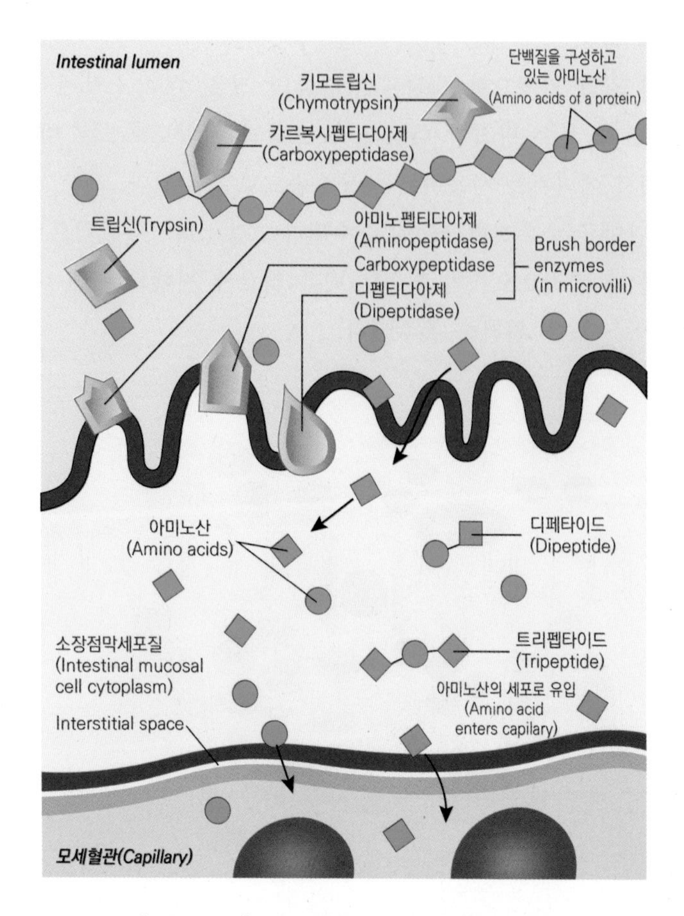

[그림 1.15] 소장 내에서 단백질 흡수 기전

c. 지질 흡수

지질은 소장에서 췌장 리파아제와 콜레스테롤 에스테라아제(cholesterol esterase)의 작용에 의해 지방산과 글리세롤로 소화된다(그림 1.16). 이들 분해산물은 담즙산염과 결합하여 수용성 미셀(micelle)을 형성하여 미세융모를 통해 단순확산에 의해 쉽게 흡수된다. 세포 내로 이동된 지방산과 모노글리세라이드는 장점막 세포 내에서 다시 지질로 재합성되고 이어서 콜레스테롤에스터, 인지질 및 단백질 등과 결합하여 카일로마이크론을 형성한다. 반면 일부 저급지방산은 카일로마이크론을 형성하지 않고 단순확산에 의해 혈액 내 알부민과 결합하여 모세혈관의 기저막을 통해 장간막정맥을 거쳐 간문맥으로 이동한다.

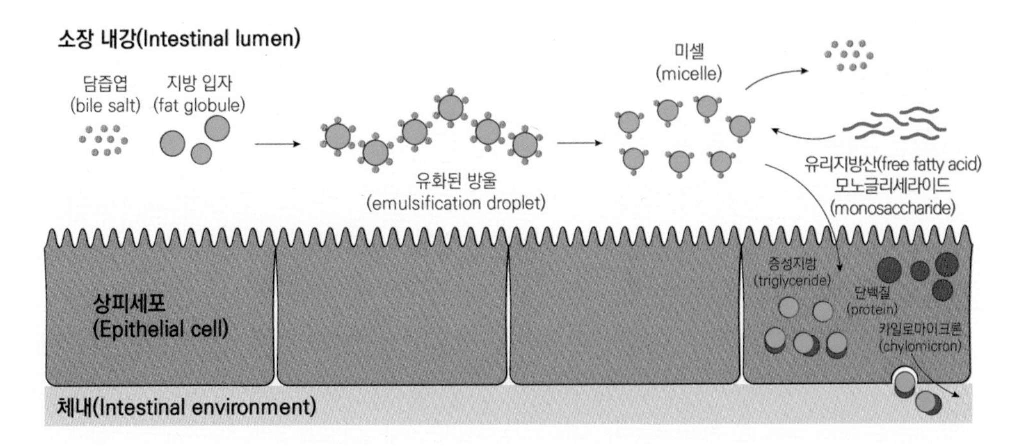

[그림 1.16] 소장 내에서 지질 흡수 기전

d. 비타민 흡수

지용성비타민(비타민 A, D, E, K)은 지질의 흡수경로에 의해 흡수되는데, 담즙산염과 결합하여 미셀을 형성하여 소장점막 상피세포에서 확산에 의해 긴 사슬 지방산과 함께 흡수된다. 따라서 지질 흡수가 저해되면 지용성 비타민의 흡수도 감소된다. 수용성 비타민(비타민 B군과 C)은 수동적으로 흡수되거나 일부는 각각의 운반체에 의해 소장 융모의 모세혈관으로 능동수송으로 흡수된다. 특히 비타민 B_{12}는 내인성 인자와 결합되어 회장에 내려와 분리된 후 회장에만 존재하는 운반체에 의해 흡수 후 간세포에 저장된다.

e. 무기질 흡수

무기질은 종류에 따라 확산 또는 능동수송에 의해 흡수가 이루어진다. 무기질의 흡수 정도와 속도는 체내 요구량, 호르몬, 비타민, 무기질의 특성(크기, 이온화) 등 다양한 요인에 의해 영향을 받는다. 나트륨은 능동수송으로 주로 십이지장에서 흡수가 일어나며, 높은 투과성을 가지고 있어 장관과 혈액 간에 상호 이동이 가능하다. 칼슘과 철분은 소장에서 주로 능동수송으로 흡수되며 체내에 존재하는 농도에 따라 소장에서 흡수되는 효율이 결정된다. 철분은 십이지장과 공장에서 주로 흡수하며, 육류에 존재하는 헴철(Heme iron)은 비헴철(Non-heme iron)에 비해 다른 식이성분이나 소장 내 요인의 영향을 받지 않으므로 흡수가 잘 이루어진다. 마그네슘 이온의 흡수기전은 명확하게 알려져 있지 않으나 주로 회장에서 확산과 능동수송에 의해 흡수되는 것으로 알려져 있다.

6) 간

① 간의 일반적 특징

간은 체내에서 가장 큰 분비샘으로 영양소를 임시로 저장할 수 있는 기관이다. 개에서 간은 배 안 공간에서 앞쪽(cranial abdomen)에 위치하며 가로막, 위, 십이지장, 우측신장과 인접하여 있다. 간은 다량의 혈액이 통과하는 장기로 혈액이 다량 들어있어 육안적으로 색깔은 짙은 적색이다. 간은 몇 개의 큰 엽(lobe)으로 나뉘어 있고, 겸상인대로 고정되어 있으며 우엽과 좌엽으로 나눈다. 간세포는 수천 개의 세포로 구성되어 있으며 소장에서 흡수된 영양소를 혈액에서 받아 공급과 운반에 관여한다. 또한 포식세포인 쿠퍼세포(Kupffer's cell)가 간세포를 둘러싸고 있으며 외부에서 들어오는 세균을 포식하여 제거한다(그림 1.17).

② 간의 생리적 기능

간의 체내에 흡수된 영양소가 전신순환에 합류 전에 간세포에서 기본적 대사를 통해 소화와 대사의 기능, 알부민이나 혈장단백질 등의 생합성 기능, 적혈구나 이물질 등의 저장소 및 탐식장소로서의 기능, 약물이나 독성물질의 해독작용, 담즙 생성기능을 갖고 있다. 간은 다양하고 복잡한 형태로 구성되어 있으며, 아래와 같은 기능을 한다.

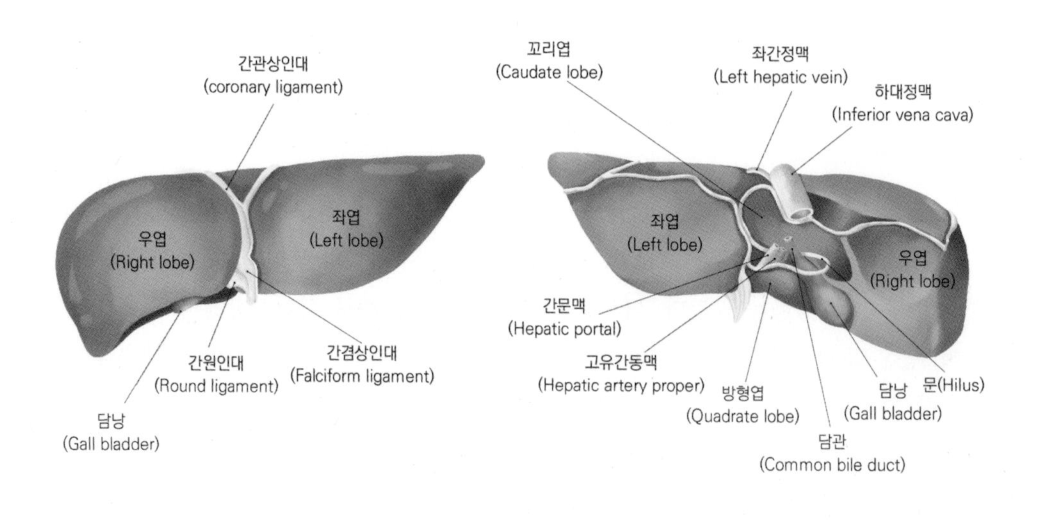

[그림 1.17] 간의 구조

a. 탄수화물 대사

신체 에너지원으로 사용되는 혈당이 정상범위보다 너무 높으면, 인슐린의 작용으로 혈당은 세포 내에서 분해되거나 간에서 글리코겐으로 저장된다. 반면에, 혈당이 정상범위보다 너무 낮으면 간에 저장되어 있던 글리코겐은 해당작용을 통해 포도당으로 분해되어 혈당을 높인다. 혈당 농도에 따라 간은 혈당 수준을 정상범위로 유지하는 역할을 한다.

b. 지방 대사

간은 혈액 속에 순환하는 중성지질, 지방산, 콜레스테롤 등의 함량을 조절하며, 지방산과 글리세롤을 세포막 형성에 필요한 인지질(phospholipid)과 쓸개즙염을 위한 콜레스테롤로 변환한다.

c. 단백질 대사

간은 혈액 속의 아미노산을 이용하여 알부민, 피브리노겐 등 혈장 단백질을 생성한다. 또한 체내 아미노산을 이용하여 새로운 단백질을 만들어 낸다.

d. 노폐물 배설

체내에 이용되지 않는 여분의 아미노산은 세포에 독성을 유발하지 않도록 간에서 암모니아(ammonia)를 요소(urea)로 전환시켜 신장을 통해 체외로 배설하며, 이외에도 독성물질, 중금속, 약물 등의 활성을 제거하여 체내에 저장하거나 체외로 배출한다.

e. 비타민 및 광물질의 저장

지용성 비타민(A, D, E, K), 비타민 B_{12}, 담즙, 철분 등을 간에 저장한다.

f. 혈액의 저장

혈액의 약 25%를 저장하는 중요한 기관이며, 손상된 세포, 독성물질을 쿠퍼세포가 식세포 과정을 거치면서 제거하며, 쿠퍼세포 자체가 항원역할을 하면서 면역 반응을 유도하기도 한다.

g. 혈장 단백질의 합성

혈액 속의 삼투압과 단쇄 지방산 흡수에 필요한 알부민을 합성한다.

h. 순환되는 호르몬 파괴

에피네프린, 노르에피네프린, 인슐린, 갑상샘호르몬, 성호르몬 등이 기능을 마치면 간에서 파괴된다.

I. 담즙의 합성과 분비

물과 헤모글로빈 부산물인 빌리루빈, 콜레스테롤 등으로 구성된 담즙을 생성한다.

j. 항체 및 독소의 분해

항체와 독성물질을 해독하는 작용에 관여한다.

7) 담낭

담낭(쓸개)는 간의 내장면에 있는 조롱박 또는 가지 모양의 기관으로 간에서 분비하는 담즙(쓸개즙)을 저장하고 농축기능을 한다. 담즙은 담낭에 농축되었다가 자극이 있을 때 담낭에서 십이지장으로 배출된다. 담즙의 주성분은 담즙산염이며, 담즙산, 콜레스테롤, 인지질 및 담즙색소인 빌리루빈(Bilirubin)으로 구성되어 있다. 지방이 많은 사료를 섭취 시 담즙의 형태로 소장으로 분비된 담즙산염이 지방과 물 사이의 표면장력을 감소시킴으로써 지방을 유화시킨다. 유화된 작은 지방구는 리파아제(lipase)에 의한 작용을 쉽게 받게 되어 모노글리세라이드, 지방산, 글리세롤로 분해된다. 담즙은 지방의 소화작용 이외에도 지방, 인지질, 콜레스테롤, 지용성 비타민의 흡수에도 관여한다.

체내에서 담즙 합성 과정은 복잡하기 때문에 일단 만들어진 담즙은 사용된 후 약 90% 이상이 회장의 말단부에서 재흡수되며 재흡수된 담즙산염은 문맥을 통해 간으로 가서 다시 담즙으로 분비된다. 이와 같이 소장에서 간으로 그리고 간에서 다시 소장으로 들어가는 경로를 장간순환이라 하며 담즙산염의 5%만이 장간순환을 하지 않고 변으로 배출된다(그림 1.18). 담낭에 담즙이 축적되면 담낭이 팽창하지만 담낭은 담즙을 40~70mL 밖에 저장하지 못하므로, 저장 중에 수분은 계속 체내로 흡수되어 담즙은 더욱 농축된다. 예를 들어 하루에 한두 번 음식을 섭취하는 개와 고양이는 사료가 없어 소화가 진행되지 않는 시점에는 담즙이 담낭에서 흡수되어 20~30배 농축된다. 담즙 분비는 콜레시스토키닌(cholecystokinin)의 자극에 의해 괄약근이 느슨해지고, 담낭벽이 수축되어 담즙이 십이지장으로 배출된다.

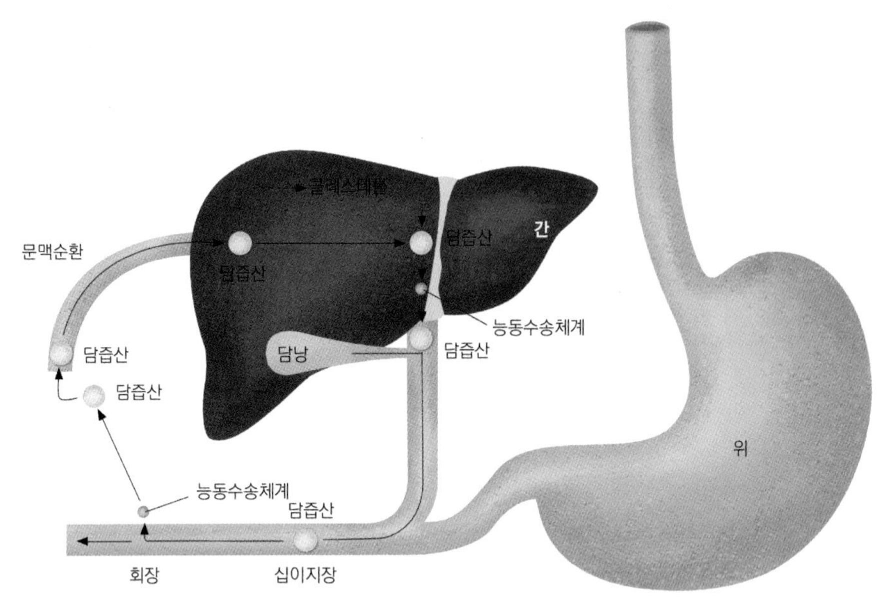

[그림 1.18] 담즙산의 장간순환

8) 대장

① 대장의 일반적 특징

사람과 개는 대장의 형태가 U자 형태를 가지고 있으며, 포유동물의 대장 길이는 소장보다 짧으나 굵기는 소장보다 굵다. 개와 고양이에서 대장은 전체(소장 및 대장) 장 길이의 20~25%를 차지한다. 대장의 점막은 소장과 달리 융모가 없는 편평한 흡수 구조를 가지고 있다. 대장은 회장의 끝에서 항문까지를 의미하며, 맹장, 결장, 직장으로 나뉜다. 결장은 상행결장, 횡행결장, 하행결장의 세 부위로 나눌 수 있다(그림 1.19). 개의 결장은 n자형으로 생겼으며 결장은 결장간막에 매달려 있고 길이는 약 25~60cm 정도이다. 대장에서 물과 전해질을 흡수하고 소장에서 소화 후 남은 사료는 대변을 형성하여 배변해주는 기능을 한다.

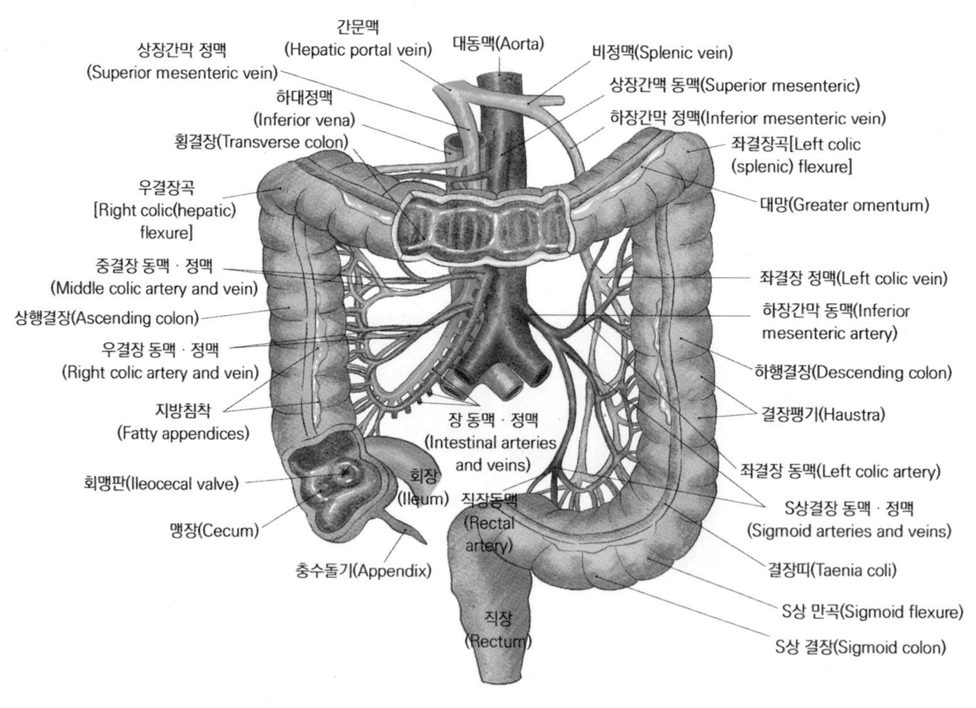

[그림 1.19] 대장 구조

② 대장의 기능

개와 고양이에서 회장은 결장과 직접 연결되어 있으며, 개와 고양이에서 맹장이라고 하는 것은 사실 근위 결장의 게실(diverticulum)이다. 대장의 기능은 아래와 같다.

a. 점액 분비

점액은 대장 점막을 덮는 끈끈한 분비물로 대장 환경에서 중요한 윤활제 역할을 한다. 점액은 끊임없이 생성되는 분비물과 박리된 상피 세포의 혼합물로 주요 성분은 고분자인 당단백질 또는 뮤신으로 구성되었다. 점액의 점막을 보호하는 생리학적 기능 외에도 상피 종양 전이 및 감염에 대한 감수성 향상에 관여하는 면역의 역할을 담당한다.

b. 수분 흡수

건강한 20kg 개의 경우 매일 약 2.7L의 수분(구강 섭취, 타액, 위액, 담즙, 췌장액 및 장 분비물)이 소장에 필요하다. 약 1.35L는 공장에서, 1.0L는 회장에서, 315mL는 결장에서 흡수되고 나머지 35mL는 대변으로 배출된다. 공장에서는 50%, 회장에서는 75%, 결장에서는 90%의 체액을 흡수한다. 대장의 수분 흡수 능력은 전해질(주로 나트륨) 수송과 알도스테론(aldosterone) 및 글루코코르티코이드(glucocorticoid)와 같은 호르몬 작용에 의한 Na 흡수를 증가시키는 능력에 의해 결정된다.

c. **전해질 수송**

대장은 대변의 전해질과 수분양을 조절한다. 상행 결장과 하행 결장 사이의 전해질 수송 기전에는 뚜렷한 차이가 있으나, 일반적으로 개와 고양이 경우 결장에서는 물, 나트륨 및 염소를 흡수하는 반면에 칼륨과 중탄산염을 분비한다. 여러 면에서 대장에서의 흡수 및 분비 기전은 소장과 유사하지만 몇 가지 중요한 차이점이 있다. 소장에서 대부분 영양소(포도당, 아미노산, 모노글리세리드 등) 흡수가 주로 일어나는 반면에, 갓 태어난 어린 동물을 제외하고 대장에서 영양소 흡수는 거의 일어나지 않는다. 결장에서 중탄산염 분비는 중요한 특징이며 중탄산염은 세균 발효에 의해 생성된 산을 중화하는 데 도움이 된다. 하행 결장은 대장 내 호르몬 매개 메커니즘에 의해 조절되는 칼륨 흡수 및 분비가 일어나는 기관으로, 전반적으로 칼륨 균형 유지에 중요한 역할을 한다.

d. **면역 감시**

결장에는 T 및 B 림프구, 형질 세포, 대식세포, 수지상 세포, 항원 제시 세포, 비만 세포, 호산구 및 호중구를 포함한 다양한 면역 세포가 있다. 소장과 마찬가지로 대장 면역 세포는 결장의 상피, 고유판 및 점막 하층에 존재하지만, 소장과 대장의 면역 반응에는 중요한 차이가 있다. 대장 내부에 존재하는 다양한 종류의 항원에 대해 면역 반응이 일어나거나 면역에 대해 내성 반응이 일어나는 경우에는 서로 다른 세포 유형 간의 적절한 상호작용으로 면역 반응이 일어난다.

e. **세균발효**

결장은 세균이 가장 많이 밀집되어 있으며 대변 1g당 최대 1,011개의 세균이 포함되어 있다. 결장 내 미생물균총에 의해 단쇄지방산, 가스(gases), 인돌(indole), 페놀(phenol) 등 다양한 물질을 생성하며, 특히 단쇄 지방산(short chain fatty acid, SCFA)은 동물의 영양 상태에 중요한 역할을 미친다. 세균발효에 사용되는 기질로는 일반적으로 소장에서 소화되지 않는 셀룰로오스, 헤미셀룰로오스 및 펙틴과 같은 섬유소이다. 장내 미생물균총에 의해 생성된 단쇄지방산의 85% 이상은 아세테이트, 프로피오네이트 및 부티레이트 등이며, 개의 경우 결장 내 최대 150mmol/L의 농도로 저장된다. 단쇄지방산은 결장 점막에 빠르게 흡수되고 결장 상피 세포에 의해 쉽게 대사된다. 단쇄지방산의 다양한 생리적 효과로는 결장 세포의 분화와 증식을 촉진, 전해질의 흡수를 자극, 동물의 전체 에너지 요구량 중 7~10%를 제공, 위장관 운동성 등이 있다.

일반적으로 개의 결장에 우세한 세균은 주로 혐기성 세균(*Bacteroides* spp., *Bifidobacterium* spp., *Clostridium* spp., *Lactobacillus* spp.)이며 결장 미생물균총의 최대 90%를 차지한다. 대부분 미생물균총은 통성 또는 호기적 내성 혐기성 균이며 절대 혐기성 균은 아니다. 고양이의 경우 혐기성 및 호기성 박테리아가 거의 같은 수준으로 결장에 존재한다. 결장 내 미생물균총은 동물의 번식과 유전적 배경에 의해 영향을 받을 수 있다. 많은 연구결과에 의하면, 다른 개 품종에 비해 비글 개의 배설물에서 *Bifidobacterium* spp. 균총수가 더 적은 것으로 보고되었다. 또한, 사료 성분 특히 식이섬유소 성분에 의해 결장에 존재하는 세균의 수와 유형에 큰 영향을 미친다. 사료 내 단백질, 탄수화물 및 섬유질 함량은 모두 결장 내에서 서식하고 있는 세균의 성장 능력에 영향을 미친다.

CHAPTER

02

탄수화물과 대사작용

CHAPTER 02

탄수화물과 대사작용

제1절 탄수화물

1 탄수화물의 정의

탄수화물(carbohydrate, 당류)은 지방 및 단백질과 함께 동물의 3대 주요 에너지원이다. 탄수화물이 만들어지는 원천은 태양에너지로 식물들의 광합성(photosynthesis)에서 주로 기인한다. 광합성은 공기중의 이산화탄소와 물을 만나고 빛에너지를 받아 당류가 합성되고 부산물로 산소가 나온다. 이로부터 생성된 당류 즉 탄수화물은 6개의 탄소, 12개의 수소, 6개의 산소 원자로 구성되어 구성비는 1:2:1로 $(CH_2O)n$의 비율을 가진다.

$$6CO_2 + 6H_2O \xrightarrow{빛} C_6H_{12}O_6 + 6O_2$$

탄수화물은 유기화합물로 다양한 작용기를 가지고 있다. 주로 2개 이상의 히드록시기(−OH)와 알데히드기(−CHO), 1개의 케톤기(−CO)의 화합물로 이루어져 있으며 이로 인해 매우 다양한 화합물이 생성된다. 일부는 분자식과 분자량이 같지만 구조(이성질체)가 달라 그 특성에 따라 여러 그룹으로 구별된다. 예를 들면 포도당과 과당이 이에 해당한다.

탄수화물의 명명에서 탄소 수를 나타내는 접두어(mono-, di-, tri-, tetra- 등)와 당류를 표현하는 접미어인 -saccharide를 붙인다. 단당류 구조 중에 알데히드기가 있을 때는 -ose, 케톤기가 있을 때는 -ulose를 접미어로 붙인다.

천연에서 쌀, 밀가루, 옥수수와 같은 전분 형태의 곡류와 가공식품 형태의 설탕, 올리고당 등이 여기에 해당한다. 이들 고분자 형태의 유기화합물은 동물의 소화기관을 통해 분해되고 체내로 흡수되고 생명체가 살아가는 데 중요한 에너지로 사용하게 된다(표 2.1).

〈표 2.1〉 자연계에 존재하는 탄수화물

자원	종류
식물성	당류, 섬유소, 전분, 펙틴 등
동물성	글리코겐, 당 및 그 유도체

2 체내 탄수화물의 일반적인 기능

① 탄수화물은 동물에게 에너지를 공급한다. 동물 체내에 선호하는 에너지는 주로 포도당(glucose) 형태이며 뇌, 근육 및 기타 모든 조직의 세포에서 사용된다.

② 탄수화물은 에너지를 체내에 저장한다. 사용하고 남은 에너지는 근육이나 간에서 글리코겐(glycogen) 형태로 전환되기도 한다. 그러나 글리코겐이 다량 축적되고 많은 탄수화물을 계속 섭취하면 장기 비축량 형태인 지방 침전물로 전환된다.

③ 소화되지 않는 탄수화물류(다당류)가 중요하다. 거친 음식들은 저작작용(씹는 활동)과 소화기를 자극하여 지속적인 포만감을 주며, 담즙산과 같은 소화효소와 결합함으로써 체내의 콜레스테롤 수치를 조절하거나 당류들이 혈액 내로 천천히 흡수되게 한다. 이것은 혈당 수치의 균형을 일정하게 유지하는 중요한 역할을 한다.

④ 섬유소 공급원으로 생체 내 기능적 임무를 수행한다. 노령동물의 연동운동 강화, 배변 문제의 예방과 소화 흡수를 돕기 위해 식이섬유, 셀룰로스, 펙틴 등 다당류 형태의 고분자를 공급한다. 식이섬유는 정장작용과 함께 몸에 있는 콜레스테롤을 몸 밖으로 배출할 수 있어서 심장혈관 질환, 담낭 결석 등의 질환을 예방한다.

제2절 탄수화물의 분류

1 탄수화물 분류

탄수화물의 분류는 가수분해로 생성된 탄소의 수, 즉 당분자의 수에 따라 분류된다(표 2.2). 단당류(monosaccharides)는 탄수화물 중 가장 간단한 구성단위로 더 가수분해되지 않는 당류를 말한다. 일반적으로 삼탄당(triose)에서 오탄당(pentose)은 동·식물의 대사과정에서 합성되거나 분해되는 과정에서 생성되며, 육탄당(hexose)은 자연계에 일반적으로 다량 존재한다. 이당류(disaccharide)는 단당류 2개가 결합된 형태이고, 올리고당류(oligosaccharides)는 단당류가 3－8개(때론 10개)가 결합된 당류로서 구성 단당류의 수에 따라 이당류, 삼당류 등으로 나뉜다. 다당류(polysaccharide)는 단당류가 10개에서 때로는 수천 개까지 결합된 형태를 말하며, 주로 단순다당류나 복합다당류로 분류된다.

〈표 2.2〉 탄수화물의 분류

<table>
<tr><th colspan="2">그룹(Group)</th><th colspan="2">탄소 수 계열(Carbon No.)</th><th>당류(Sugers)</th></tr>
<tr><td rowspan="8">당류
(Sugars)</td><td rowspan="5">단당류
(Monosaccharides)</td><td colspan="2">트리오스(Trioses)($C_3H_6O_3$)</td><td>글리세르알데히드, 디하이드록시아세톤
(Glyceraldehyde, Dihydroxyacetone)</td></tr>
<tr><td colspan="2">테트로스(Tetroses)($C_4H_8O_4$)</td><td>에디트로스(Erythrose)</td></tr>
<tr><td colspan="2">펜토스(Pentoses)($C_5H_{10}O_5$)</td><td>아라비노오스, 자일로오스, 리보오스,
리블로오스(Arabinose, Xylose, Xylulose,
Ribose, Ribulose)</td></tr>
<tr><td colspan="2">헥소스(Hexoses)($C_6H_{12}O_6$)</td><td>글루코오스, 갈락토오스, 만노오스,
프룩토오스(Glucose, Galactose,
Mannose, Fructose)</td></tr>
<tr><td colspan="2">헵토스(Heptoses)($C_7H_{14}O_7$)</td><td>세도헵툴로스(Sedoheptulose)</td></tr>
<tr><td>올리고당
(Oligosaccharides)</td><td colspan="2">이당류(Disaccharides)</td><td>슈크로오스, 락토오스, 셀로비오스
(Sucrose, Lactose, Lactose, Cellobiose)</td></tr>
<tr><td rowspan="2">삼당류
(Trisaccharides)</td><td colspan="2">삼당류(Trisaccharides)</td><td>라피노오스, 케토오스
(Raffinose, Kestose)</td></tr>
<tr><td colspan="2">사당류(Tetrasaccharides)</td><td>스타키오스(Stachyose)</td></tr>
<tr><td>비당류
(Non
-sugars)</td><td>다당류
(Polysaccharides)</td><td>다당류
(Polysacc
harides)</td><td>아라비난, 자이란
(Arabinans,
Xylans)</td><td></td></tr>
</table>

			글루칸(Glucans)	전분, 덱스트린, 글리코겐, 섬유소, 칼로스(Starch, Dextrins, Glycogen, Cellulose, Callose)
			프락탄(Fructans)	이눌린, 레반(Inulin, Levan)
			갈락탄 (Galactans)	
			만난(Mannans)	
			글루코사민 (Glucosamines)	
		헤테로글리칸 (Heteroglycans)		펙틴류, 헤미셀룰로오스, 헤테로글리칸, 헤테로글리칸 삼출물, 검, 산성 점액 히알루론산, 콘드로이틴 (Pectic substances, Hemicelluloses, Heteroglycans Exudate, Gums, Acidic mucilages Hyaluronic acid, Chondroitin)
	복합탄수화물 (Complex carbohydrates)	당지질(Glycolipids)		
		당단백질(Glycoproteins)		

2 단당류(monosaccharides)

단당류는 더 이상 분해되지 않는 가장 단순한 구성단위를 가진 탄수화물을 말하며, 가장 잘 알려진 대표 단당류는 포도당(glucose)과 과당(fructose)이다(그림 2.1). 일반적으로 식물체에서는 오탄당 대사물이 많이 분포하고 동물체 내에는 삼탄당의 역할이 크다. 그들은 과일, 꿀 등 자연적으로 만들어지며 주로 수용성으로 소장에서 쉽게 흡수되고 혈액에 빠르게 흡수되어 에너지 제공원으로 손색이 없다.

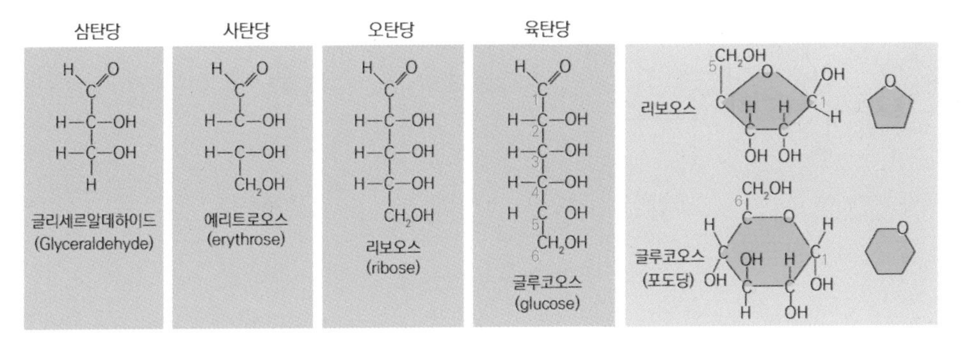

[그림 2.1] 단당류

(1) 삼탄당(triose, 3C)

자연계 대부분의 당류는 부제탄소원자에 -OH기가 우측에 배치된 D-form으로 존재하며, D-glyceraldehyde에서 유도된 D-계열의 tetrose, pentose, hexose가 있다. 삼당류에는 D-form의 글리세르알데하이드(D-glyceraldehyde)와 다이하이드록시아세톤(dihydroxyacetone) 2종류가 존재하며 세포호흡에 중간산물로서 중요한 역할을 담당한다.

(2) 사탄당(tetrose, 4C)

사탄당은 탄소의 수가 4개로 알데히드기(-CHO)와 케톤기(-CO)를 가진 알도테트로스(aldotetrose)와 케토테트로스(ketotetrose)가 존재한다.

(3) 오탄당(pentose, 5C)

핵산(nucleic acid)의 성분인 데옥시당(deoxy sugar)은 리보오스(ribose)와 데옥시리보스(deoxyribose)로 존재하고, 비타민 B_2, ATP 등 생리적으로 중요한 구성물질이다(그림 2.2). 자일로스(xylose)는 초식동물에 있어서 중요한 사료성분이고, 아라비노오스(arabinose)는 펙틴(pectin)이나 헤미셀룰로스(hemicellulose) 등의 구성물질이다.

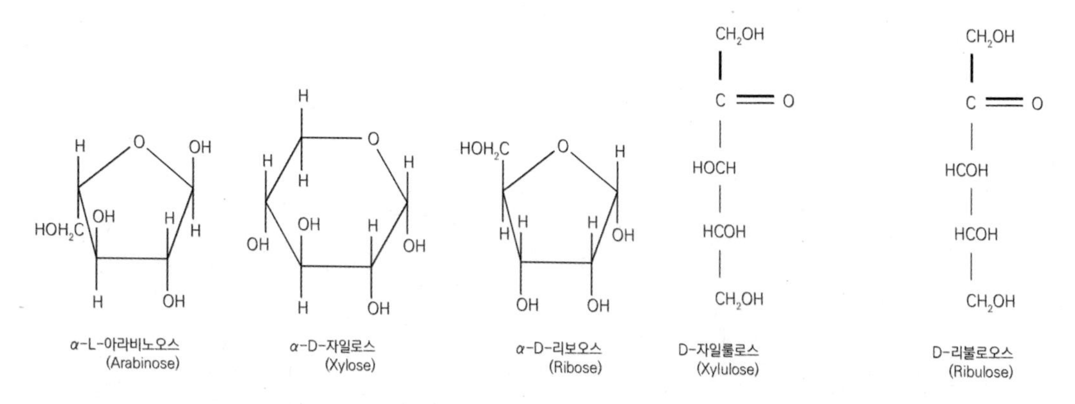

[그림 2.2] 오탄당

(4) 육탄당(hexose, 6C)

식품 중에 널리 분포하고 많은 고분자 탄수화물의 주요 구성단위에 해당한다. 강한 단맛이 있는 특성이 있고, 6개의 탄소 원자가 포함된 $C_6H_{12}O_6$의 화합물이다(그림 2.3).

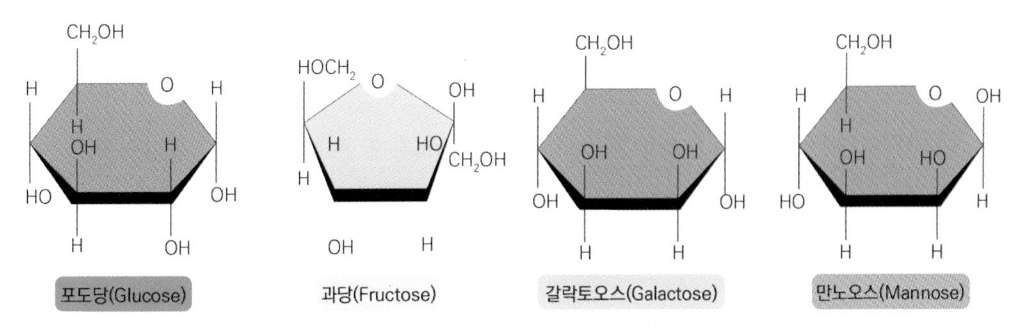

[그림 2.3] 육탄당

① 포도당(glucose)

포도당(글루코오스)은 모든 식물체나 과일에 폭넓게 함유되어 있으며, 동물의 주요 에너지원으로 그 혈액 속에서는 약 0.1% 함유되어 있다. 물에 잘 녹는 극성물질로서 단맛을 내는 특성을 가졌다. 또한 포도당은 많은 이당류 및 다당류의 구성 요소이기도 하다. 순수 포도당은 일반적으로 사탕수수 설탕의 가수분해로 얻는다.

② 과당(fructose)

과당은 포도당과 분자식이 같으나 구조가 다른 단당류이며 여기에서 4개의 탄소 원자와 1개의 산소 원자가 고리 형태 내에서 결합한다. 사슬 모양을 보면 두 번째 탄소 원자에 케톤기가 있다. 따라서 과당은 케토스 그룹에서 가장 중요한 화합물이다. 과일과 꿀에 존재하며 때로는 생물의 신진대사에서 중간 생성물로 만들어진다. 과당의 성질로는 설탕보다 단맛이 1.7배 강하고, 당류 중에서 용해도(solubility)가 높고 과포화(supersaturation)하기 쉽다. 장에 남아 있는 과당은 몇몇 장내 미생물에게 먹이로 사용되고 부틸레이트(butyrate)와 같은 대사물을 생성하기도 한다. 고양이는 탄수화물을 소화하기 위해 전분분해효소(α-amylase)나 과당을 분해하기 위해 프룩토키나제(fructokinase)의 분비가 매우 제한되어 있거나 원래 가지고 있지 않아 개보다 소화가 어렵고, 다른 단당류들도 제한적으로 사용된다.

③ 갈락토오스(galactose)

갈락토오스는 이당류인 유당(lactose)의 절반에 해당하는 구성성분으로 우유 및 기타 유제품에서 주로 발견되는 단당류이다. 포유동물의 뇌 신경 세포막의 일부 인지방질(phospholipids)의 구성성분으로 작용하는데 갈락토오스가 사용된다. 체내에서 포도당으로 변환되어 사용되고 또한 유당의 합성에 기본적인 역할을 한다.

④ 만노오스(mannose)

만노오스는 주로 mannan이나 galactomannan과 같은 다당류의 구성단위이고 당단백질의 일종인 albumin 등에 존재한다. 만노오스 성분은 야자나무의 열매에 많이 함유되어 있으나 단위동물이 사료로 이용하려면 만난분해효소(mannanase)가 필요하다.

3 이당류(disaccharide)

이당류는 두분자의 단당류가 결합된 형태이며 설탕(sucrose), 엿당(maltose), 유당(lactose) 등이 있다. 이 화합물들은 탄소에 붙어 있는 분자 내 원자들의 배열차이에 기인한다. 두 분자($C_{12}H_{22}O_{11}$)는 물 분자의 손실과 함께 두 개의 하이드록실(−OH) 그룹의 결합으로 인한 −osidic bond 또는 glycosidic bond로 결합된다($C_{12}H_{22}O_{11}$ + $H_2O \rightarrow 2C_6H_{12}O_6$). 두 분자의 단당류들은 sucrase, maltase, lactase 등과 같은 이당류 분해효소에 의해 가수분해됨으로서 단당류로 분리된다(그림 2.4).

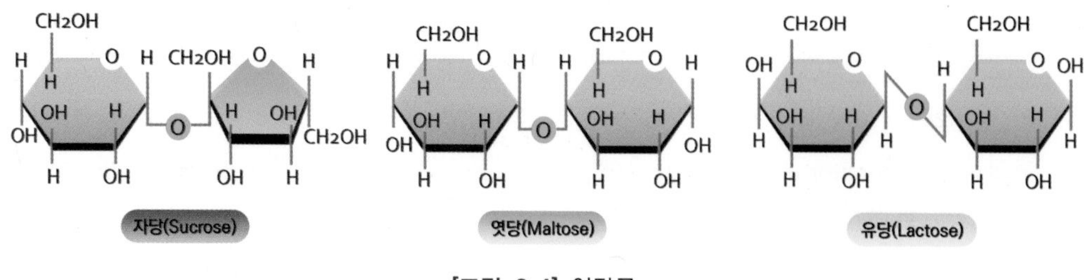

[그림 2.4] 이당류

(1) 자당(설탕, sucrose)

자당은 산소 원자로 연결된 포도당과 과당 분자로 구성 유기물질이다. 환원 효과가 없어 포도당의 첫 번째 탄소 원자와 과당의 두 번째 탄소 원자를 통해 연결된다. 자당은 무색이고 단맛을 내는 수용성 결정을 형성하고 세계에서 가장 많은 양의 순수물질이 생산된다. 식물의 열매, 꿀, 사탕수수, 사탕무 등에 널리 존재한다. 반려견에는 어느 정도 탄수화물은 필요하나 과량을 섭취시키는 것은 충치나 비만을 초래할 뿐만 아니라 인슐린 농도를 변화시켜 면역체계나 에너지 수준을 변화시켜 신체의 다른 호르몬 대사에 영향을 줄 수 있으므로 주의가 필요하다.

(2) 엿당(maltose)

엿당은 맥아당이라고도 하며, 두 개의 포도당이 $\alpha-1,4$ 글리코사이드 결합(glycosidic bond)으로 결합한다. 무색의 감미로운 수용성 결정으로 구성되어 있고 에탄올(ethanol)에 녹지 않으며 환원 특성이 있다(Fehling 용액으로 검출). 엿당은 감자의 덩이줄기(괴경)이나 발아 곡물에서 발견된다. 동물의 대사과정에서 엿당은 두 개의 포도당 분자로 가수분해되며 특히, 침 속의 전분분해효소(아밀라아제, $\alpha-$amylase)에 의해 녹말이 엿당으로 분해되어 물엿이 만들어진다.

(3) 유당(젖당, lactose)

유당은 포도당과 갈락토오스가 이어진 결합 형태이며 우유의 구성 요소이기도 하다. 우유 속의 유당 함유량은 동물에 따라 다르나 생후 첫 달 동안 새끼의 유일한 식이 탄수화물에 해당한다. 사람 모유의 유당 비율은 약 6.5%이고 젖소의 유당 함량은 4.5%이다. 강아지들이 유아기를 지나면 우유 속의 유당을 소화하지 못하는 유당불내증(lactose intolerance)이 나타날 수 있어 유당이 분해된 형태의 우유를 급여한다. 유당은 다른 영양소와 결합하여 유지방을 만들며 뇌와 신경계통의 구성성분으로서 중요하다. 반려견은 유당을 분해할 수 있는 유당분해효소(lactase)의 분비가 적은 동물에 속한다. 따라서 모견의 모유를 먹기 시작하여 뗄 때까지는 분비량이 많으나 성견이 되면 분비량이 적다. 따라서 성견들은 우유를 어느 정도 제한하거나 유당분해효소를 함유한 락토오즈 프리(lactose free) 우유를 섭취시킬 필요가 있다. 장내에서 칼슘의 흡수를 도와준다.

4 올리고당(oligosaccharides)

올리고당은 단당류 3−9개가 결합한 탄수화물을 말하여, 삼당류·사당류·오당류 등으로 분류된다. 대두나 완두콩과 같은 콩과 식물과 전분의 분해 산물들에 많이 함유되어 있다. 특정 올리고당은 프리바이오틱스(prebiotics)로 사용될 수 있다. 프리바이오틱스는 장내 세균의 먹이 역할을 하여 대장(large intestine)의 결장(colon)에서 특정 유익한 세균의 성장과 활동을 촉진하며 동물의 건강에 영향을 줄 수 있다.

(1) 삼당류(trisaccharide)

라피노오스(raffinose)는 식물의 종자, 뿌리 등에서 발견되는데 특히, 콩과식물의 종실에 많으며, 목화씨와 사탕무에도 존재한다. 약간 단맛을 가지며 효모에 의해 가수분해되어 자당과 갈락토오스로 분해되고, 자당은 다시 포도당과 과당이 된다.

(2) 사당류(tetrasaccharide)

스타키오스(stachyose)는 라피노오스의 갈락토오스기의 6번째 탄소에 또 하나의 갈락토오스가 결합한 구조로 되어 있다. 이 당은 비환원성이며 효모에 의해 부분적으로 가수분해된다. 스타키오스는 라피노스와 유사하게 대두와 목화씨에 비교적 많아 감미료나 기능성 올리고당류로 사용된다.

(3) 기타 올리고당

기타 올리고당들은 다당류만큼이나 소화가 어려운 것이 있으며 일반적으로 장의 연동운동 촉진이나 변비를 방지하는 등의 역할을 한다. 이소말토올리고당(isomaltooligosaccharide)은 전분을 분해하여 만들어지고, 프락토올리고당(fructooligosaccharide)은 사탕수수를 정제하여 만들어져 열량이 낮고 단맛과 식이섬유의 함량이 높다.

5 다당류(polysaccharide)

다당류는 수천 개의 단당류 또는 이당류 단위로 구성된 거대 분자 화합물로 주로 10개 이상의 포도당 분자단위로 되어 있다. 다당류에는 단순다당류와 복합다당류로 나뉜다. 단순다당류는 복합 탄수화물은 에너지 운반체로 사용할 수 있기까지 어느 정도 시간이 필요하나 단순당들은 소화 흡수까지 빠르게 일어난다. 다당류는 동물의 소화기에서 분해되어 생체에너지로 활용할 수 있는지가 중요하다. 다당류가 소화되어 에너지를 생성하는 다당류로는 전분, 글리코겐, 말토덱스트린이 있고, 쉽게 소화할 수 없는 다당류로는 셀룰로오스, 헤미셀룰로오스, 펙틴 등이 있다.

(1) 전분(starch)

전분은 포도당 단위체의 250~300개의 글루코실 잔기(glucosyl residue)가 직선으로 결합된 아밀로오스(amylose, $\alpha-1.4$결합)와 유사한 구조에 가지를 가진 아밀로펙틴(amylopectin, $\alpha-1,6$결합)으로 구성되어 있다(그림 2.5). 전분은 녹말이라고도 하며 차가운 물이나 알코올에 녹지 않고 무색이고 맛이 없다. 그러나 따뜻한 물에서는 콜로이드 용액으로 변한다. 탄수화물은 식물을 먹이로 주로 섭취하는 동물들에게 중요한 식품이며, 식물 건조 중량의 약 30~60% 함유되어 있는데 주로 씨앗, 과일, 뿌리에 다량 저장되어 있다.

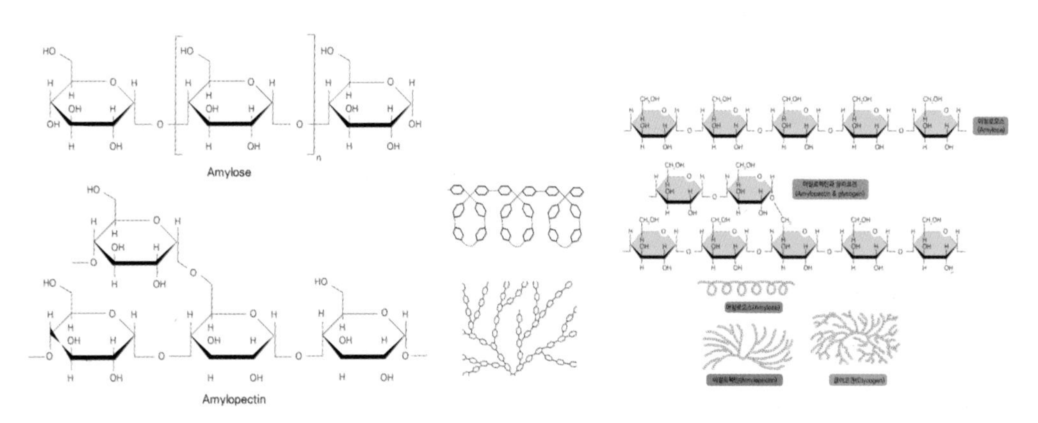

아밀로오스와 아밀로펙틴

[그림 2.5] 아밀로오스와 아밀로펙틴 사슬

(2) 식이섬유(dietary fiber)

섬유소는 모든 고등식물의 세포벽을 구성하는 셀룰로오스(cellulose, $\beta-1.4$)가 여러 개가 모여 하나의 단위체로 만들어져 있으며, 자연계에 풍부하게 존재하는 탄수화물 중 하나이다. 식이섬유는 개와 고양이의 체내 소화효소로는 분해되거나 소화되지 않는 고분자화합물로 크게 난용성 섬유소(insoluble dietary fiber)와 가용성 섬유소(soluble dietary fiber)로 분류한다. 난용성 섬유소는 물에 녹지 않는 셀룰로오스(cellulose), 일부 헤미셀룰로오스(hemicellulose), 리그닌(lignin) 등이 해당하고, 가용성 섬유소는 물에 녹거나 팽윤이 가능한 펙틴(pectin), 검류(gum) 등이 여기에 속한다. 개와 고양이는 식이섬유를 분해하는 섬유소분해효소($\beta-1.4-$cellulase)가 없으나 반추동물이나 초식동물들은 장에 서식하는 섬유소분해균류에 의해 영양소가 흡수될 수 있다. 모든 섬유소가 같은 생리적 효과가 있는 것은 아니다. 펙틴(pectin)은 식물의 뿌리, 줄기, 열매에 함유되어 있다. 이들은 산(acid)과 결합하면 겔(gel)이 형성되는데 만성적인 설사를 예방하는 효과가 있다. 베타글루칸($\beta-$glucan)은 보리 또는 귀리에 함유되어 있고 정장 기능, 설사 예방, 면역증강 효과를 지닌다. 또한 단위동물에서는 난분해성물질을 소화하는 데 어려움이 있으나 소화기관의 장내 유용미생물 증식이나 연동운동을 촉진하는 등의 이로운 작용을 한다(그림 2.6).

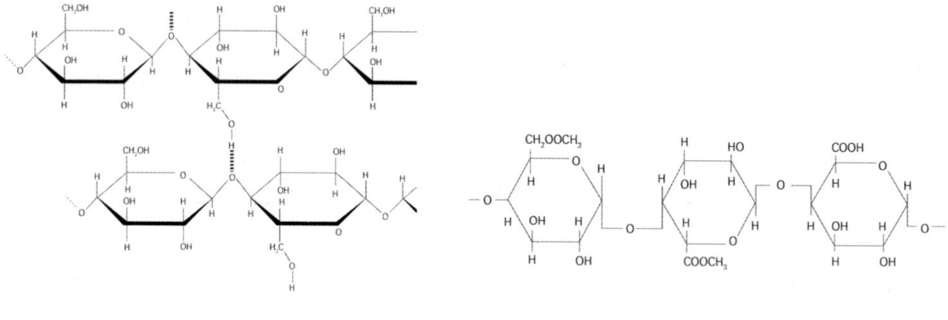

셀룰로오스 펙틴

[그림 2.6] 셀룰로오스와 펙틴의 구조

(3) 글리코겐(glycogen)

글리코겐은 동물 생체조직 내에서 전분이 포도당으로 분해된 다음 일련의 효소반응을 거쳐 동물성 저장에너지 형태의 다당류로 전환된다. 척추동물의 근육(1－2%)이나 간(2－10%)에 풍부하며, 특히 근육 내 글리코겐 함량은 간보다 단위 무게당 함량은 적으나 근육이 몸 전체에 분포해 있어서 그 총량은 더 많다. 생체 내에서 저장된 글리코겐은 지방 대사에너지와 비교하면 에너지효율이 낮으나 근육 속에서 바로 꺼내쓸 수 있는 효율적 측면이 있다. 또한 반려동물이 굶주렸을 때 신체는 일정한 혈당 수치를 유지하기 위해 글리코겐을 분해하여 다시 포도당으로 전환하여 에너지를 얻는 데 사용된다.

(4) 키틴(chitin)

키틴은 곰팡이, 균류, 갑각류 및 곤충의 껍질에서 발견되며, N－아세틸－D－글루코사민의 중합체로 된 고분자화합물이자 셀룰로오스와 구조가 매우 유사한 질소 함유 다당류이다(그림 2.7). 일부 포유동물들은 키틴을 키틴분해효소(chitinase)의 도움으로 짧은 단편의 사슬로 분해할 능력을 갖추고 있으나 효율은 적은 편이다.

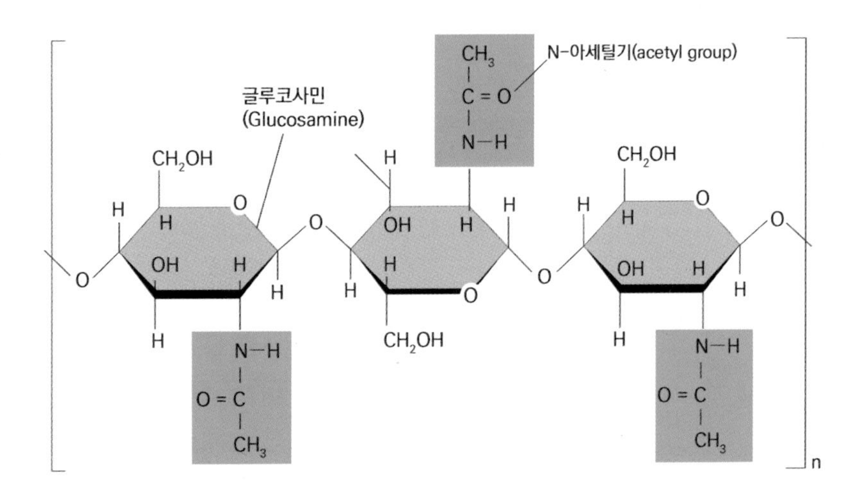

[그림 2.7] 키틴의 구조

제3절 탄수화물 소화와 흡수

1 소화

동물에서 탄수화물의 소화는 입에서부터 시작된다. 동물이 사료를 입에 넣고 열심히 씹고 있으면 벌써 탄수화물의 소화가 시작된다는 것을 의미한다. 일반적으로 단당류를 제외하고 이당류 이상은 작은 당으로 분해되어야 한다(표 2.3). 예를 들면, 탄수화물이 든 사료를 소화시키기 위해서는 고분자의 전분이 단순당인 포도당으로 변해야 한다. 고분자의 탄수화물을 분해시키기 위해서는 입의 물리적인 저작작용과 침샘에서 효소가 적당하게 분비되어 단순당으로 변화해야 한다. 타액은 전분분해효소(α－아밀라아제, α－amylase)가 관여하여 고분자를 포도당과 같은 단당류로 분해하는 역할을 한다. 일부 분해된 사료가 식도를 통해서 위로 이동하는데 단위동물의 위에서는 물리적인 분해가 부분적으로 일어나나 타액에서 분비된 아밀라아제가 위산에 의해 비활성화되므로 화학적 분해, 즉 소화가 멈춘다.

사료가 소장(small intestine)의 십이지장(duodenum)에 도착하면 췌장(pancreas)에서

〈표 2.3〉 소화효소와 소화과정

소화기관	분비장소	소화 효소	소화과정
입	타액선	α－아밀라아제, 말타아제	• 전분 → 엿당 → 포도당＋포도당
위	－	분비 없음	• 강산에 의한 물리적 분해 • α－아밀라아제 불활성화
소장	췌장	α－아밀라아제	• 전분 → 엿당
	소장벽	슈크라아제(sucrase)	• 자당(설탕) → 포도당＋과당
		말타아제(maltase)	• 엿당 → 포도당＋포도당
		락타아제(lactase)	• 유당 → 포도당＋갈락토오즈
대장	대장	장내미생물에 의한 발효	• 수용성 식이섬유류 → 발효 → 저급지방산(흡수), 가스(방출) • 불용성 식이섬유류 → 무기질 등과 결합 후 → 배출

외분비 소화효소인 아밀라아제(amylase), 트립신(trypsin), 키모트립신(chymotrypsin), 리파아제(lipase) 등이 분비되고, 또한 탄산수소나트륨이 포함된 세크레틴(secretin)이라는 호르몬에 의해 분비된 이자액(pancreatic juice)을 분비하면서 위에서 내려온 산성의 사료를 중화시켜 췌장에서 분비된 소화액이 잘 반응하도록 환경을 조성하여 소화가 잘 이루어질 수 있도록 한다. 이때 분비되는 효소들로 인해 자당은 포도당과 과당, 유당은 포도당과 갈락토오즈과 같이 저분자 형태의 단당류로 분해된다. 내분비물은 인슐린(insulin), 글루카곤(glucagon) 등의 호르몬을 만들어 혈액 내 당 수치를 조절하는 역할을 담당한다.

대장(large intestine)은 사료에서 유래된 영양물질을 소화하는 기관보다는 분해된 사료내 물의 대부분과 일부 미네랄을 흡수하는 기능이 있다. 소장에서 영양을 흡수하고 남은 잔류물 일부는 대장 내의 미생물에 의해서 일부 소화되긴 하나 양분으로 흡수되는 비율은 매우 낮다. 동물은 기능적인 면에서 장의 길이에 따라서 소화되는 정도가 다를 수 있다. 예를 들면, 단위동물은 소장과 대장이 발달해 후장발효를 통해 소화하는 반면, 반추동물은 위가 발달하여 전장발효를 통해 소화시킨다. 사료가 분해되어 필요한 영양소를 흡수하고 나면 나머지 잔류물인 분변은 몸 밖으로 빠져나와 소화가 종료된다.

2 흡수

동물의 소화가 본격적으로 일어나는 소장은 십이지장(duodenum), 공장(jejunum), 회장(ileum)으로 나누어지며 이들 중 공장에서 영양분을 주로 흡수한다. 일반적으로 당수송의 최종산물은 포도당이 가장 흡수율이 높은데 장의 융모막을 통과하여 혈액으로 녹아드는데 특이한 수송과정이 없이는 소수성인 융모막을 통과하기 어렵다. 영양분을 수송하는 방법은 수동수송(passive transport)의 단순확산(simple diffusion), 촉진확산(facilitated diffusion)과 능동수송(active transport)이 있다(그림 2.8). 단순확산은 농도차에 의한 흡수로 고농도에서 저농도로 이동하면서 일어나는데 주로 알코올류나 리보오스가 여기에 해당한다. 촉진확산은 운반체(carrier)를 이용하는 수송체계로 운반체에 당류를 등에 업고 다른 조직으로 옮겨주는 역할을 하며, 과당의 경우 고농도의 장관 내에서 저농도의 세포 내로 이동을 빠르게 한다. 단당류의 흡수 속도는 포도당이 100일 때 과당은 43, 갈락토오즈는 110, 만노오스는 43 정도다.

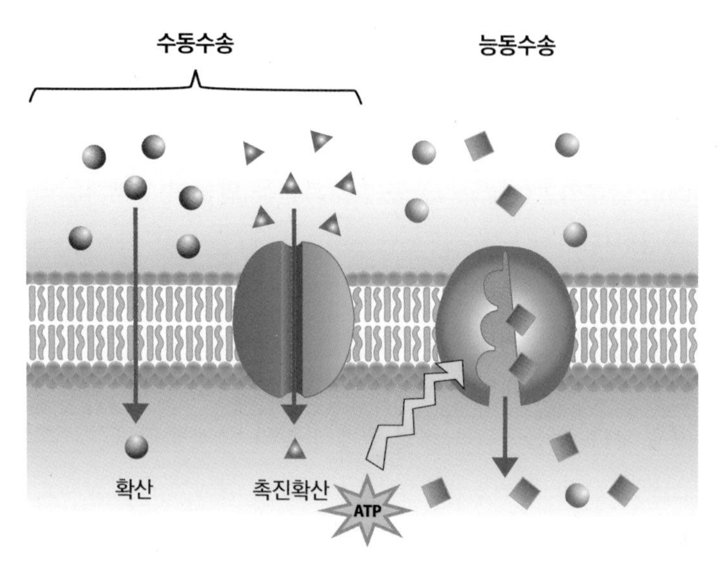

[그림 2.8] 당의 수동수송과 능동수송

수동수송은 에너지를 이용하지 않고 수송되나 능동수송은 에너지(ATP)를 이용하여 수송한다. 포도당과 갈락토오즈는 능동수송에 의해 세포 내로 이동하며 농도가 낮은 곳에서 높은 곳으로 수송할 때 주로 이용된다(그림 2.9). 소장내 십이지장에서는 췌장 분비물의 α – 아밀라아제가 더 많은 소화를 담당하고 나머지 올리고당을 분해한다. 분해된 단당류는 다양한 메커니즘을 통해 점막 세포에 흡수된다. 이때 에너지가 필요한 능동수송 체계에 의해 옮겨지고 융모의 점막 세포를 통과하여 혈액과 문맥을 통해 간으로 수동적으로 이동된다. 포도당이 세포내 유입될 때 촉진확산 또는 능동수송을 통해 세포막으로 들어오는데 세포막을 통과할 때는 특별한 수송체가 필요하다. 단당류의 흡수는 주로 Na^+ – 포도당 공동수송체 SGLT1(Na^+ – D – glucose cotransporter SGLT1)과 촉진확산 수송체 GLUT2(glucose transporter 2) 및 GLUT5가 관여하고, SGLT1과 GLUT2는 포도당과 갈락토오스의 흡수와 GLUT5는 과당의 흡수와 관련되어 있다. SGLT1과 GLUT5는 장세포의 BBM(brush border membrane, 솔가장자리막)에 존재하고, GLUT2는 BLM(basolateral membrane, 기저측막) 또는 BBM + BLM에 각각 포도당 농도가 낮은 내강과 높은 내강이 있다. 따라서 낮은 포도당 농도일 때의 흡수는 BBM의 SGLT1과 BLM의 GLUT2를 통해 이송되나 높은 포도당 농도일 때의 흡수는 BBM의 SGLT1과 GLUT2, BLM의 GLUT2에 의해 매개된다. 또한 포도당이 세포 외에서 세포 내로 이동할 때 Na^+가 농도구배에 따라 세포 내부로 이동하면 포도당도 같이 유입되는데 이때 소모된 Na^+의 농도구배를 맞추기 위해서 ATP를 소모하게 된다.

십이지장에서 생성된 올리고당은 이당류와 삼당류의 혼합물이 존재할 때까지 췌장 분비물의 α-아밀라아제에 의해 추가로 분해된다. 새롭게 생겨난 단당류는 위와 같은 방법으로 활성화된다. 흡수된 단당류는 모세혈관으로부터 녹아든 후 간문맥을 통해 간으로 이동한다. 단당류의 수송 속도는 일반적으로 galactose(1.1), glucose(1.0), fructose(0.4), mannose(0.2), xylose(0.15), arabinose(0.1) 순이다(그림 2.10).

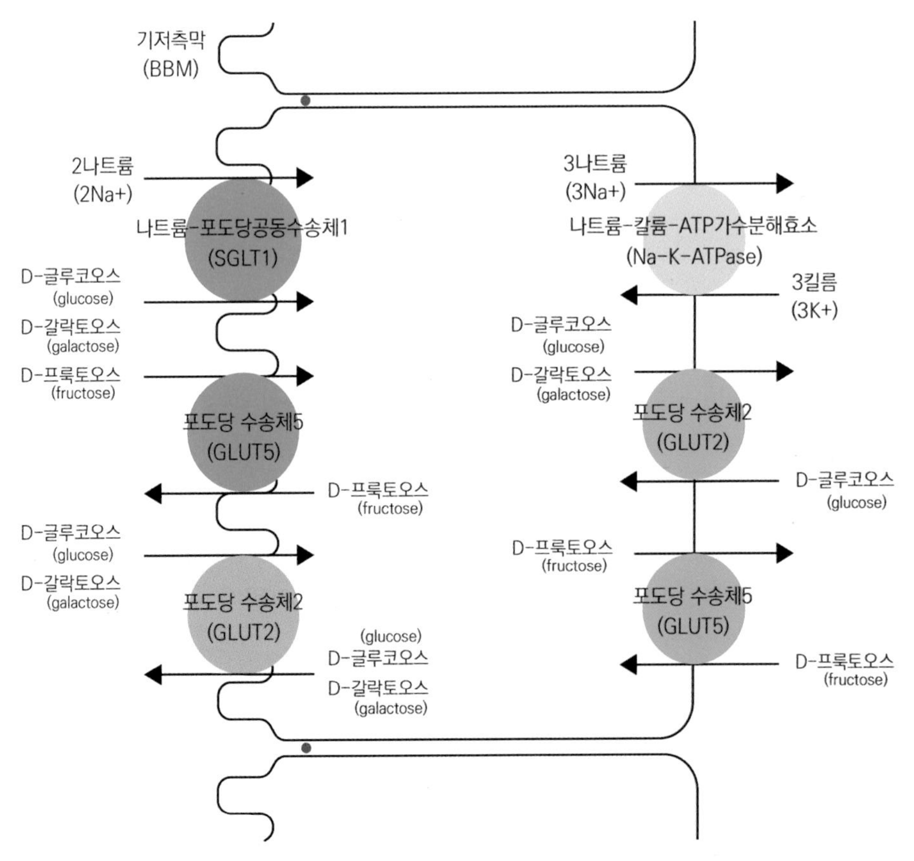

[그림 2.9] 단당류인 포도당, 과당, 갈락토오스의 수송체에 의한 소장흡수

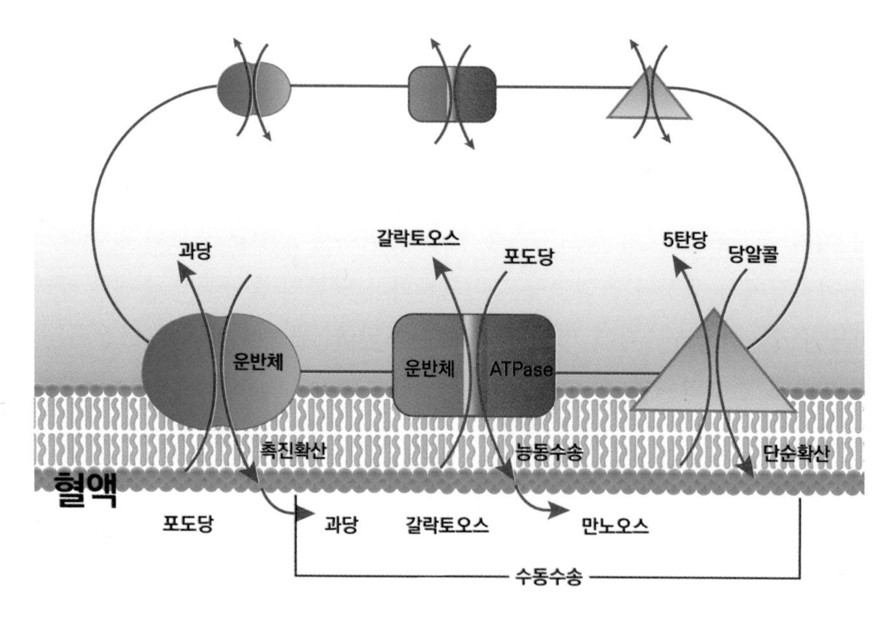

[그림 2.10] 단당류의 흡수기전

3 저항성 전분

저항성 전분(resistant starch)이란 전분의 한 종류로 식이섬유가 최대 90% 포함된 전분이며, 일반적인 전분과는 차이가 있다. 일반적인 전분은 빠르게 소화되어 포도당으로 흡수되어 혈액에 고혈당을 이루게 됨으로써 비만이나 성인병 등의 질환에 노출되기 쉽다. 그러나 식이섬유가 든 저항성 전분을 섭취하면 침샘과 소장에서 나오는 α - 아밀라아제가 포도당으로 분해하지 못해 소화·흡수하는 데 어려움이 있게 되고 대장에서 내려간 다음 식이섬유와 유사한 역할을 하면서 유익한 장내미생물의 먹이로 이용된다. 저항성 전분은 조금만 먹어도 포만감이 오랫동안 지속되고 소화기인 위에서 대장까지 이동속도는 일반 전분보다 느리고 또한 영양적 가치가 낮은 편이다.

저항성 전분과 동물 질환과의 관계에서도 저항성 전분 섭취 시 혈당, 인슐린 저항성 및 민감도 개선이 가능하며, 비만, 당뇨병, 대장암, 결장암 등 질병의 예방과 치료에 사용된다. 저항성 전분이 많이 함유한 식품은 세포벽이 있어 소화가 어려운 콩류, 통곡류 등이 있고 호화가 가능한 쌀밥, 감자, 파스타 등을 가열한 후 식혀 보관하면 저항성 전분의 양이 많아지는 경향이 있다. 최근에는 체중 다이어트 등 다양한 목적으로 화학적으로 제조한 저항성 전분을 이용하기도 한다.

제4절 탄수화물의 대사작용

1 탄수화물 에너지 분자

탄수화물 대사의 첫 시초는 사료가 소화되고 흡수된 영양소인 단당류가 모세혈관을 지나 간문맥으로 도달하고 모든 세포 내에 공급되면 이화작용의 화학반응에 따라 순차적으로 에너지를 만들거나 저장하는 대사과정을 수행한다. 대사물질이 합성되는 과정은 에너지를 요구하는 반응(동화작용, anabolism)이고 분해되는 과정은 일반적으로 에너지를 얻는 과정(이화작용, catabolism)이다.

포도당은 다양한 기능을 한다.

- 대사과정을 통해 직접 에너지원으로 작용한다.
- 글리코겐으로 일시적으로 저장한다.
- 중성지질로 바뀌어 저장된다.
- 비필요 아미노산의 합성에 이용된다.
- 혈당으로서 순환된다.

세상의 모든 생명체가 가장 많이 이용하는 최소단위의 에너지는 ATP(adenosine triphosphate)이며 한 분자의 에너지를 사용하면 인산기가 하나씩 부족한 ADP가 되고 한 개가 더 부족하면 AMP가 생성된다. 반대로 탄수화물 분해 단계 중 ADP에서 ATP 한 분자가 생성되기 위해서는 인산이 하나 더 결합하여 고에너지가 만들어진다. 예를 들면 포스포에놀피루브산(PEP, phosphoenolpyruvate)이 피루브산(pyruvate)

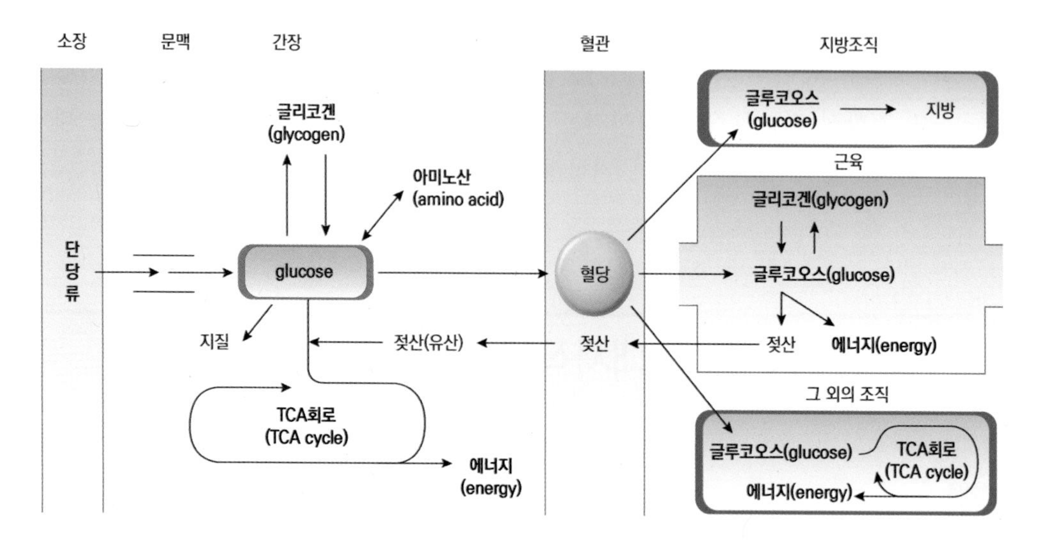

[그림 2.11] 소화기관에서 포도당의 대사와 흡수경로

으로 바뀌는 과정에서 발생한다. 이때 기질수준인산화(substrate level phosphorylation)가 발생했다고 말한다.

세포 내로 들어온 포도당은 해당과정(glycolysis)과 TCA회로(TCA cycle, tricarboxylic acid cycle)를 거치고 여기서 나온 에너지 전달체가 전자전달계(electron transport chain)로 보내져 다량의 고에너지가 생산된다. 세포 내로 들어오지 못한 여분의 포도당은 동물의 에너지 저장 형태인 글리코겐으로 변환되어 주로 간과 근육에 축적된다. 동물체 내에서 글루코겐이 가장 많이 축적될 수 있는 장소는 근육이다.

과량(잉여)의 포도당은 해당과정보다 고에너지를 생산하는 TCA회로에서 에너지원으로 축적되는데 대표적인 에너지원으로는 시트르산(citric acid) 등인데 체내에서 중성지질로 전환되기도 한다. 또한 혈액 내 포도당의 농도가 낮거나 공급이 되지 않으면 글리코겐은 간이나 신장 등에 있는 산류, 글리세롤, 젖산, 아미노산 등으로부터 충분히 포도당 신생합성(gluconeogenesis)의 과정을 통해 포도당을 얻을 수 있다. 이처럼 소화과정을 거쳐서 체내로 흡수된 당류는 혈액 내에서 일정한 수준으로 유지되는데 이것을 혈당(blood sugar)이라 한다.

2 해당과정

해당과정(glycolysis)은 포도당이 대사되어 에너지를 제공하는 주요 경로로 근육이나 간을 비롯하여 각 기관에서 에너지를 필요할 때 포도당이나 글리코겐을 분해하여 ATP와 같은 고에너지화합물을 생성하여 이용된다(그림 2.12). 이 경로는 많은 효소를 요구하지는 않아 혐기적 상태(산소가 없는 상태)에서의 해당과정이고, 호기적 상태(산소가 있는 상태)의 해당과정은 피루브산(pyruvic acid)이 아세틸코에이(acetyl−CoA)로 전환되고 TCA회로를 거쳐 완전 산화되는 반응이 있다.

해당과정에서 첫 반응은 포도당(C6)을 활성화하기 위해 2분자의 ATP가 요구되는 단계로서, 2분자의 ATP가 분해되면서 생긴 2개의 인산($2P_i$)을 포도당에 붙어주어 에너지를 제조할 준비하는 단계이다. 두 번째 반응은 에너지를 방출하는 단계로서, 2개의 인산기가 붙어 있는 포도당($P_i-C_6-P_i$)이 이성질화 효소(isomerase)에 의해 탄소 3개씩 중앙을 중심으로 절반으로 결합이 붕괴한다. 이때 생성된 3개의 탄소를 지닌 2개의 삼탄당($2(P_i-C3)$)은 상황에 따라 구조적 재배열이 가능케 하는 촉매 효소의 작용을 받는다.

생성된 2개의 삼탄당($2(P_i-C3)$) 중 한 개(P_i-C3)를 기준으로 설명하면, 인산화효소(kinase)의 도움으로 세포질에 있던 유리 인산기(free phosphorus)를 P_i-C3 삼탄당에 붙어주어 결국 P_i-C3-P_i 삼탄당이 되고, 이들 중 한 분자의 인산이 떨어져 나가 P_i-C3 삼탄당만 남는다. 이때 인산($+P_i$)은 에너지 준위가 낮은 ADP와 결합하여 1분자의 ATP가 합성된다. 또 하나의 ATP는 포스포엔올 피르브산(C3)이 해당과정의 마지막 대사물질인 피르브산(C3)으로 될 때 인산화효소(Kinase)의 도움으로 P_i-C3당에 남아 있던 마지막 인산($-P_i$)이 떨어져 나가면서 1분자의 ATP가 완성된다.

그러므로 1분자의 포도당(C6, $C_6H_{12}O_6$)이 완전히 분해되어 최종산물인 2분자의 피르브산(2C3, $2C_3H_4O_3$)가 생성되는 반응이다.

$$C_6H_{12}O_6 \text{ (glucose)} + 2NAD^+ + 2ADP^+ + 2P_i \rightarrow$$
$$2C_3H_4O_3 \text{ (pyruvate)} + 2NADH_2 + 2ATP + 2H^+ + 2H_2O$$

에너지 효율을 보면 초기에 포도당은 활성화하기 위해 2ATP가 소모되고 에너지

방출단계에서 4개의 ATP가 생성되어 결국 해당과정에서 순수에너지는 2ATP가 생성된다.

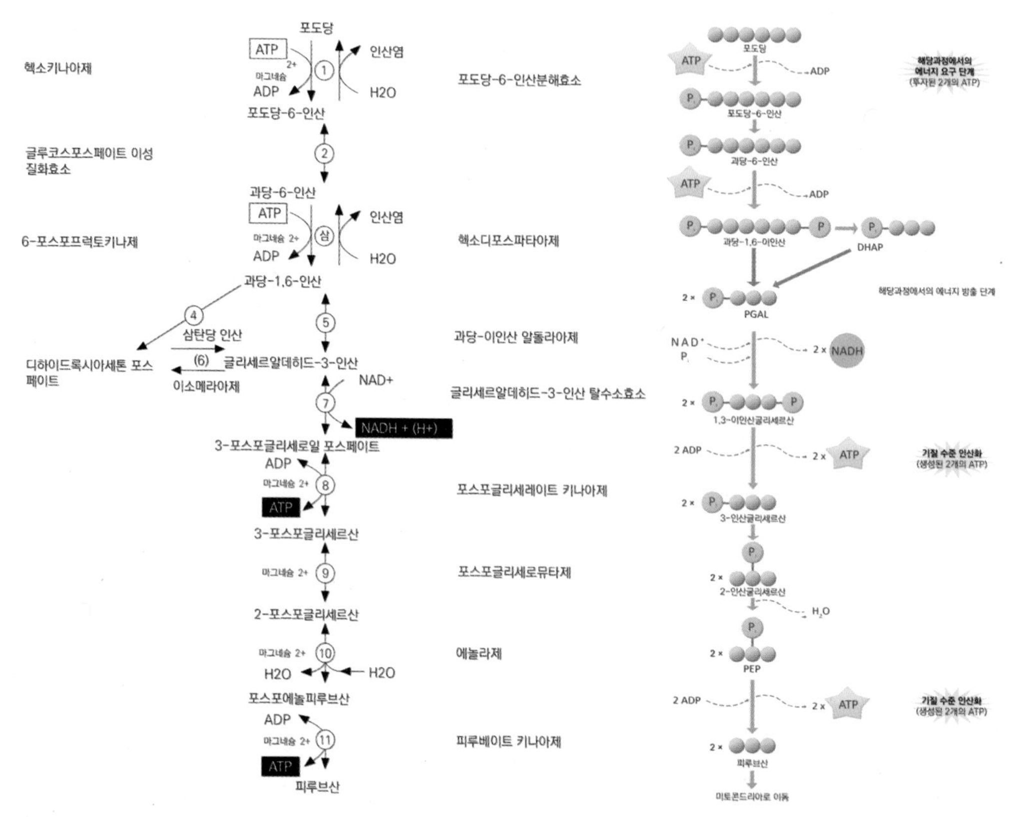

[그림 2.12] 세포의 에너지 생산: 당분해과정(glycolysis)

3 TCA회로와 전자전달계

TCA 회로(tricarboxylic acid cycle)는 시트르산 회로(citric acid cycle) 또는 크렙스 회로(Krebs cycle)로 불리며, 산소를 이용하여 호흡하는 세포에서 고에너지를 얻는 반응이다(그림 2.13). 해당과정에 포도당을 분해하여 얻은 2분자의 피루브산이 아세틸코에이(acetyl−CoA)로 전환되고 이 수송체를 통해 미토콘드리아로 들어와 내부의 유기산과 결합하면서 회로의 반응이 시작된다.

(1) 피루브산의 산화적 탈탄산반응

해당과정에서 생성된 피루브산은 호기적 조건에서 산화적 탈수소반응(oxidative decarboxylation)으로 acetyl－CoA(C2, acetyl－coenzyme A)가 된다. 이때 다양한 Co－factor(CoA, NAD, TPP, Mg^{++} 등)가 관여하며, 이 반응으로 인하여 2분자의 이산화탄소(CO_2)와 2분자의 $NADH_2$를 방출한다.

$$2C_3H_4O_3\ (pyruvate) + 2CoA-SH + 2NAD \rightarrow$$
$$2C_2H_3O\text{-}S-CoA\ (acetyl-CoA) + 2CO_2 + 2NADH_2$$

(2) acetyl-CoA의 산화반응

세포질에 있는 acetyl－CoA(C2)는 세포소기관의 하나인 미토콘드리아(mitochondria) 내막으로 이동하는데 내막에 존재하던 옥살아세트산(oxaloacetic acid, C4)와 결합하여 시트르산(구연산, citric acid, C6)이 된다. 시트르산은 물 분자를 잃고 모양이 변하면서 이소시트르산으로 바뀌었다가 전자를 NAD^+에 넘겨준다. 이 과정에서 이소시트르산은

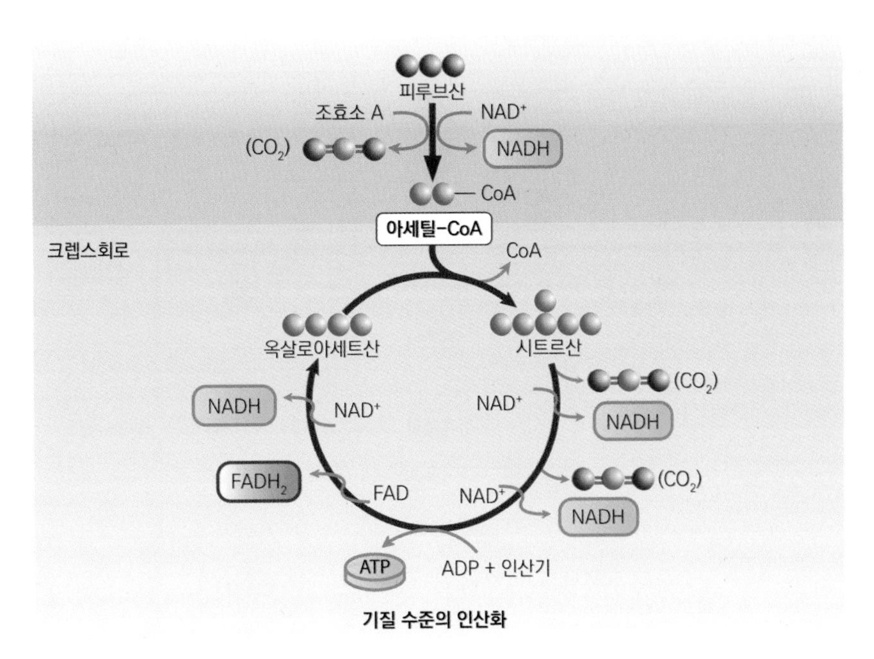

[그림 2.13] 세포의 에너지 생산: TCA 회로

수소가 떨어져 나가는 dehydrogenase의 도움으로 $NADH_2$와 이산화탄소(CO_2)가 빠져나가면서 알파－케토글루타레이트(α－ketoglutarate, C5)가 생성되며, 알파케토글루타레이트(α－ketoglutarate, C5)와 숙신산 CoA(succinyl CoA, C4) 간에도 동일한 생성물이 나온다. 그리고 숙신산(succinate, C4)과 푸마르산(fumarate, C4)은 $FADH_2$, 말산(malate, C4)과 옥살아세트산(oxaloacetic acid, C4) 간에는 $NADH_2$가 생성되나 탈탄산반응은 일어나지 않는다. 또한 숙신산 CoA(succinyl CoA, C4)와 숙신산(succinate, C4) 간에는 1분자의 GTP가 생성된다. 1개의 GTP(guanosine triphosphate)는 ADP와 반응하여 ATP를 생성한다. 따라서 한 분자의 acetyl－CoA는 TCA 회로를 한번 회전하여 2개의 이산화탄소(CO_2)와 3개의 $NADH_2$와 1개의 $FADH_2$를 방출한다.

(3) 포도당의 산화에 의한 ATP의 총 생산량

• 해당과정에서 포도당은 활성화 과정에서 2 ATP가 소모되고 이후 4 ATP가 생성된다. 그리고 2개의 $NADH_2$에 $2H^+$가 NAD에 전달되면 3 ATP가 생겨 총 6

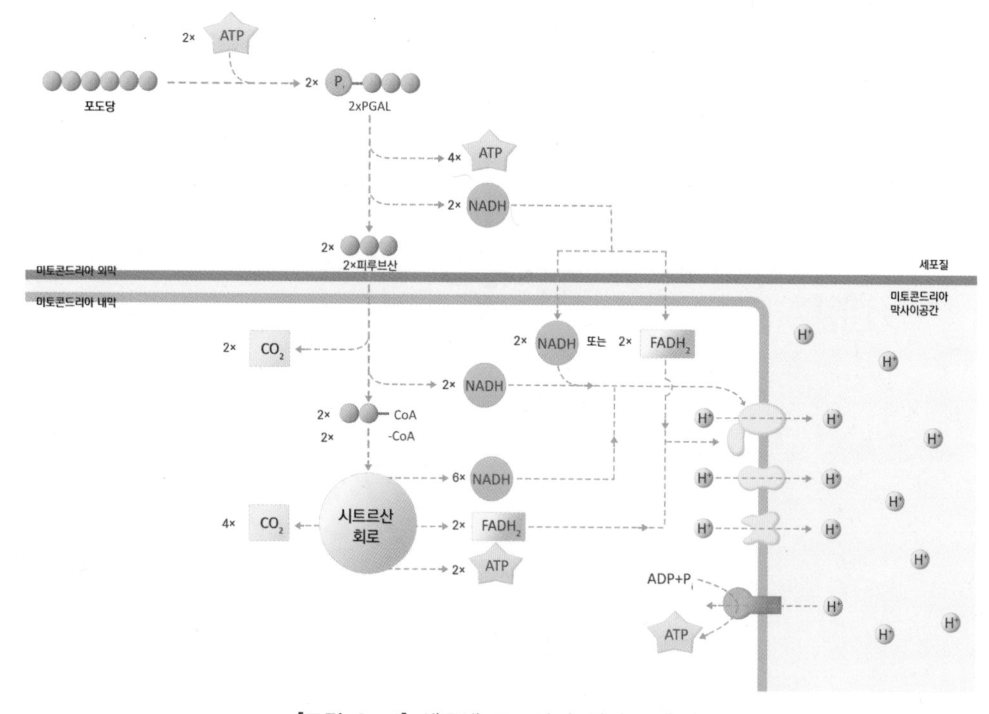

[그림 2.14] 세포내 포도당의 에너지 총량

ATP가 생긴다. 그러므로 총 해당과정에서는 8 ATP가 만들어진다.

- 2개의 피루브산에서 2개의 acetyl－CoA에서 2개의 $NADH_2$가 생성되는데 여기에서 6 ATP가 만들어진다.
- 그리고 TCA회로에서 설명했듯이 $6NADH_2$(18 ATP 생성) ＋ $2FADH_2$(4 ATP 생성) ＋ 2GTP(2 ATP 생성)

따라서 포도당 한 분자가 물과 이산화탄소로 변하기까지 총 38 ATP가 생성된다(그림 2.14).

4 글리코겐의 합성과 분해

글리코겐은 개의 간이나 근육 속에 존재하며 탄수화물 섭취 시 축적된다. 해당과정의 포도당(C6)은 혈당으로서 간장이나 근육에 가서 ATP와 반응하여 glucose－6－phosphate(G－6－P)와 glucose－1－phosphate(G－1－P)를 거쳐 에너지를 사용하기 위해 UDP(uridine triphosphate)와 결합하여 UDPG(uridine triphosphate glucose)가 되어 글리코겐을 생성한다(그림 2.15). 이때 UDP는 ATP와 한 가지로 고에너지 인산(P_i)과 결합을 하고 있다. 일반적으로 근육의 글리코겐은 혈액 중의 포도당에서 합성된 것으로 포도당 이외의 당에서는 합성되지 않는다. 운동하는 동물의 경우, 체내의 글리코겐은 분해되어 피루브산으로 변하는데 산소가 충분치 않으면 젖산이 생성되고, 혈액을 통해 간장으로 이동한 다음 글리코겐이 합성되기도 한다.

이때 췌장에서 분비되는 인슐린 호르몬이 관여하는데 포도당은 글리코겐으로 전환하게 된다. 예를 들면 동물이 사료를 섭취하면 혈액 속의 혈당이 과잉되고 이를 분해 또는 이동시키는 전략이 필요한데 이때 인슐린이 관여하여 글리코겐을 합성한다. 반면에 동물이 탄수화물 섭취가 부족하거나 제한되면 몸속에 글리코겐을 분해하여 사용되는데 이때 관여하는 호르몬은 글루카곤이 그 역할을 담당한다. 따라서 글리코겐의 합성과 분해는 혈액과 간으로 서로 운반하면서 반응이 일어나나 합성경로와 분해경로는 서로 다르다.

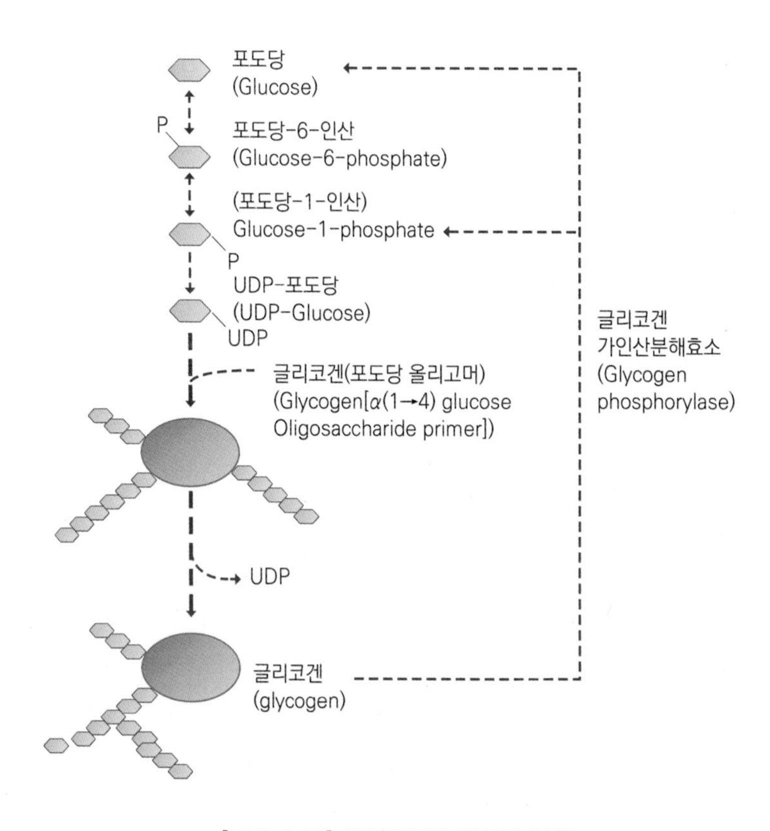

[그림 2.15] 글리코겐의 합성과 분해

5 당류에서 지방 합성

동물조직에서 글리코겐은 간과 근육에 축적되는 양의 한계가 발생하면 해당과정에서 3탄당인 triose phosphate에 의해 환원되어 글리세롤(glycerol)이 만들어지고 이때 아세틸코에이에서 생성된 지방산과 합쳐져 지방을 합성한다. 동물은 지방을 섭취하지 않아도 몸속에 지방조직에 지방이 축적되고 차후 에너지원으로 사용된다.

6 포도당의 신생합성

포도당 신생합성(gluconeogenesis)은 당류의 섭취가 적거나 제한되면 탄수화물이 아닌 생체물질인 글리세롤, 피루브산, 젖산(유산), 아미노산을 이용하여 포도당을 합성하는 과정이다(그림 2.16). 이것은 주로 척추동물의 간에서 일어나며, 과도한 운동을 하거나 당류를 섭취가 제한되더라도 혈액 내 혈당을 유지하는 역할을 한다. 동물의 각 조직에서 피루브산, 젖산(유산), 아미노산 등은 중간대사 산물이 해당작용을 역행하여 당을 생성할 수 있으나 해당과정의 경로가 완전한 가역반응(reversible reaction)은 아니다. 포도당 신생합성은 본질적으로 해당과정의 세 가지 비가역 단계를 우회할 수 있는 네 가지 주요 조절 단계가 있는 해당과정의 반대 과정이다. 해당과정의 최종산물인 피루브산은 미토콘드리아의 피루브산 탈탄산효소(pyruvate carboxylase)를 이용하여 우회경로의 옥살산으로 전환되고, 옥살산은 포스포엔올피루브산 카복시키나아제(PEP carboxykinase)의 도움으로 포스포엔올피루브산(PEP)가 생성되어 해당과정을 역행하게 된다. 이 과정에서 포도당-6-인산(glucose 6-phosphate, G-6-P)를 생성한 다음 최종적으로 포도당이 만들어지는 경로이다. 한 분자의 포도당이 피루브산에서 G-6-P까지의 해당과정 경로로 진행하기 위해서는 4분자의 ATP와 2분자의 GTP가 필요하며 이들 ATP는 지방산 β-산화 과정에서 만들어진 에너지를 이용한다.

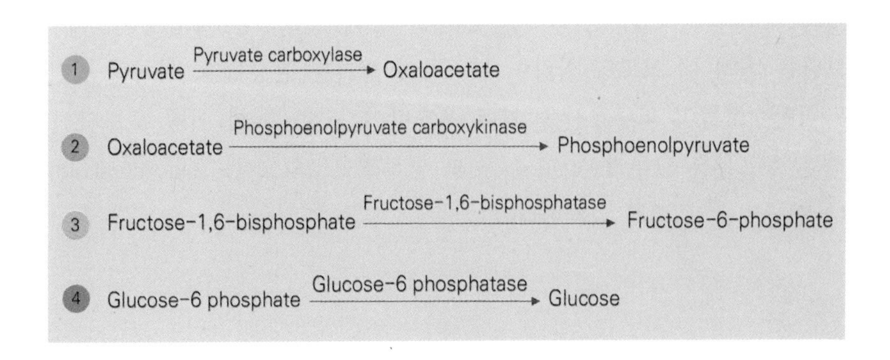

또 다른 합성경로는 글리코겐 분해(glycogenolysis)를 통해서 포도당을 얻는 방법이다. 글리코겐 합성과 달리 글리코겐 분해는 글리코겐 저장고에서 G-6-P이 방출

되는 과정이다. 간과 골격근 모두에서 굶주린 상태에서 활성화되는 경로이지만 활용 방식에는 차이가 있다. 간에서는 글리코겐 분해에서 생성된 G－6－P는 탈인산화(phosphorylase)되어 혈류로 방출하나 골격근에는 이 효소가 없어서 골격근에만 포도당을 제공함으로 포도당이 혈류로 방출되지 않는다. 분해 경로는 글리코겐 가인산분해 효소(glycogen phosphorylase)에 의해 G－1－P가 만들어지고 G－1－P는 다시 포스포글루코뮤타아제(phosphoglucomutase, PGM)에 의해 G－6－P로 전환되고 포도당이 생성된다.

글라이코겐(Glycogen) $\xrightarrow{a}$ 포도당－1－인산(Glucose－1－phosphate) $\xrightarrow{b}$
포도당－6－인산(Glucose－6－phspahate) $\xrightarrow{c}$ 포도당(glucose)

a. 글리코겐 인산화효소(Glycogen phosphorylase),
b. 포스포글루코뮤타아제(Phosphoglucomutase),
c. 포도당－6－인산분해효소(Glucose－6－phosphatase)

육식동물들은 탄수화물을 거의 섭취하지 않거나 제한할 경우가 많은데 주로 혈당이나 글루코겐을 이용한다. 이때의 당류는 대부분 아미노산에서 유래된다. 예를 들면 글라이신(2C, glycine) 3분자가 합성되면 6개 탄소를 가진 포도당을 합성할 수 있으며, 글리세롤은 triose phosphate를 거쳐 포도당이 합성된다. 또한 glucose－6－phosphate(G－6－P)는 G－6－Pase를 통해 포도당을 재합성하는데 포도당의 농도보다는 혈액 내 포도당 함량이 부족하여 생기는 현상이다. 이처럼 젖산, 아미노산 등 비탄수화물이 피루브산을 거쳐 포도당이 생성되는데 이때 포도당신생합성을 촉진하는 호르몬은 글루카곤(glucagon)과 글루코코르티코이드(glucocorticoid)가 있다. 그러나 인슐린은 오히려 억제한다.

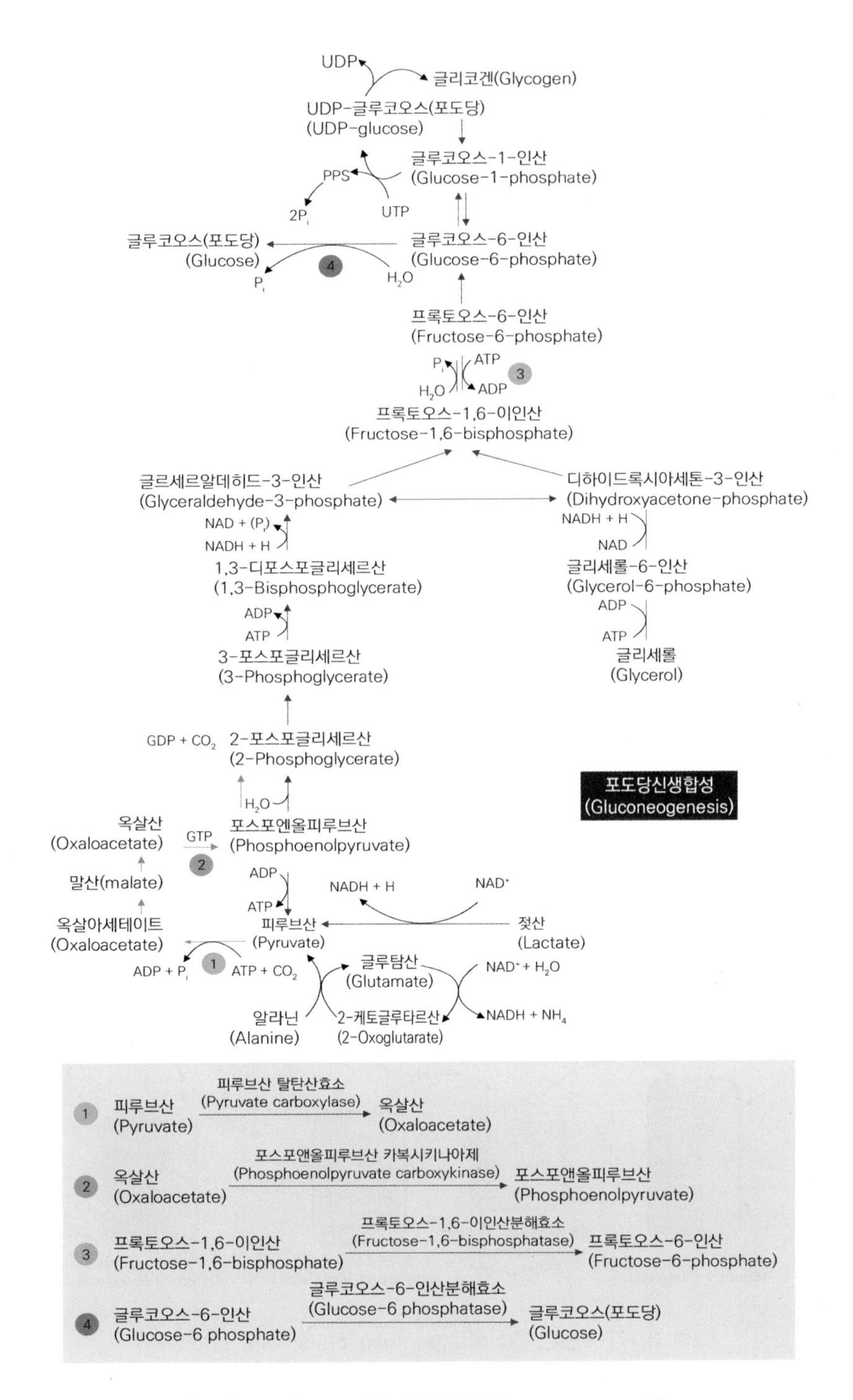

[그림 2.16] 포도당의 신생합성(gluconeogenesis)

7 오탄당 인산회로

오탄당 인산회로(pentose phosphate pathway)는 glucose-6-phosphate(G-6-P)를 오탄당 인산으로 산화시키는 대사과정인데 해당과정이나 TCA회로와는 별개로 일어난다(그림 2.17). 포도당 전체 대사량의 약 8%에 해당하고 근육 내에서는 일어나지 않는다. 이 회로는 $NADPH_2$를 생산하는데 이 산물은 지방산 합성이나 steroid 호르몬의 합성에 쓰이고, 또 다른 생성물인 오탄당은 리보오스(ribose)나 데옥시리보오스(deoxyribose)를 합성하는 데 사용된다.

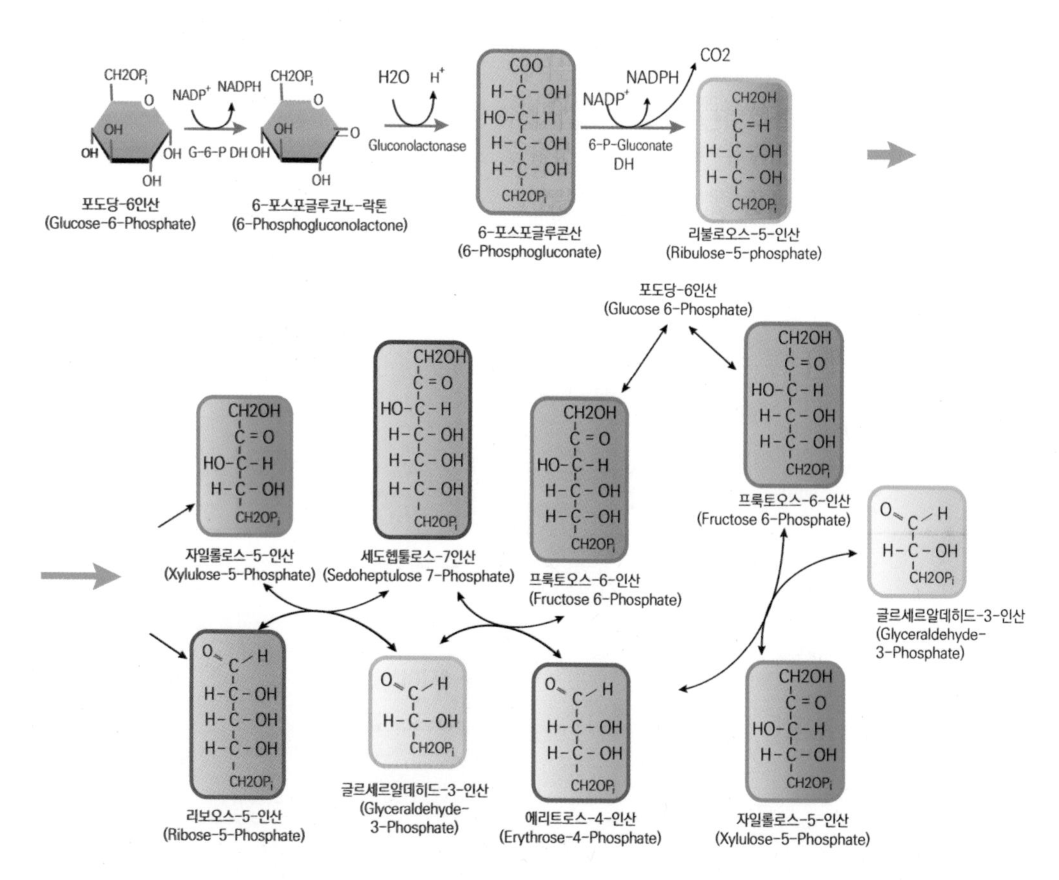

[그림 2.17] 오탄당 인산회로(pentose phosphate pathway)

8 코리회로

동물의 근육이 혐기적 상태가 될 때 해당과정에 의해 생성된 젖산 일부는 혈액을 통해 간으로 가서 피루브산을 만들고 포도당 신생경로를 통해 포도당이 다시 생성된다(그림 2.18). 이때 생성된 포도당은 혈액을 통해 근육으로 되돌아오는 재순환 과정의 회로이다.

과격한 운동 시 ㉮ 근육 속의 산소가 부족하거나 ㉯ 미토콘드리아가 없는 적혈구는 포도당과 산소의 공급이 부족한 상태로 될 때 저장된 글리코겐을 분해하여 피루브산이 되는데 이때 산소가 충분치 않으면 피루브산이 젖산이 된다. 이 젖산은 TCA회로 내로 들어가지 못하고 혈액을 통해 간으로 운반된 후에 글리코겐으로 재합성된다. 다시 말하면 혈액을 타고 간으로 들어간 젖산은 고에너지인 $NADH_2$를 생산하면서 피루브산을 만들고 다시 $NADH_2$를 소모하면서 포도당을 신생합성과정을 수행하는 역할을 담당한다.

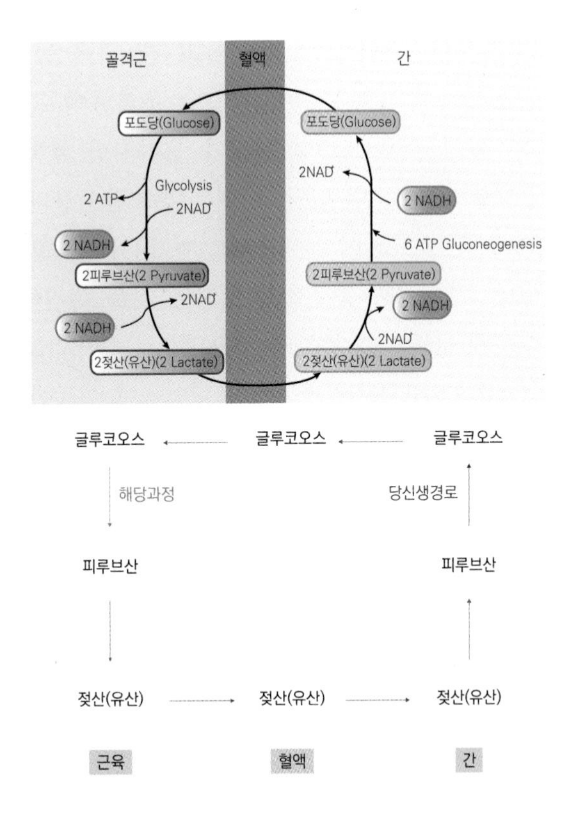

[그림 2.18] 코리회로(Cori cycle)

제5절 탄수화물의 대사조절

탄수화물 섭취 전·후 혈액 속의 당 함량은 인슐린, 글루카곤, 에피네프린 등 혈당조절 호르몬이 관여한다.

1 탄수화물의 대사조절 호르몬

(1) 인슐린

소장에서 흡수된 포도당은 혈액으로 녹아들고 간, 근육 등에서 글리코겐이나 중성지방으로 전환되나 그중에 일부분만이 간장을 통과하여 몸 전체의 혈관에 포도당이 분포하게 된다. 혈액 속에 포도당 농도가 높아지면 혈류의 속도 등에 문제가 발생하여 심각한 문제를 초래할 수 있다. 이때는 부교감신경의 자극을 통해 췌장 내 β세포에서 인슐린(insulin) 호르몬이 분비된다(그림 2.19). 이 인슐린은 혈액에서 증가한 포도당을 간, 지방, 근육세포 등으로 흡수되는 것을 촉진하는 임무를 수행한다. 인슐린은 인슐린 수용체(리셉터)를 통하여 세포막으로 들어가고 인슐린 의존성 포도당 수용체(GLUT4)의 발현으로 모든 세포에 포도당들이 이동한다. 혈중 인슐린의 농도가 증가하면 간에서는 포도당 신생반응을 억제하고 혈액에 있는 작은 분자들을 세포 안으로 이동시켜 혈중의 포도당 농도를 낮추게 된다. 즉, 인슐린은 글리코겐의 생성과 포도당 이용을 촉진하여 혈액 속의 혈당을 낮추게 한다.

(2) 글루카곤

인슐린과는 반대로 글루카곤(glucagon)은 혈중에 포도당 농도가 낮아지면 교감신경을 자극하거나 뇌하수체전엽을 자극하여 혈당을 증가시키는 임무를 수행하는데 포도당신생합성(gluconeogenesis) 반응에 해당한다.

혈액 내 포도당의 농도가 감소하면 교감신경의 자극을 받아 부신수질은 에피네프린, 교감신경 말단은 노르에프네프린을 분비하고, 췌장 내 α-세포에서는 글루카곤이 분비된다. 글루카곤은 간세포에 있는 글루카곤 수용체와 결합해 글리코겐을 분해한 후 포도당을 만들어 혈액 내 혈당을 일정하게 유지하는 중요한 역할을 한다(표 2.4).

다른 하나는 뇌하수체전엽을 자극하여 혈당을 증가시키는 부신피질호르몬인 글루코코르티코이드는 간의 아미노산 분해에 관여하는 효소의 활성을 높여서 당생성을 촉진하고 간의 글리코겐의 양을 증가시켜 혈당을 상승시킨다.

이와 같이 혈당을 조절하는 호르몬들이 적절히 활성화되면 당뇨병이 거의 없지만 이의 균형이 무너지면 혈액에 고혈당이 존재하거나 배뇨 속에 당이 일정량 이상이 배설될 때 당뇨병(diabetes mellitus)이라 한다.

1) 생체내 혈당반응

- 혈당의 감소: 호르몬 분비선 자극, 인슐린 췌장 혈당의 증가, 세포로의 포도당 운반
- 혈당의 증가: 글루카곤 췌장 혈당의 감소, 운동 시 자극, 간에서의 당신생 증진

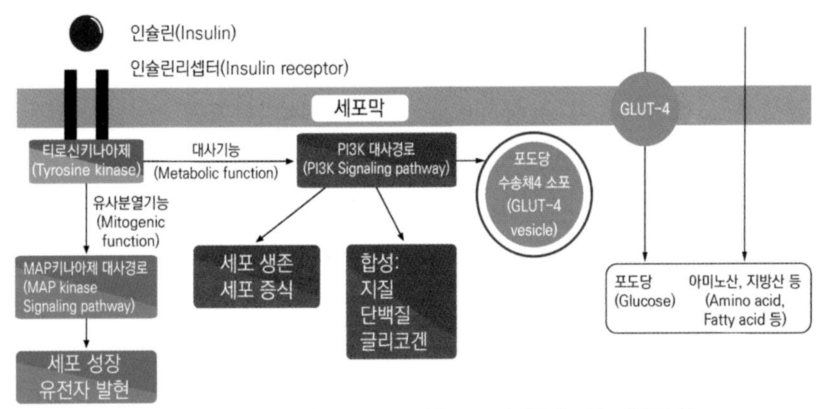

[그림 2.19] 인슐린의 작용(출처: 의약통신, 2020, 신창우 약사, http://www.kmpnews.co.kr/news/articleView.html?idxno=36355)

〈표 2.4〉 혈당조절에 관련된 호르몬들

호르몬	분비기관	생리적 기능
인슐린(Insulin)	췌장의 β세포	혈당저하, 글리코겐생성(glycogenesis) 촉진(간) 지방생성(lipogenesis) 촉진(지방조직), 포도당의 세포막 투과성 증진, 단백질합성 촉진
글루카곤 (Glucagon)	췌장의 α세포	단백질합성 촉진, 혈당상승 글리코겐분해(glycogenolysis) 촉진(심장), 글리코겐합성효소(glycogen synthase) 억제
소마토스타틴 (성장억제호르몬) (Somatostatin)	시상하부 (hypothalamus)	인슐린(insulin)과 글루카곤(glucagon) 동시 억제, 당뇨성(ketoacidosis) 예방
당질코르티코이드(Glucocorticoid)	부신피질 (adrenal cortex)	포도당신생(gluconeogenesis) 촉진(간)
에피네프린(Epinephrine)	부신수질 (adrenal medulla)	글리코겐분해(glycogenolysis) 촉진(간, 근육)
티록신(Thyroxine)	갑상선(thyroid gland)	글리코겐분해(glycogenolysis) 촉진(간), 장에서 glucose 흡수 촉진, 인슐린(insulin) 파괴에 영향

2 혈당지수(GI)와 혈당부하(GL)

탄수화물은 신체의 중요한 에너지원으로 단당류는 혈액에 빠르게 녹아들지만, 다당류들은 소화흡수율이 상대적으로 낮아 천천히 혈액에 들어가는 경우가 많다. 사료를 먹고 동물 체내 혈당 수치가 올라가면 인슐린의 양이 많아지고 혈당 수치가 떨어지면 췌장은 인슐린 생산을 중단하고, 인슐린 길항제(antagonist)인 글루카곤 호르몬을 방출하여 당을 합성한다. 이것은 일반적으로 일어나는 대사과정이며 자발적으로 조절된다. 혈액 속 혈당 수치가 어떻게 영향을 미치는지 확인하려면 혈당지수(GI, glycemic index)와 혈당부하(GL, glycemic load)의 두 가지 정보가 필요하다. 과일의 경우, GI는 과일 자체가 가지는 혈당을 의미하고, GL은 정해진 양을 먹었을 때 혈당에 영향을 미치는 값을 의미한다.

(1) 혈당지수(GI)

혈당지수(GI)는 식품의 탄수화물이 혈당 수치를 얼마나 높이는지를 알려주고 0에서 100 사이의 값으로 지정된다. 예를 들어 포도당 50g을 섭취했을 때 상승하는 혈당치를 100으로 기준을 잡고 다른 식품을 섭취했을 때의 혈당치를 비교하고 분석하면 그 차이를 알 수 있다(표 2.5). 단당이나 이중당이 많은 단 음식은 전분과 같은 다당류를 포함하는 음식보다 GI가 높다. 혈당 수치를 관리하려면 GI가 낮은 음식을 섭취하고 단 음식을 피하는 전략이 필요하다. 낮은 GI 식품은 높은 GI 식품보다 더 천천히 소화되고 흡수된다. 섭취물의 GI는 포도당 100을 기준으로 70이상은 높음, 56-69이면 보통, 55이하이면 낮음에 해당한다.

〈표 2.5〉 혈당지수가 높은 음식

식품	혈당지수	식품	혈당지수	식품	혈당지수
50이하		51-70		70이상	
삶은 콩	16	망고	55	쌀밥	85
두유	31	바나나	56	달콤한 팝콘	85
현미	50	밀가루	70	포도당	100

(2) 혈당부하(GL)

GI보다 더 중요한 것은 혈당부하(GL)지수이다(표 2.6). 식사 시 실제로 섭취한 탄수화물의 양을 나타내고, GI가 높은 음식은 소량 섭취해도 혈당을 너무 많이 올리지 않는다. 반대로 GI가 낮은 음식을 많이 먹으면 혈당 수치가 급상승할 수 있다. 따라서 혈당지수와 혈당부하지수가 낮은 음식을 섭취하는 것이 건강에 유리하다.

〈표 2.6〉 일부 일반 식품의 혈당 지수(포도당 100 기준)

구분	대상 식품
GI가 매우 낮은 식품(≤ 40)	렌즈 콩, 대두, 강낭콩, 보리, 체리, 배, 사과, 삶은 당근
GI가 낮은 식품(41-55)	생바나나, (과일) 요거트, 통밀 빵, 딸기, 보리밥, 찐단호박, 망고
중간 GI 식품(56-70)	현미, 오트밀, 파인애플, 메밀면, 찐 고구마, 수박, 찐호박
높은 GI 식품(> 70)	흰빵과 통밀빵, 삶은 감자, 흰쌀밥, 군고구마

〈표 2.7〉 혈당부하지수에 따른 음식 분류

혈당부하지수	대상 식품
10 이하	체리, 자두, 오렌지, 배, 사과, 찐단호박, 찐감자, 찐밤, 수박, 대두콩, 우유
11－30	찐옥수수, 찐고구마, 떡, 오트밀, 밀, 옥수수, 현미밥
31 이상	메밀면, 쌀밥, 우동, 튀긴 고구마, 구운 고구마, 찹쌀밥

제6절 반려동물의 탄수화물 이용

모든 포유류는 탄수화물, 지방, 단백질과 같은 주요 영양소를 산화하여 에너지를 얻는다. 잡식 동물인 개와 육식 동물인 고양이는 식단에서 탄수화물에 대한 필요와 소화대사 측면에서 서로 다르게 진화해 왔다. 이 두 종은 사료내 탄수화물에 대한 특정 요구 사항이 없으며, 탄수화물함량이 낮은 사료로 생존할 수 있다고 해서 모든 개와 고양이에게 적용되지는 않는다.

1 개

(1) 탄수화물의 이용

육식을 주로 하는 늑대가 기원인 개는 탄수화물이 다량 함유된 곡물을 이용할 수 없다는 주장이 있으나 사실이 아니다. 현재의 개는 늑대보다 췌장에서 분비되는 아밀라아제의 유전자 발현과 효소의 활성이 더 높아 전분을 이용할 수 있는 능력이 더 뛰어나다. 이것은 사람에 의해 가축화가 진행되면서 전분을 함유한 음식과 폐기물을 공급한 결과로 유전적 적응이 쉬웠기 때문이다. 그러나 개가 가공되지 않는 전분을 직접적으로 이용할 능력은 없어 비필수 영양소로 분류될 수 있다. 미국의 동물사료 규제 기관인 AAFCO(The Association of American Feed Control Officials)는 탄수화물을 필수영양성분으로 분류하고 있지 않다.

개는 고양이보다 탄수화물을 잘 이용하나 적절한 가공을 통하는 것이 소화율을 증가시키는 데 도움이 된다. 단단한 전분에 물을 첨가하거나 열을 처리하면 물리적으로는 조직이 팽윤되고 연화되는 데 유리하고, 화학적으로는 가수분해가 일어나 전분사슬의 길이가 짧아져 젤라틴처럼 겔화(Gel, gelatinization)가 이루어진다. 그 후 소화기관인 위에 들어가면 위산에 의해 전분사슬의 길이가 더욱 짧아지고, 장에서도 가수분해 작용이 쉽게 일어나 기존보다 쉽게 체내에 흡수될 수 있다. 따라서 개가 가공되지 않는 원재료 상태의 전분을 이용하기보다는 열이나 압력 등 물리·화학적으로 가공처리된 전분을 급식하는 것이 소화율을 증가시킬 수 있다. 그리고 곡류 내 전분의 함량은 일반적으로 건물 중 기준으로 쌀은 70－80%, 감자는 55－75%, 보리는 56－66%를 차지하고 있다.

(2) 탄수화물의 소화생리와 건강

단당류인 포도당은 개의 소장에서 흡수되어 혈액으로 빠르게 흡수될 수 있으나 복합다당류는 소화 효소에 의해 먼저 분해되어야 신체가 활용될 수 있다. 개에게서 탄수화물은 좋은 에너지원으로 포도당을 글리코겐의 형태로 체내에 저장하여 이용되나 탄수화물이 충분하지 못하면 단백질이 포도당 신생합성(gluconeogenesis) 경로를 통해 포도당을 생성할 수 있는 능력을 갖추고 있다. 탄수화물을 충분히 섭취하면 단백질의 고유한 기능을 수행하기 쉬우나 임신한 개의 태아의 경우 탄수화물이 없는 식단을 제공하면 저혈당이 생기거나 태아가 사망하는 등의 부작용이 생길 수 있다. 이로써 임신한 개는 태아에 포도당을 통한 에너지를 공급하는 원천에 속한다. 이와 연관된 생리·대사작용은 3절에서 5절까지 설명하였다.

개가 운동과 같은 체내 에너지를 소비하는 것보다 더 많이 음식을 섭취하면 생리·대사과정에 문제를 초래할 수 있다. 예를 들면, 저장된 글리코겐이 지방침전물로 전환되어 궁극적으로 비만으로 이어질 수 있다. 개 사료에 들어 있는 고도로 정제된 탄수화물은 정제되지 않는 탄수화물보다 소화와 흡수 속도가 매우 빨라 혈액 속의 혈당을 쉽게 높이고 그 혈당은 이른 시간 안에 세포의 에너지 대사과정에서 소진되어 개가 배고픔을 더 느끼게 된다. 그래서 에너지를 생산할 능력을 지닌 고탄수화물이 함유된 식단은 개의 비만을 촉진하는 경우가 많아 주의가 필요하다. 개 사료 속의 탄수화물이 건강에 미치는 영향을 보면, 혈액 속의 혈당을 높여 인슐린 대사에 영향을 미치고, 쉽게 배고픔으로 인해 과도한 사료 섭취로 이어져 비만을 유발할 가능성이 농후하다. 이로 인해 체내 조직에 산화 및 대사 스트레스의 지표를 증가시켜 염증(inflammation)을 유발하여 성인병이나 암과 같은 질병에 쉽게 노출되거나 수명을 단축하게 된다. 그러므로 반려인은 체계적인 계획하에 탄수화물이 함유된 사료를 공급할 필요가 있다.

(3) 섬유소와 건강

섬유질은 개에게 필수 영양소는 아니지만, 대부분의 상업적 사료에 충분히 포함되어 있다. 섬유질 형태의 탄수화물은 개의 장내에서 대부분 유익한 작용을 한다. 장내에 머무는 시간이 길고, 포만감을 증가시키고, 위장 운동 자극을 유도한다. 소장에서는 섬유소를 분해할 수 있는 소화효소가 없어 분해가 어렵고 이에 따라 에너지를 생산할 능력이 없다. 이로써 섬유소는 체내 혈당과 콜레스테롤을 관리하는 데 도움이 될 뿐만 아니라 체중 감량이 필요하거나 체중이 증가하기 쉬운 개의 식단에 특히 유용하다. 또한 섬유소는 장내미생물의 먹이로 작용하여 에너지를 만들 수 있으며 장을 건강하게 하는 프리바이오틱스(prebiotics) 역할을 한다. 프리바이오틱스는 유산균을 포함하는 유익균, 즉 프로바이틱스의 먹이에 해당하는 것으로 위와 소장의 소화효소에 의해 분해되지 않는 저분자의 섬유소다. 대표적인 프리바이오틱스의 종류로는 프락토올리고당, 갈락토올리고당 등의 올리고당류가 대표적이며, 채소, 과일 등의 식이섬유, 사탕수수나 곡류 등에 많이 함유된 라피노즈, 치커리나 돼지감자 등의 이눌린 등이 여기에 해당한다. 섬유소는 장내 유익균의 영양원이나 생장을 돕는 등의 장내환경을 개선하고 특히 대장 내의 정장작용을 통해 대변이 일관성 있게 또는 정상화하는 데 도움이 된다. 따라서 섬유질은 개나 고양이의 건강한 소화 시스템을 유지하는 데 기여도가 높다.

(4) 개에게 적합한 탄수화물의 공급원

반려견 사료, 즉 음식으로 인한 대사질환에 노출되지 않고 건강한 삶을 살 수 있도록 반려인이 최적화된 영양소를 공급하는 식단이 필요하다. 개는 곡류, 채소, 과일 모두 훌륭한 탄수화물 공급원이 될 수 있다. 삶은 쌀과 같은 곡류의 탄수화물은 개에게서 소화가 잘되고 에너지를 잘 생성할 수 있기 때문이며 현재 널리 사용되고 있는 식품이다. 완전히 익은 낱알로 이루어진 옥수수와 콩, 메밀, 보리, 아마란스와 마찬가지로 기장, 타피오카, 오트밀, 퀴노아도 좋은 식품에 해당한다. 곡류 중에는 끈적끈적한 단백질인 글루텐(gluten)이 많이 함유된 사료의 경우 건강에 해로울 수 있으므로 주의하는 것이 좋다. 예를 들면 밀가루 속의 불용성 단백질은 특유의 식감을 가지나 개의 소화기 질환을 일으킬 수 있어 주의가 필요하다. 최근에는 글루텐 프리(Gluten-free)나 grain-free의 개 사료가 유행한다. 또한 완두콩과 콩에는 올리고당이 포함되어 있는데, 이는 장에서 단쇄 지방산으로 대사되어 설사와 팽만감을 대량으로 유발할 수 있다. 따라서 식이 후에 개의 견종에 따라 다르나 상태를 봐가며 먹이를 주는 것이 좋다.

채소 속의 탄수화물은 개가 이용할 수 있으나 기호성의 차이가 있거나 이용성의 한계가 있는 때도 있다. 날것이나 가공한 채소로 이용 가능한 종류는 호박, 당근, 오이, 양배추 등이다. 잎이 많은 채소는 개에게 식후(식후 기간) 포도당과 인슐린 수치를 낮출 수 있는 저혈당 탄수화물의 훌륭한 공급원으로 제공될 수 있다. 포도(신부전 유발, 모든 부위), 아보카도(장폐색 등 질환, 껍질과 씨) 등 몇 종류의 과일을 제외하고 신선한 과일은 개의 건강에 도움을 주나 많은 양의 과일 섭취는 비만을 유발할 수 있다. 비만한 개는 탄수화물의 함량이 많은 바나나의 양을 적게 유지해야 하며, 말린 과일은 고열량을 가지고 피하는 것이 좋다. 일반적으로 식품으로 이용되는 과일 종류로는 사과, 블루베리 등 베리류, 오렌지, 바나나, 멜론 등이다. 특히 채소와 마찬가지로 성인 대사질환이나 암 같은 퇴행성 질환의 발병률을 줄이는 데 도움이 되는 항산화 물질이나 폴리페놀계 화합물이 다량 함유되어 있어 개의 건강을 유지하는 데 큰 도움이 될 수 있다.

2 고양이

(1) 탄수화물의 이용

고양이는 개와 마찬가지로 탄수화물, 지방, 단백질 3대 영양소를 산화하여 에너지를 얻으나 탄수화물을 섭취는 최소화하도록 진화됐다. 특히, 고양이의 소화기관과 신진대사는 단백질이 풍부한 음식을 소화하도록 기능화되어 있다. 그러므로 탄수화물을 이용하는 대사과정은 쉽지 않음을 이해할 필요가 있다. 예를 들면, 고양이의 타액에서는 전분분해효소가 관찰되지 않으며, 해당과정에서 포도당을 쉽게 인산화하지 못하며, 개에 비하여 장에서 분비되는 소화효소가 제한적이다.

고양이는 높은 함량의 탄수화물을 섭취해도 적응은 가능하다. 예를 들면, 건조된 탄수화물의 최대 40% 또는 체중 1kg당 5g을 고양이가 섭취할 수 있다. 이러한 상황은 산업적으로 적절히 가공 또는 조리된 사료에 높은 수준의 탄수화물이 첨가된다는 것을 의미한다.

(2) 탄수화물의 소화생리와 건강

탄수화물이 소화되기 위해서는 적절한 효소가 관여하고 장에서 흡수가 일어나야 하나 고양이의 체내에는 제한된 생리적 대사과정을 가지고 있다. 고양이에게서 발견되는 아밀라아제는 타액보다는 췌장과 미즙에서 발견되나 개에 비해 매우 낮다. 성장이 끝난 고양이의 췌장 조직은 말타아제와 이소말타아제의 활성이 낮고 락타아제 및 수크라아제 활성은 없다.

고양이의 간세포에서 포도당이 사용되려면 세포 내로 들어가 인산화를 통해 G-6-P를 생성하는 대표적인 효소가 글루코키나아제(glucokinase)인데 개와 비교해 고양이는 상대적 함량이 부족하다. 간과 췌장에서 존재하는 글루코키나아제는 기질 친화도가 낮아 간이 간문맥으로부터 많은 양의 포도당을 공급받을 때만 작동하는데 이때 포도당을 빠르게 인산화하여 G-6-P를 생성한다. 그러므로 고양이의 간은 개보다 글루코키나아제의 효소활성이 매우 떨어지는 경향을 보인다. 헥소키나아제(hexokinase)는 일반적으로 모든 조직에 존재하고 글루코키나아제와 동일한 반응을 수행하는 유사점을 가지고 있다. 예를 들면 해당과정에서 포도당이 G-6-P로 전환할 때 ATP를 활용하여 포도당에 인산기를 추가하고 구조를 수정하는 것이 그러하다. 체내의 포도당 농도가 높을 때 헥소키나아제는 글루코키나아제보다 덜 효율적이지만 이용할 수 있고 또한, 포스포프럭토키나아제(phosphofructokinase)나 피루베이트키나아제(pyruvate kinase)도 활용하여 대사될 수 있으나 그 대사 능력은 낮은 편이다. 고양이는 해당과정(glycolysis) 또는 포도당 산화(glucose oxidation) 속도를 제한하는 효소의 비율은 일반적으로 높게 유지되는 특징이 있다. 과도한 포도당 신생합성 과정은 단백질의 손실을 초래하여 고양이의 성장 등 생리적 대사과정에 악영향을 미칠 수 있다.

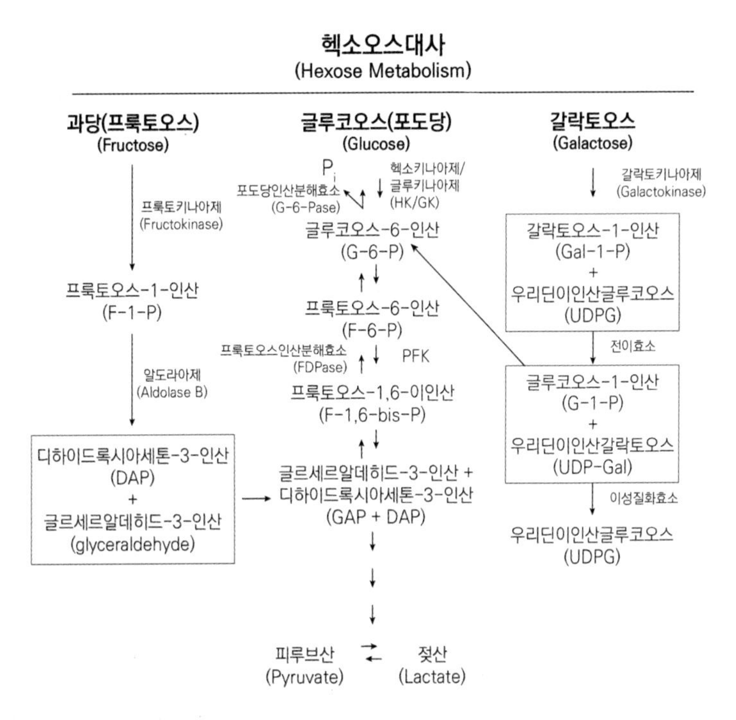

[그림 2.20] 당 인산화를 통한 대사과정과 조절

(3) 고양이에게 적합한 탄수화물의 공급원

고양이에게 적합한 탄수화물의 공급원은 개와 비슷하다. 고양이 사료에서 복합 탄수화물은 일반적인 공급원으로서 중요하며, 쌀, 보리, 옥수수, 밀과 같은 곡물과 감자, 고구마, 타피오카 같은 탄수화물을 선호한다. 고양이는 개와 같이 전분을 소화할 수 있도록 하려면 적절한 가공 또는 조리가 필요하다. 단단한 전분을 가열하거나 물과 같은 가소제를 활용하여 팽윤시키거나 가수분해로 사슬이 짧아지게 하는 등의 방법으로 가공하면 마치 젤라틴처럼 부드럽게 되고 이들이 체내에 들어가면 상대적으로 소화율을 높일 수 있다.

개와 마찬가지로 고양이는 섭취된 사료의 열량과 과잉 섭취는 비만하게 한다. 비만은 고양이에게 인슐린 저항성이나 염증 증가 등의 건강을 위협하는 질병을 유발할 가능성이 높다. 일반적으로 탄수화물이 함유된 습식사료에 비해 건식사료는 에너지 밀도가 높고, 천연원료보다는 가공되거나 고도로 정제된 식품을 과도하게 섭취하면 췌장의 β-세포에 과도한 인슐린 분비를 장기간에 걸쳐 대량으로 요구하게 되며, 이는 결국 β-세포 고갈과 당뇨병을 초래한다. 당뇨병이 있는 고양이의 경우 췌장에서 여전히 인슐린을 생성할 수 있지만 신체가 적절하게 반응하지 않아(인슐린 저항성) 혈당 수준이 제대로 조절되지 않는다. 이것은 인간의 제2형 당뇨병과 가장 유사한 질병이다. 당뇨병의 위험 인자로는 비만, 신체 활동 부족, 나이 증가, 글루코코르티코이드 투여 이력, 췌장염, 임신, 전신 감염, 만성 신장 질환 등이 있다. 고양이의 당뇨병을 치료하려면 주사를 통해 인슐린을 보충해야 하는 것이 일반적이다. 따라서 고양이의 췌장은 일반적으로 개보다는 포도당에 덜 민감하다. 그러나 탄수화물 식이조절을 통해 질병에 노출되지 않게 조심해야 하며, 당뇨병에 걸린 고양이는 고단백 형태나 저탄수화물의 급식을 하는 것이 유리하다. 이로써 비만과 당뇨병에 걸린 고양이는 저탄수화물 식단을 섭취하면 개보다 당뇨병이 완화될 가능성이 더 크다.

CHAPTER

03

지질과
대사 작용

CHAPTER 03 지질과 대사 작용

제1절 지질의 정의 및 분류

1 지질의 정의

지질은 탄소, 수소, 산소로 이루어진 유기화합물로 상온에서 고체형태인 지방(fat)과 액체 상태인 기름(oil)으로 존재한다. 지질은 3개의 지방산(fatty acid)과 글리세롤(glycerol)의 에스터인 중성지질을 의미하며 보통 좁은 의미로는 고체형 지방만을 지칭하나 넓은 의미로는 지방과 기름을 모두 포함하며 물에는 녹지 않고 알콜, 에테르 벤젠 등의 유기용매에 녹는 성질을 가지고 있다. 지질은 동물체내에서 주로 에너지의 농축된 형태로 존재하여 필요 시 대사연료로 사용될 수 있으며 세포막 등 생체구성 성분으로 이용되기도 한다.

2 지질의 분류 및 구조

지질은 구성성분에 따라 크게 단순지질, 복합지질, 유도지질로 구분한다.

(1) 단순지질

단순지질은 식품이나 동물 체지방의 99%를 차지하며 대부분 중성지질의 형태로 존재한다. 중성지질 외에 왁스류가 있다.

1) 중성지질

중성지질은 글리세롤 한 분자에 지방산 3분자가 에스테르 결합으로 연결된 구조로 되어 있다. 에스테르 결합은 글리세롤의 수산기(−OH)와 지방산의 카르복실기(−COOH) 사이에 물 한 분자가 빠지면서 형성되며 특별히 글리세롤 한 분자에 3개의 지방산이 결합한 것을 트리글리세라이드(triglyceride), 즉 중성지질이라고 한다(그림 3.1). 중성지질은 자연계에 존재하는 대부분의 지질을 구성하고 있으며 영양학적으로 가장 중요한 지질이다. 이 외에 글리세롤에 지방산 2개가 결합한 것을 디글리세라이드(diglyceride)라 하며 한 개의 지방산이 결합한 형태를 모노글리세라이드(monoglyceride)라 칭한다(그림 3.2).

2) 왁스류

왁스는 긴사슬지방산에 글리세롤 대신 알콜이 결합된 형태로 영양적 가치는 적으나 동물의 피부, 털, 날개 및 식물체의 표면보호 기능에 중요한 역할을 한다.

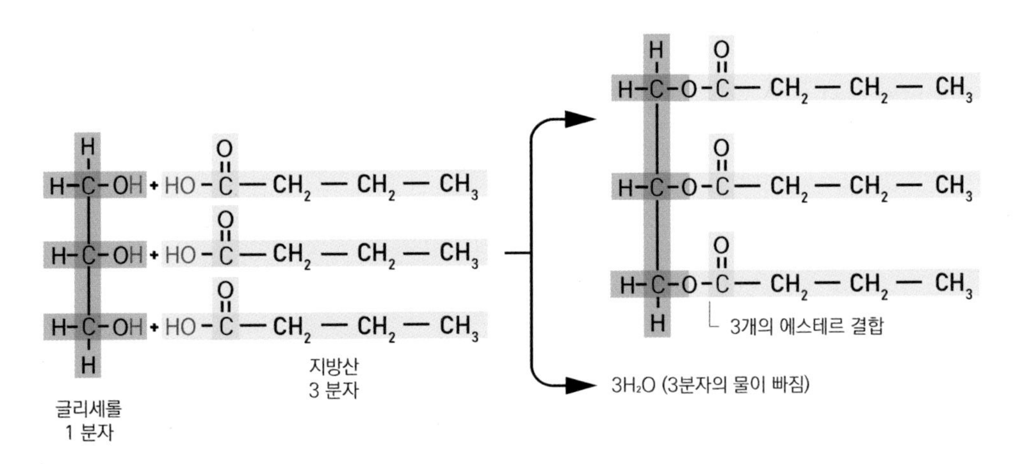

[그림 3.1] 중성지질의 구조

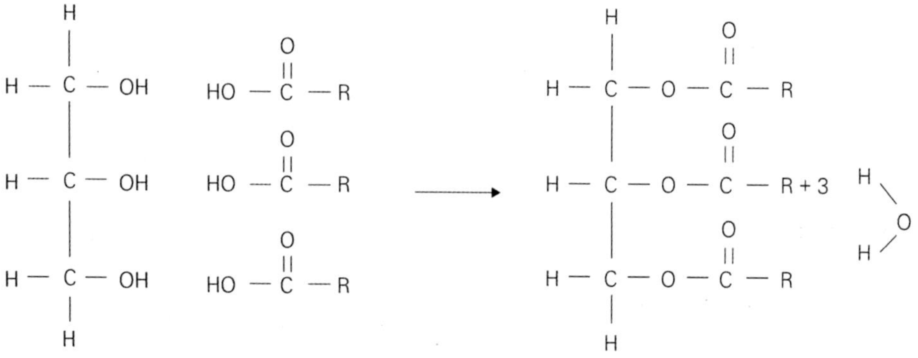

글리세롤 + 3 지방산 ——→ 트리아실글리세롤(중성지질) + $3H_2O$

R : 포화지방산이나 불포화지방산

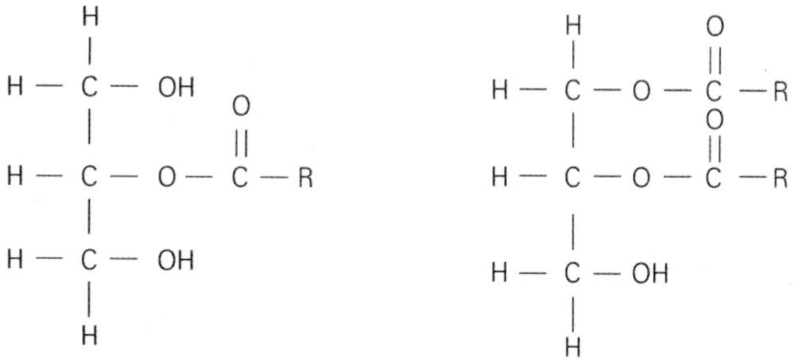

모노아실글리세롤 디아실글리세롤

[그림 3.2] 트리글리세라이드, 디글리세라이드, 모노글리세라이드의 구조

(2) 복합지질

복합지질은 분자구조내에 지방산과 글리세롤 이 외에 인산, 염기, 스핑고신, 당 등을 함유한 지질이다.

1) 인지질

인지질은 지방산과 글리세롤에 인산 및 질소화합물이 결합된 형태로 동물체내 세포막을 구성하는 주요 성분으로 지질의 운반 및 물질교환에 중요한 역할을 한다. 인지질 중 가장 중요한 것은 레시틴(lecithine)으로 특히 뇌와 신경조직에 다량 들어 있으며 레시틴 이 외에 세팔린(cephaline) 등이 있다(그림 3.3).

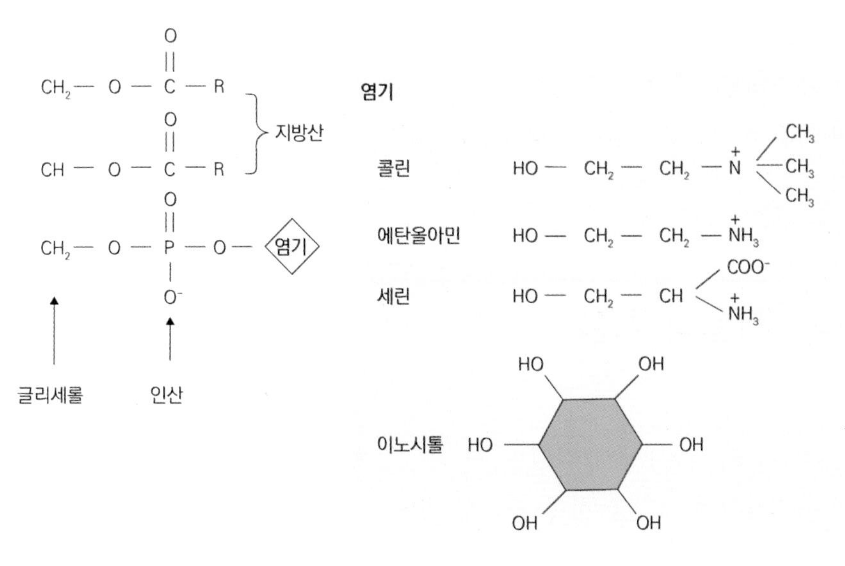

[그림 3.3] 인지질의 구조

2) 당지질

1분자의 지방산에 글리세롤 대신에 스핑고신, 탄수화물, 질소를 함유한 지질이다. 뇌와 신경조직에 많이 존재하며 세레브로사이드(cerebroside)와 갱글리오사이드(ganglioside) 등이 있다.

3) 지단백질

지방과 단백질의 복합체로 혈액내에서 지질의 운송에 중요한 역할을 한다. 카이로마이크론(chylomicron), VLDL(very low density lipoprotein), LDL(low density lipoprotein), HDL(high density lipoprotein)이 있다.

4) 황지질

황산을 포함한 복합지질로 주로 동물의 간과 뇌에 많이 존재한다

(3) 유도지질

단순지질로부터 유도되거나 가수분해되어 생긴 물질로 스테롤류, 지용성 비타민, 케톤체(ketone body) 등이 있다. 이 중 스테로이드계 물질인 콜레스테롤(cholesterol)과

담즙산(bile acid) 등은 동물의 생리작용에 매우 중요한 작용을 하는 스테롤이다. 특히 콜레스테롤은 소수성의 대표적 스테롤로 동물성 식품에만 함유되어 있으며 동물 체내에서 세포막 유동성을 유지하는 기능을 한다.

제2절 지질의 기능

지질은 동물 체내에서 다양한 기능을 수행한다. 농축된 에너지원으로 효율적인 에너지 저장고의 역할을 하며 지용성 비타민, 필수지방산 등 동물의 정상적인 성장과 생명유지에 필수적인 물질을 공급한다. 또한 외부의 물리적인 온도 및 환경변화에 대해 체온을 유지하고 장기를 보호한다.

1 농축된 에너지원

지질은 체내에서 농축된 에너지원이다. 지질은 탄수화물과 단백질보다 탄소에 비해 산소의 비율이 낮아 더 많은 산화과정을 거치게 되므로 탄수화물과 단백질이 1g당 4kcal를 공급하는 것에 비해 지질은 1g당 9kcal를 공급하게 된다.

2 효율적인 에너지 저장고

글리코겐이나 근육 단백질로 에너지를 저장할 때는 수분이 함께 저장되므로 체조직 1g당 발생할 수 있는 양이 적고 부피도 많이 차지한다. 그러나 지방세포는 80%이상이 지질이고 물의 비율이 적기 때문에 체내지질은 매우 효율적인 에너지 저장고이다.

3 지용성 비타민의 흡수를 촉진

지용성 비타민(A, D, E, K)은 지질에 녹은 상태로 소화되어 흡수되므로 지질섭취가 적으면 지용성 비타민의 흡수량도 적다. 또한 소장에서 지질흡수의 장애가 생기면 지용성 비타민의 영양상태도 저하된다.

4 필수 지방산의 주된 공급원

동물의 정상적인 성장과 생명유지에 필수적인 물질인 필수지방산은 동물세포내에서 합성되지 않거나 합성량이 매우 적어 반드시 사료를 통해 공급해 주어야 한다. 필수지방산으로는 리놀레산(linoleic acid, $C_{18:2}$)과 리놀렌산(linolenic, $C_{18:3}$) 아라키돈산(arachidonic acl, $C_{20:4}$) 등이 있다. 이 중 리놀레산과 아라키돈산은 $\omega-6$계열의 지방산으로 포유동물의 경우 아라키돈산은 리놀레산으로부터 합성이 가능하다. 포유동물은 $\omega-6$계열의 지방산 외에 $\omega-3$계열의 지방산인 리놀렌산, EPA(eicosapentaenoic acid, $C_{20:5}$) DHA(docosahaesanoic acid, $C_{22:6}$) 등을 필요로 한다. 필수지방산 부족 시 성장저하, 미생물 감염 증가, 번식장애, 피부병 등의 증상이 나타난다.

5 향미제공 및 포만감 유지

지질은 음식에 맛과 풍미를 부여하고 탄수화물이나 단백질에 비해 위를 통과하는 속도가 느려 위에 머무르는 시간이 길어 포만감을 준다.

6 체온조절 및 장기보호

동물 체내의 체지방은 추운 환경에서 외부로부터 열손실을 줄여 체온저하를 막는 역할을 하며 주요 장기의 올바른 위치를 지지하면서 외부의 물리적 자극으로부터 장기를 보호하는 완충역할을 한다.

중성지질이 가지고 있는 위의 생리적 기능 이외에 인지질은 세포막의 구성성분으로 세포막의 유동성과 투과성을 조절하며 콜레스테롤은 담즙을 비롯한 스테로이드 호르몬 합성의 원료로 사용되기도 한다.

제3절 지방산

지방산은 중성지질의 구성성분으로 지방의 특성을 결정짓는 요소이다. 지방산은 긴 탄소사슬에 수소들이 결합되어 탄화수소로 한쪽 끝은 친수성인 카르복실기(−COOH), 다른 쪽 끝은 소수성인 메틸기(−CH_3)로 되어 있다. 일반적으로 자연에 존재하는 지방산은 대부분이 짝수의 탄소수를 가지고 있으며 탄소수가 2개에서 많게는 24개까지 다양한 지방산들이 존재한다. 그러나 예외적으로 자연계에는 탄소수가 홀수이며 측쇄형태의 사슬구조를 가진 측쇄지방산도 존재한다.

1 탄소수에 의한 분류

지방산은 탄소수에 따라 짧은사슬지방산(short chain fatty acid), 중간사슬 지방산(medium chain fatty acid), 긴사슬지방산(long chain fatty acid)으로 구분한다. 짧은 사슬지방산은 탄소수가 4~6개인 지방산으로 주로 우유의 유지방이 짧은 사슬지방산으로 구성되어 있다. 중간사슬지방산은 탄소 수 8~12개로 되어 있으며 탄소 14개 이상은 긴

사슬 지방산으로 분류된다. 일반적으로 탄소수가 많을수록 지방산의 사슬이 길어지고 소수성이 커져 물에 쉽게 용해되지 않는다. 지방산의 탄소수는 동물의 지질의 소화, 흡수 및 체내대사에 영향을 미친다. 짧은사슬지방산과 중간사슬지방산은 긴사슬지방산에 비해 동물체내에서의 소화흡수가 빠르며 주로 에너지원으로 이용된다. 짧은사슬지방산 또는 중간사슬지방산은 고양이의 경우 간에 손상을 줄 수 있으므로 주의해야 한다.

2 이중결합 유무에 의한 분류

지방산은 지방산의 포화정도에 따라 포화지방산과 불포화지방산으로 분류한다(그림 3.4).

(1) 포화지방산

포화지방산(saturated fatty acid)은 지방산 사슬내의 탄소와 탄소 사이에 이중결합이 없이 단일결합만으로 이루어진 지방산으로 포화지방산이 많은 지방은 녹는점이 높아 실온에서 고체이다. 포화지방산의 예로써 팔미트산, 스테아르산 등이 있으며 주로 쇠고기나 돼지고기의 등의 동물성 기름에 많이 함유되어 있다.

(2) 불포화지방산

불포화지방산(unsaturated fatty acid)은 분자 구조 내 이중결합이 1개 이상인 지방산을 의미한다. 이중결합이 1개인 지방산을 단일불포화지방산(monounsaturated fatty acid), 이중결합이 2개이상인 지방산을 다불포화지방산(polyunsaturated fatty acid)이라 한다. 일반적으로 불포화지방산은 포화지방산에 비해 융점이 낮아서 실온에서는 액체 상태로 존재한다. 탄소수가 같을 경우 이중결합의 수가 증가할수록 녹는점은 더 낮아진다. 지방산의 이중결합은 매우 불안정하여 산화되기 쉬운데 수소를 첨가하면 융점을 높일 수 있다. 버터나 마가린은 이러한 원리를 이용하여 만든 제품이다.

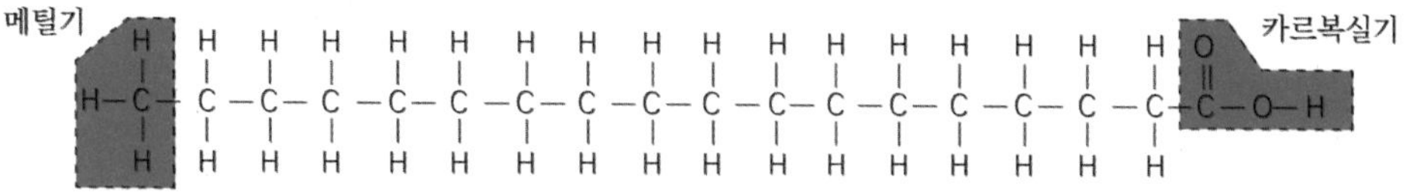

메틸기

카르복실기

포화지방산(스테아르산. $C_{18:0}$)

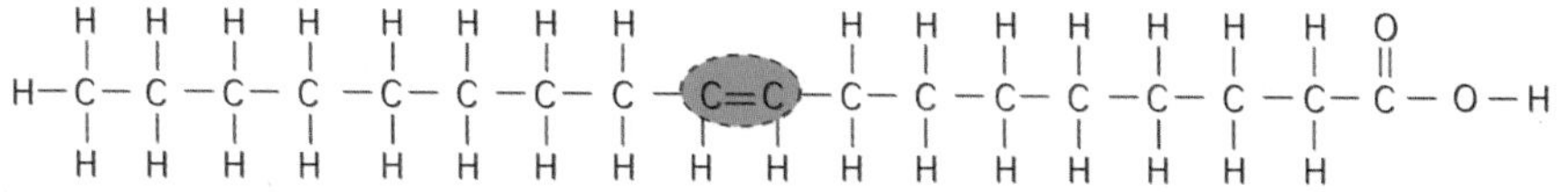

단일 불포화지방산(올레산. $C_{18:1}$ $\omega 9$)

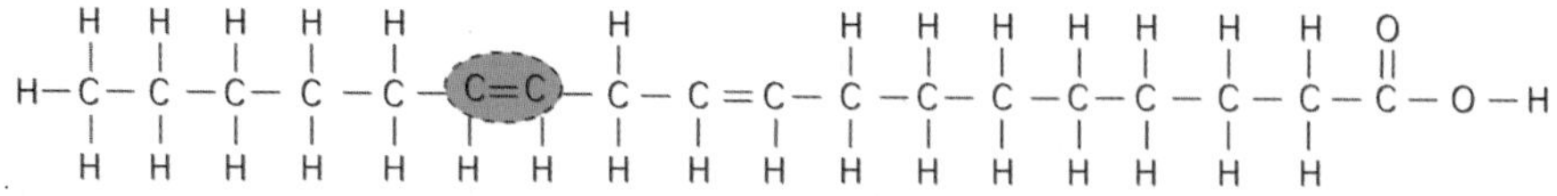

다가 불포화지방산(리놀레산. $C_{18:2}$ $\omega 6$)

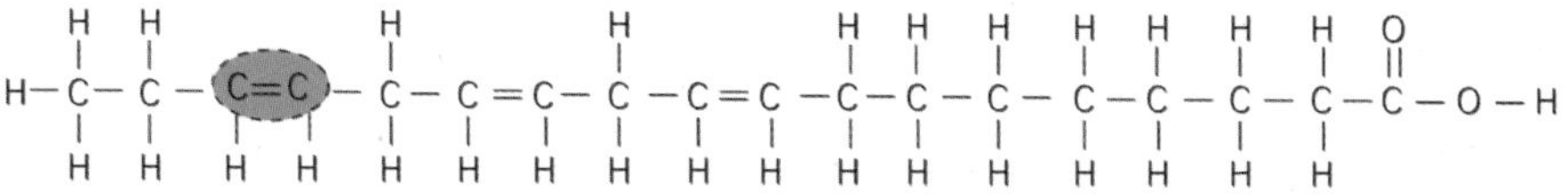

다가 불포화지방산(α-리놀렌산. $C_{18:3}$ $\omega 3$)

[그림 3.4] 지방산의 구조

3 오메가 지방산

불포화지방산을 분류하기 위한 지방산의 또 다른 명명법으로 오메가 시리즈로 지방산을 분류하는 방법이 있다. 이 방법은 지방산의 마지막 부분인 메틸기에서 탄소 수를 세어 첫 번째 이중 결합이 나오는 탄소의 가장 가까운 이중결합을 이루는 탄소의 위치에 따라 $\omega-3$, $\omega-6$, $\omega-9$지방산으로 나눈다(표 3.1).

〈표 3.1〉 오메가 지방산의 종류

ω-3	ω-6	ω-9
알파 리놀렌산	리놀레산	올레산
EPA	감마 리놀렌산	
DHA	아라키돈산	

4 필수지방산

필수지방산은 동물체내에서 합성되지 않거나 합성량이 매우 적어 반드시 사료를 통해 섭취 혹은 보충되어야 하는 지방산을 의미한다. 필수지방산은 신체를 정상적으로 성장, 유지시키며 체내의 여러 생리적 과정을 정상적으로 수행하는데 꼭 필요한 성분이다. 리놀레익산(linoleic acid: $C_{18:2}$)과 리놀레닉산(linolenic acid $C_{18:3}$), 아라키돈산(arachidonic acid $C_{20:4}$)이 필수 지방산이다.

필수지방산은 동물의 정상적인 성장과 피부의 정상기능유지 및 생식발달에 매우 중요한 역할을 한다. 요약하면 필수 지방산은 세포막의 구조적 안전성 유지, 콜레스테롤 감소, 두뇌발달과 시각기능 유지, 아이코사노이드의 전구체로써의 기능을 수행한다.

고양이는 δ −탈포화효소(delta desaturase) 효소활성이 낮기 때문에 아라키돈산, EPA와 DHA형태로 필수지방산을 공급하는 게 중요하다. 개의 경우 리놀레산과 리놀렌산으로부터 아라키돈산, EPA, DHA를 충분히 합성할 수 있다. 또한 ω −3 지방산으로 분류되는 두 개의 다른 지방산인 EPA와 DHA는 고양이의 성장을 위해 필요하며 ω −6 지방산과 ω −3 지방산은 고양이의 전반적인 건강을 위해 서로 균형을 이루어야 한다(표 3.2).

〈표 3.2〉 개와 고양이의 필수 지방산

개	고양이
리놀레산 EPA DHA	리놀레산 아라키돈산 EPA DHA

제4절 지질의 소화와 흡수

사람과 동물은 주로 중성지질의 형태로 지질을 섭취하며 물에 용해되지 않은 지질의 특성상 수용성 환경인 체내 소화관과 혈액 내에서 효율적으로 소화, 흡수되고 운반되기 위해서는 특별한 생물학적 장치가 필요하다(그림 6.5).

1 구강과 위장에서의 소화

지방의 소화는 구강 및 위에서 시작되며 소장에서 대부분 소화되어 흡수된다. 혀밑샘에서 분비되는 타액 리파아제와 위의 주세포에서 분비되는 위장 리파아제의 작용에 의해 구강과 위에서 중성지질의 약 10－30%가 소화된다. 특히 이 두 개의 리파아제는 짧은사슬지방산과 중간사슬지방산을 함유한 중성지질의 소화에 주로 작용한다. 우유의 유지방의 경우 짧은사슬지방산과 중간사슬지방산을 많이 함유하고 있으므로 타액 리파아제와 위장 리파아제는 포유중인 동물의 지방소화에 매우 중요한 역할을 한다.

2 소장에서의 소화

위장에서 내려온 산성 유미즙이 십이지장으로 내려오면 호르몬인 세크레틴(secretin)이 분비된다. 세크레틴은 췌액 중 중탄산나트륨의 분비를 촉진하여 산성의 유미즙을 중화하여 췌장벽을 보호하고 췌장효소들이 작용하기에 적당한 약 알칼리성 환경을 만들게 된다. 또한 호르몬인 콜레시스토키닌(cholecystokinin)은 담낭에서 담즙분비를 촉진하며 분비된 담즙산염과 중성지질, 콜레스테롤 에스터 및 인지질 등을 혼합하여 작은 미셀을 형성한다. 소화관 내에서 형성된 미셀은 표면적을 증가시켜 췌장에서 분비되는 지방분해효소의 작용을 받기 용이하게 한다. 또한 미셀 구조에서 소수성의 지방들은 안쪽으로, 친수성의 수용성 물질들은 바깥쪽에 배치되어 소화관 내에서 이동이 자유롭고 표면이 수용성 성질을 가지고 있어 소장의 융모 표면을 둘러싸고 있는 수분층을 통과할 수 있게 해준다.

중성지질은 탄소사슬의 길이에 따라 소화에 관여하는 분해효소와 과정이 차이가 있다. 짧은사슬이나 중간사슬지방산은 소장 점막에 있는 리파아제에 의해 글리세롤과 유리지방산으로 쉽게 분해된다. 그러나 긴사슬지방산의 경우 수용성의 유미즙과 섞이지 않고 표면적이 적어 췌장 리파아제의 분해 작용이 어렵다. 따라서 유화과정을 통해 여러 개의 지방 미세입자가 형성되고 표면적이 증가하면 췌장 리파아제가 작용하여 가수분해가 시작된다.

인지질은 췌액 중 인지질 분해효소인 포스포리파아제 A_2에 의해 분해되며 콜레스테롤 에스테르는 췌액 중 콜레스테롤 에스테르 가수분해효소에 의해 유리 콜레스테롤과 유리 지방산으로 분해된다.

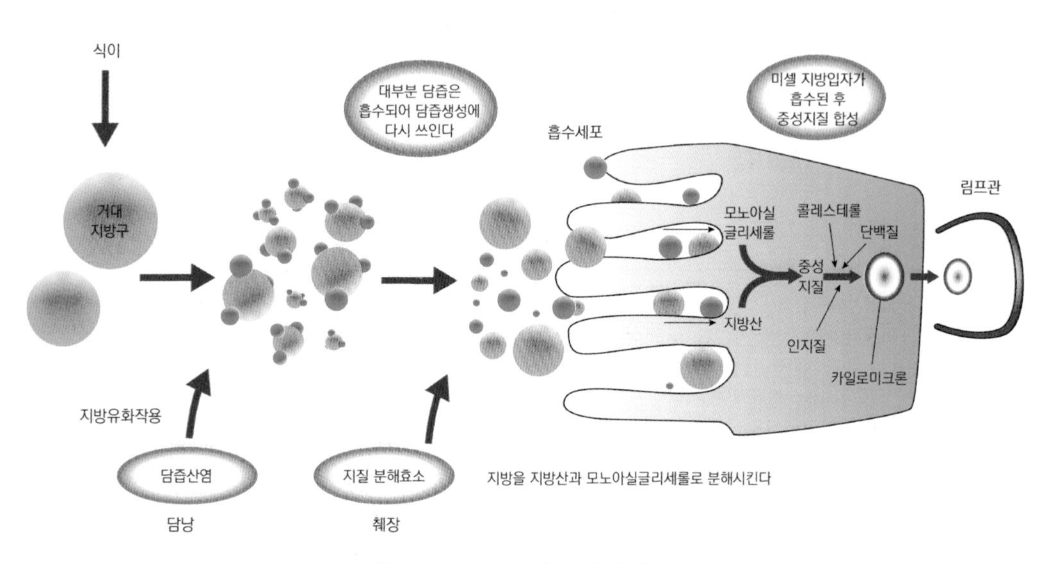

[그림 6.5] 지질의 소화와 흡수

3 지질의 흡수

식이를 통해서 섭취된 지질은 지질분해효소에 의해 가수분해되어 글리세롤, 유리 지방산, 모노글리세라이드, 콜레스테롤 등 지질 가수분해물을 생성한다. 그 후 담즙과 함께 혼합 미셀형태로서 소장 융모의 점막세포 가까이로 이동하여 세포 안팎의 농도차에 의한 단순 확산을 통해 세포내로 흡수된다(그림 3.6).

짧은사슬지방산과 중간사슬지방산은 수용성인 글리세롤과 함께 대부분 융모 안의 모세혈관으로 들어가 간문맥을 통해 직접 간으로 운반된다. 흡수된 긴사슬 지방산은 융모의 점막 세포안에서 긴사슬 중성지질로 재합성된다. 융모의 점막세포안에서 재합성된 긴사슬지방산과 콜레스테롤 에스테르는 인지질과 아포단백질이 둘러싸 지단백질인 카이로마이크론을 형성한다. 카이로마이크론은 모세혈관이 아닌 림프관과 흉관을 지나 대정맥을 통해 혈액에 합류된다.

단위동물에 있어서 사료내 지방산의 소화와 흡수는 지방산의 사슬길이와 이중결합의 수에 영향을 받는다. 일반적으로 지방산의 사슬길이가 짧을수록, 그리고 이중결합의 수가 증가할수록 지방산의 소화율이 증가하게 된다.

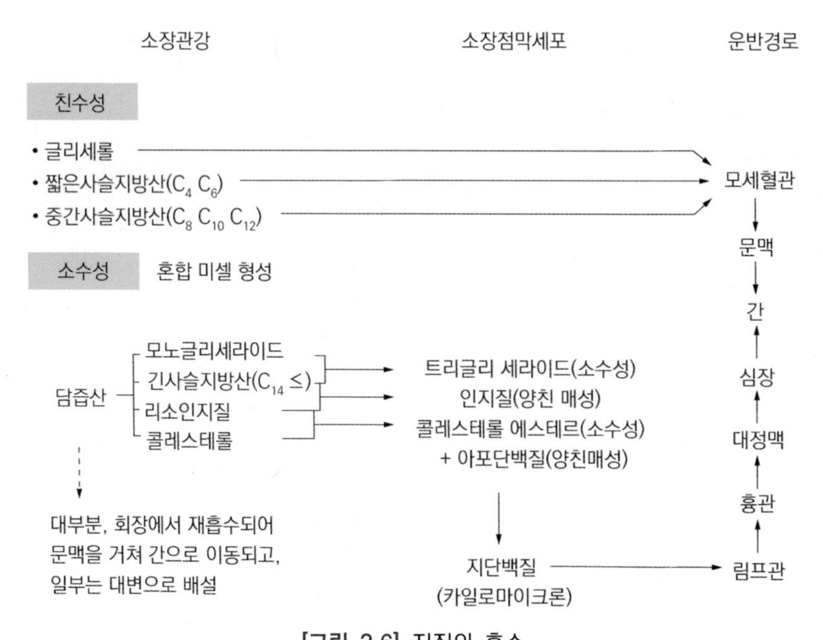

[그림 3.6] 지질의 흡수

제5절 지질의 체내 운송

사료를 통해 섭취하거나 동물 체내에서 합성된 지질은 소수성이므로 지질이 혈액을 통해 운반되기 위해서는 특별한 생물학적 장치가 필요한데 지단백질들이 이러한 역할을 담당한다. 즉 지질은 혈액내로 운반되기 위해서 물에 잘 용해될 수 있는 지단백질에 포함되어 이동된다. 일반적으로 지단백질의 내부는 중성지질과 콜레스테롤 에스테르같은 소수성 물질로 구성되어 있고 표면은 친수성인 인지질과 아포단백질로 둘러싸여 혈액내에서 운반된다.

1 지단백질의 종류

지단백질은 밀도가 작은 순서에 따라 카이로마이크론(chylomicron), 초저밀도지단백(very low density lipoprotein, VLDL), 저밀도지단백(low density lipoprotein, LDL), 고

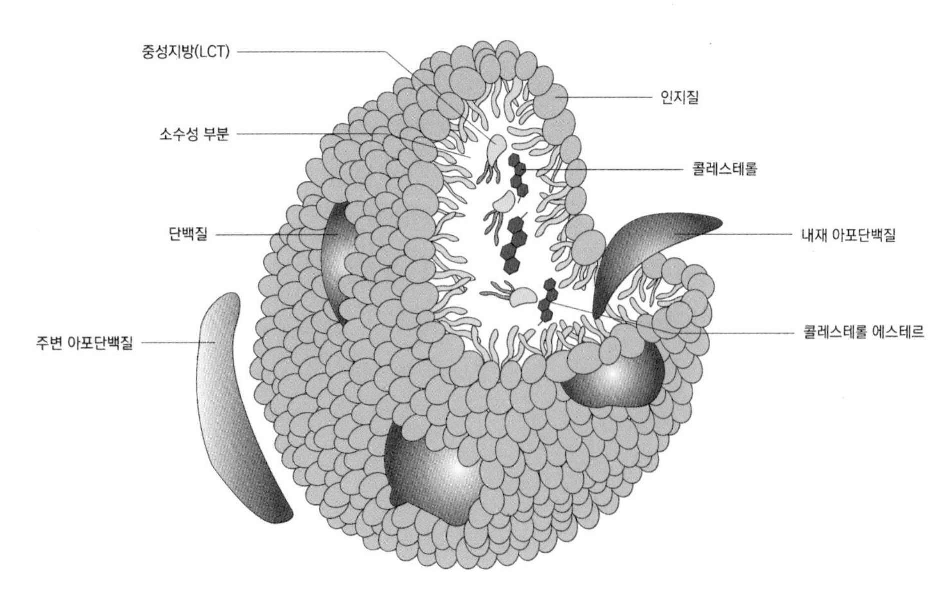

[그림 3.7] 지단백질의 구조

밀도지단백(high density lipoprotein, HDL)으로 구분할 수 있다(그림 3.7). 일반적으로 지단백질의 밀도는 중성지질 함량이 많을수록 작고 아포 단백질이 많을수록 크다. 크기는 밀도와는 반대로 카이로마이크론 > VLDL > LDL > HDL 순이다(그림 3.8).

2 혈액내 지단백질의 이동

혈중지질은 지단백질인 카이로마이크론, VLDL, LDL, HDL에 포함되어 각 조직으로 이동되어 이용된다. 카이로마이크론은 사료를 통해 섭취한 지방을 체내근육, 지방 조직 등으로 운반한 후 LPL(lipoprotein lipase)에 의해 분해되어 유리지방산을 방출한다. 조직세포로 들어간 지방산은 산화되어 에너지원으로 이용되고 남는 것은 중성지방형태로 전환되어 지방조직에 전환된다.

간은 에너지원이나 글리코겐 합성에 이용하고 남은 여분의 포도당으로부터 중성지방을 합성하게 되는데 이를 내인성 중성지방이라 한다. 내인성 중성지방은 콜레스테롤, 인지질 등과 함께 미셀을 형성하여 혈액으로 방출된다. 혈중 VLDL에 함유된 내인성 중성지방은 근육이나 지방 조직에서 지단백질 분해효소에 의해 지방산으로 분해되어 조직 세포안으로 들어가 에너지원으로 이용되거나 지방조직에 저장된다.

VLDL에서 중성지방에 제거되고 남은 지단백질은 콜레스테롤 함량이 높은 LDL 형태가 되어 LDL 수용체를 통해 콜레스테롤을 간과 간 이외의 조직으로 운반한다.

간과 간 이 외의 조직에서 사용하고 남은 여분의 콜레스테롤은 레시틴 콜레스테롤 아실 전이효소에 의해 콜레스테롤 에스테르가 되어 HDL에 실려서 운반되고 HDL 수용체를 통하여 간으로 들어가 담즙을 형성하여 체외로 배설된다. 포유동물마다 지단백질 구성이 다르다. 개와 고양이는 소위 “HDL 동물”로 분류되며 지방대사 과정에서 발생하는 심혈관계 문제 발생빈도가 낮다.

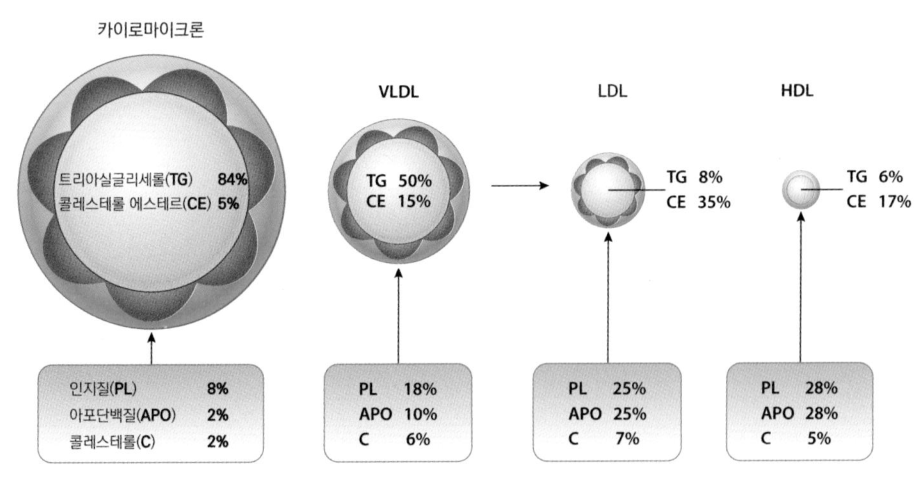

[그림 3.8] 혈청 지단백질의 종류

〈표 3.3〉 혈청지단백질의 물리화학적 특징 및 체내 역할

특징	카일로마이크론	VLDL	LDL	HDL
지름(nm)	100~1000	30~90	20~25	7.5~20
밀도(g/mL)	< 0.95	0.95~1.006	1.019~1.063	1.063~1,210
주된 생성장소	소장	간	혈중에서 VLDL로부터 전환	간
주요 지질	음식으로 섭취한 중성지질(식사성)	간에서 합성된 중성지질(내인성)	음식으로 섭취하거나 간에서 합성된 콜레스테롤에스테르 (식사성+내인성)	각 조직세포에서 사용하고 남은 콜레스테롤에스테르
역할	식사성 중성지질을 근육과 지방조직으로 운반	내인성 중성지질을 근육과 지방조직으로 운반	콜레스테롤을 간 및 말초조직으로 운반	사용하고 남은 과잉의 콜레스테롤을 말초조직으로부터 간으로 운반
아포단백질	AⅠ, AⅡ, B48	C, E, B100	B100	AⅠ, AⅡ, C, E

제6절 지질의 체내대사

지질대사는 주로 간과 체지방조직에서 일어나며 간에서는 지질과 콜레스테롤의 합성과 분해가, 지방조직에서는 지질대사가 활발히 이루어진다.

중성지질의 대사는 이화작용과 동화작용으로 구분된다. 이화작용은 저장되어 있던 중성지질이 분해되어 에너지를 생산하는 경우이며 동화작용은 사용되고 남은 여분의 물질로부터 중성지질을 합성하여 저장하는 경우이다.

1 중성지질 산화

일반적으로 흡수된 지방은 근육이나 지방조직에 축적된 후, 체내에서 에너지에 대한 요구가 증가하면 다시 조직으로부터 유리되어 에너지를 필요로 하는 조직으로 운반되고 분해되어 에너지를 생산한다. 중성지질은 지방산과 글리세롤로 분해되어 산화되는데 글리세롤은 수용성으로 혈액을 통해 간으로 이동하고 지방산은 간과 근육의 조직세포로 운반되어 산화된다.

(1) 글리세롤 산화

간으로 이동된 글리세롤은 세포질에서 글리세롤 3-인산으로 전환되어 해당과정 중간 경로로 들어가 에너지원으로 대사되거나 포도당 신생합성 과정을 통해 포도당을 합성한다.

(2) 지방산 산화

지방산의 산화는 간과 체조직의 미토콘드리아에서 일어나며 이를 위해서는 세포질에 있는 지방산이 미토콘드리아로 이동되어야 한다. 지방산의 산화는 크게 3단계를 거쳐 진행되며 아래와 같다.

1) 지방산의 활성화

지방산은 아실 CoA로 활성화 된 후 카르니틴과 결합하여 미토콘드리아 내부로 이동하며 그 안에서 다시 아실 CoA로 전환된 후 β산화가 일어나게 된다. 이 경우 2개의 ATP가 소모된다(그림 3.9).

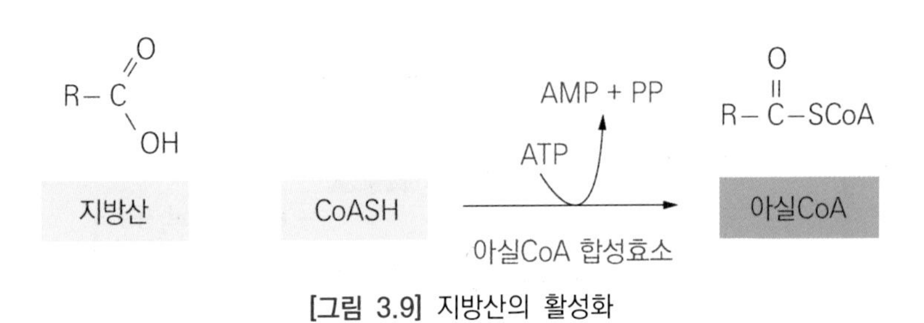

[그림 3.9] 지방산의 활성화

2) 카르니틴에 의한 운반

활성화된 지방산은 카르니틴의 도움을 받아 미토콘드리아로 이동한 후 β산화에 들어가게 된다. 그러므로 카르니틴이 부족하면 지방산의 산화 속도가 늦어진다.

3) β-산화

지방산은 아실 CoA로 활성화된 후 카르니틴과 결합하여 미토콘드리아 내부로 이동하며 그 안에서 다시 아실 CoA로 전환된 후 β 산화가 일어난다(그림 3.10).

β 산화는 지방산의 분해 시 β 위치에 있는 탄소에서 탈수소반응, 수화반응, 탈수소반응, 티올 분해 반응 등에 의해 원래의 아실 CoA보다 탄소가 2개 적은 지방산 아실 CoA가 생성되는 과정을 말한다. 위의 과정을 반복하면 여러 개의 아세틸 CoA가 생성되고 TCA 회로로 들어가 에너지를 생성하게 된다. 아실 CoA에서 1개의 아세틸 CoA가 잘려져 나올 때마다, $FADH_2$와 NADH가 생성되고 이들은 전자전달계로 이동하여 4 ATP를 생성한다. 예를 들면 1분자의 팔미틱산이 β-산화과정을 거쳐 완전 산화될 때 총 8개의 acetyl CoA, 7개의 $FADH_2$ 및 7개의 NADH가 생성되어 모두 사용되었을 때 총 108개의 ATP를 생성하게 된다. 하지만 산화전 지방산이 fatty acyl CoA로 변화되는 지방산의 활성화를 위해 ATP 2개를 소모하므로 실제 총 ATP 생성량은 106개이다. 불포화 지방산의 경우 이중결합의 2개 앞쪽 탄소에

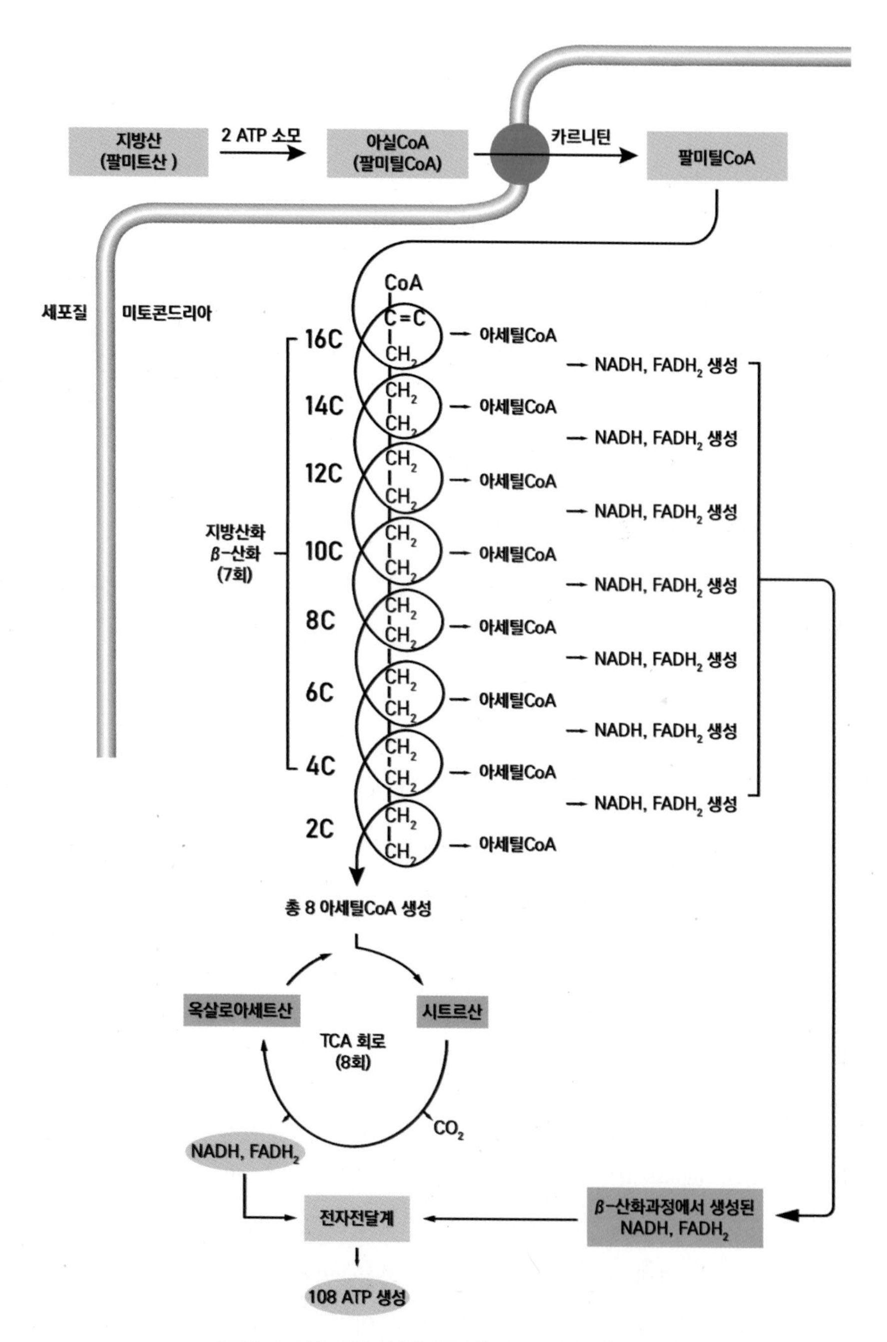

[그림 3.10] 지방산(팔미트산)의 베타산화(β-산화)

이성질화 효소가 작용하여 이중결합을 이동시켜 에노일 CoA로 전환된 후 β 산화 과정을 거친다.

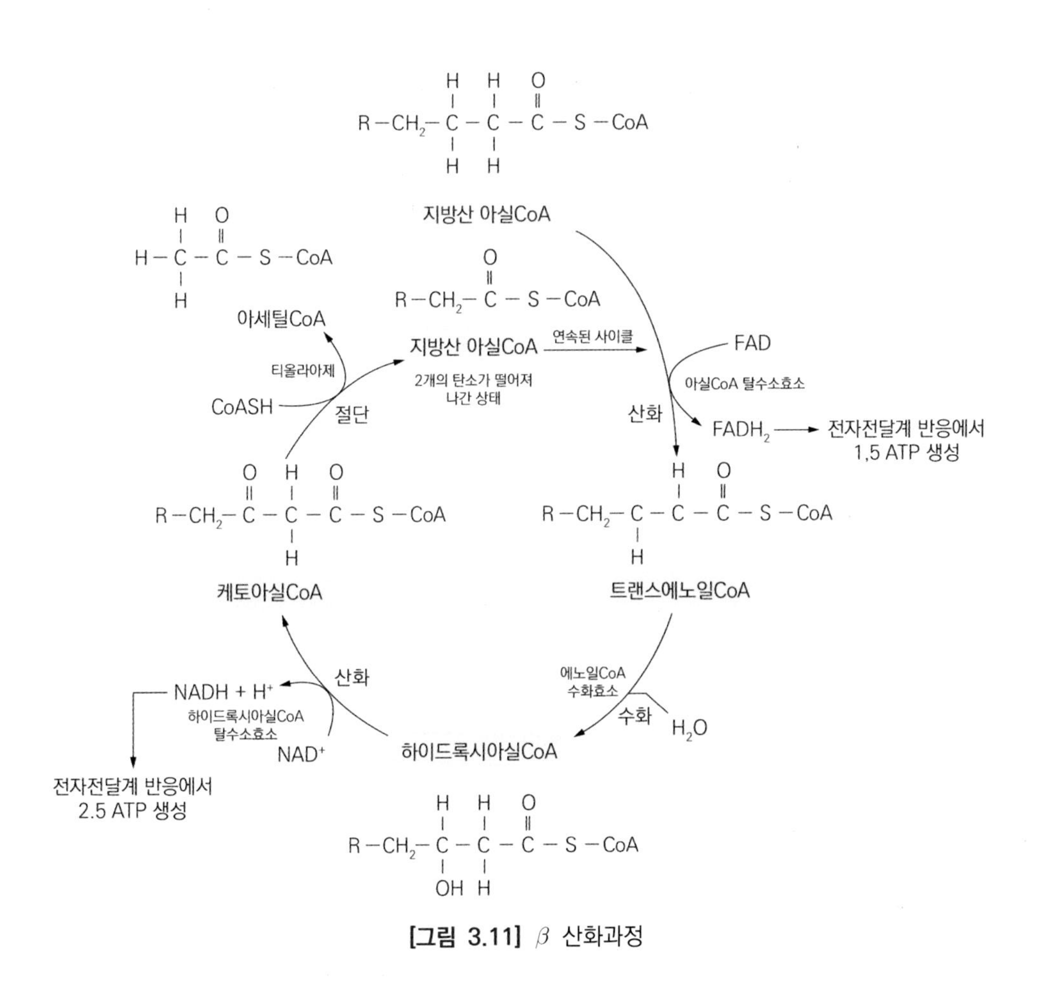

[그림 3.11] β 산화과정

2 지방산의 생합성

체지방은 피하, 복강, 장기주변 등의 지방조직에 주로 저장되는데 이들 지방은 식이지방이거나 에너지 영양소 과잉섭취로 인해 합성된 내인성 지방이다. 지방산 합성은 주로 세포질에서 이루어지며 지방산 합성을 위해 아세틸 CoA가 미토콘드리아에서 세포질로 이동되어야 한다. 이 경우 아실 카르니틴으로 되어 막을 통과하거나 옥살로 아세트산에서 아세틸기를 주고 시트르산으로 되어 막을 통과한 후 다시 아세틸 CoA로 전환된다. 지방산 합성에 사용되는 아세틸 CoA는 당질대사, 일부 아미노산의 탄소골격분해, 지방산의 산화에서 유래한다.

세포질에서 아세틸 CoA는 비오틴을 조효소로 하는 아세틸 CoA 카르복실화효소에 의해 말로닐 CoA를 형성하며 말로닐 CoA는 아세틸 CoA와 NADPH를 이용해 긴 사슬의 포화지방산을 합성한다(그림 3.12). 지방산 합성에 사용되는 NADPH는 오탄당인산회로에서 공급되거나 말산효소의 작용으로 말산이 피루브산으로 전환되는 과정에서 생긴 NADPH에 의해서 공급되기도 한다. 따라서 탄수화물 섭취가 증가하거나 글루코스 6인산이나 탈수소효소의 활성이 증가하면 NADPH가 증가해 지방산 합성이 증가한다. 지방산 신합성은 β-산화와 유사하게 2개의 탄소결합단위로 결합되어 확장되며 단위동물에서는 포도당이 지방산 신합성의 주요 전구물질로 사용된다.

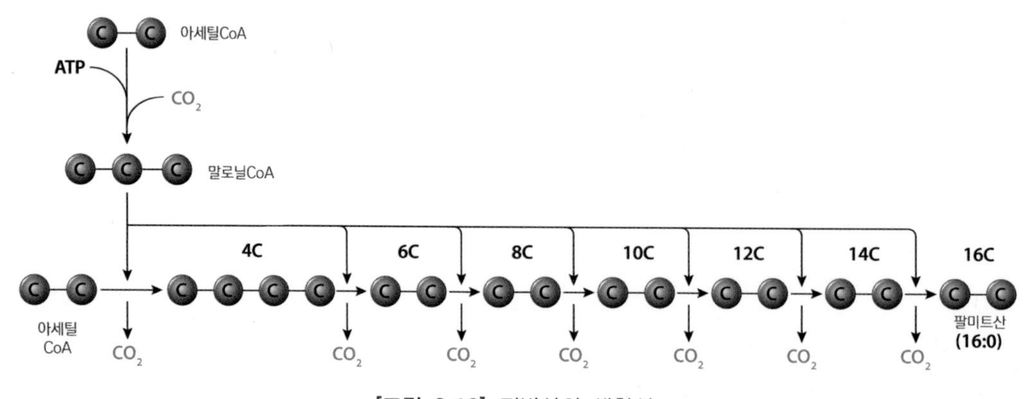

[그림 3.12] 지방산의 생합성

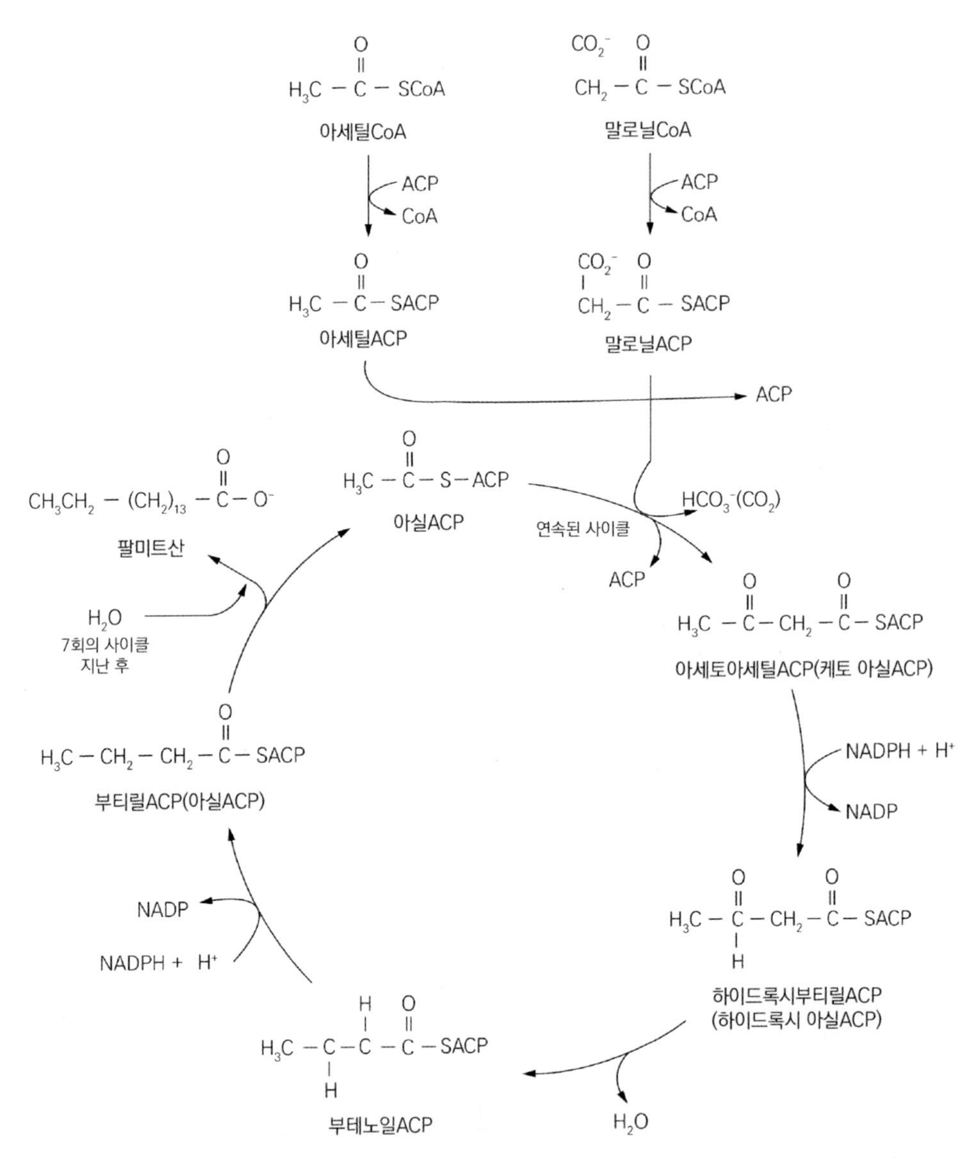

[그림 3.13] 지방산 합성효소작용에 의한 지방산(팔미트산)의 생합성

3 케톤체의 합성과 대사

케톤체는 아세토아세트산, 베타하이드록시 부티르산, 아세톤 등이며 굶었을 경우 주요 에너지원이 되기도 한다. 주로 심한 당뇨나 기아 상태 또는 산독증일 때 케톤체가 과잉 생성되며 처리되지 못했을 때 케톤증이 발생된다(그림 3.14). 고지질 식이와 저탄수화물 식이를 하면 증상이 더 심해질 수 있으며 탄수화물을 공급하면 포도당에 의해 옥살로 아세트산의 공급이 증가하여 TCA회로에 합류되므로 케톤체 형성이 감소한다. 또한 포도당 공급이 충분한 경우 지방의 β산화가 감소되고 케톤체 형성이 억제된다.

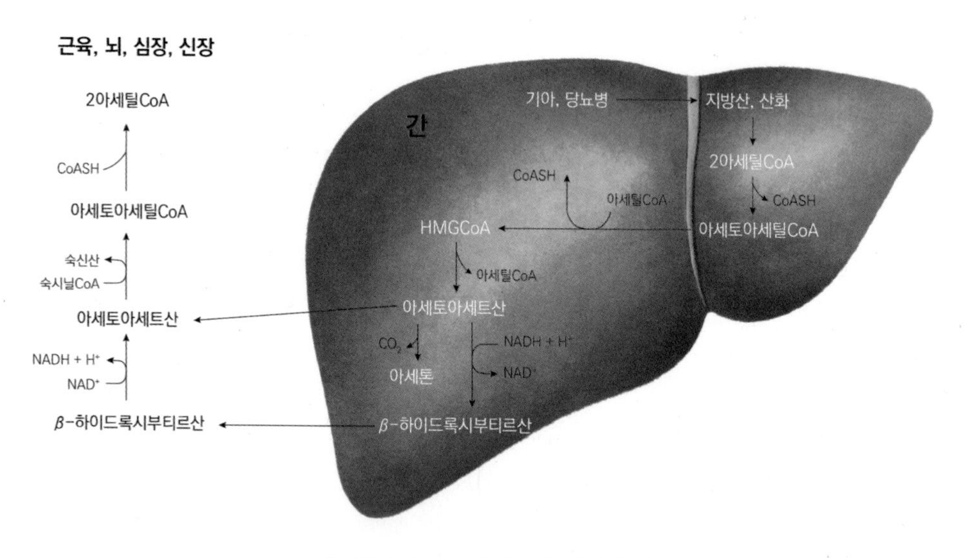

[그림 3.14] 케톤체의 생성과 이용

제7절 동물 체내의 지방조직

동물체내에 존재하는 지방세포는 백색 지방세포와 갈색 지방세포로 나눈다(그림 3.15). 백색지방세포는 대부분의 세포부피를 하나의 커다란 지방구가 차지하고 있고 핵과 미토콘드리아 등 주요 세포 소기관들이 세포 가장자리로 몰려있는 형태로 되어 있다. 이러한 백색지방세포는 사람의 경우 주요 에너지 저장소의 역할을 한다. 반대로 갈색 지방세포는 여러 개의 작은 지질구와 미토콘드리아를 가지고 있으며 핵이 세포의 중심에 가깝게 위치한다. 갈색지방조직은 대사의 활성이 매우 높고 비떨림 열발생(non-shivering thermogenesis)을 이용하여 체온조절이 필요할 때 즉각적으로 열을 발생시킬 수 있다. 따라서 갈색지방조직은 체온유지가 중요한 동면동물과 신생아에서 중요한 역할을 한다.

최근 연구결과에 의하면 지방조직은 에너지 저장소로서의 역할 외에도 렙틴(leptin) 분비 등 다양한 내분비계의 역할을 수행하는 것으로 알려져 있다. 특히 피하지방보다는 내장지방에서 이러한 내분비계적 활동성이 높아 비만을 비롯한 각종 질병들의 주요원인으로 작용하고 있다. 따라서 질병 발생율과의 관계를 볼 때 피하지방의 증식보다는 내장지방의 증가가 훨씬 더 큰 위험인자로 작용하게 된다. 지방조직은 형성시기에 따라 지방세포의 수와 크기가 달라지게 되는데 태아기에 지방이 증가하는 것은 지방세포의 수가 증가하는 것(hyperplasic)을 의미하며 성축이나 성인이 되어 지방 축적량이 늘어나는 것은 지방세포의 크기가 증가하는 것(hypertropic)을 의미한다.

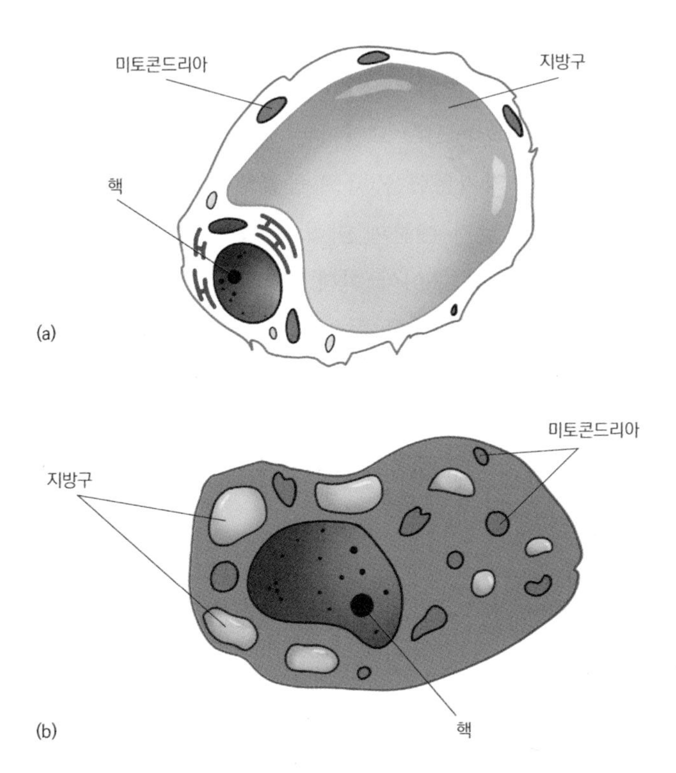

[그림 3.15] 백색 지방세포(a)와 갈색 지방세포(b)

제8절 반려동물 지질대사의 특징

지방은 동물체내 에너지의 주요 공급원으로 지용성 비타민의 흡수를 가능하게 하고 필수지방산의 주요 공급원이다. 필수지방산으로는 리놀레산(linoleic acid. $C_{18:2}$)과 리놀렌산(linolenic, $C_{18:3}$) 아라키돈산(arachidonic acl, $C_{20:4}$)등이 있다. 이중 리놀레산과 아라키돈산은 $\omega-6$계열의 지방산으로 포유동물의 경우 아라키돈산은 리놀레산으로부터 합성이 가능하다. 포유동물은 $\omega-6$계열의 지방산 외에 $\omega-3$계열의 지방산인 리놀렌산, EPA(eicosapentaenoic acid, $C_{20:5}$) DHA(docosahaesanoic acid, $C_{22:6}$)등을 필요로 한다. 필수지방산 부족 시 성장저하, 미생물 감염 증가, 번식장애, 피모불량 및 피부병 등의 증상이 나타난다. $\omega-3$ 계열의 지방산과 $\omega-6$ 계열의 지방산의 비율 또한 면역과 내분비 기능에 중요하게 작용한다.

필수지방산인 리놀레산은 개와 고양이 모두에게 필요하며 아라키돈산은 개나 사람의 경우 리놀레산에서 합성할 수 있으나 고양이는 식이를 통해 보충해주어야 하는 데 이것은 동물성 지방에 많이 들어있다. 고양이는 긴사슬다불포화 지방산을 비포화로 만드는 능력이 부족하므로 고양이는 아라키돈산을 리놀레산으로부터 만들 수 없으며 식이를 통해 아라키돈산을 따로 공급해주어야 한다. 또한 고양이는 delta desaturase의 활성이 매우 낮기 때문에 아라키돈산뿐만 아니라 EPA, DHA도 필수지방산으로 사료를 통해 공급해 주어야 한다.

위의 필수지방산과 그 유도체들은 동물의 성장과 신체의 완전한 기능을 위해 중요하며 다음과 같은 기능이 있다.

- 세포막의 구성과 보전: 세포막 인지질의 25%는 아라키돈산을 함유
- 세포막단백질과의 상호작용
- 혈소판 응집
- 중추신경계, 망막, 혈관, 혈류의 성장과 발달
- 적절한 수화상태를 지속하여 피부와 치모를 유지
- 암컷 고양이의 번식과 수정

• 아이코사노이드 생성: 예) 프로스타글란딘, 트롬복산, 프로스타사이클린
• 항체매개 및 세포매개 면역반응

반려동물의 지방 소화흡수율은 높은 편이다. 개에서 동물성 지방 및 식물성 지방 혼합물의 소화율은 85-95%이다. 소화율은 불포화:포화 지방산의 비율과 구성요소의 크기에 따라 결정된다, 식이에 함유된 총지방의 50%가 불포화지방산이거나 사슬길이가 중간이거나 짧은 사슬인 경우 소화율이 더 높다.

일반적으로 포화지방산 소화율은 불포화지방산에 비해 4% 낮다. 육식 본능을 가지고 있는 고양이는 하루치 식이를 기준으로 높은 비율의 지방을 이용할 수 있다. 개와 고양이 모두 나이가 들수록 소화율은 감소되며 노령동물의 지방소화율은 다 자란 동물보다 2% 낮다.

2006년 NRC 권고에 따르면 성견에서 총 지방 함량은 섭취한 대사에너지의 약 12%가 되어야 하며 최대 10-20% 정도의 값이 허용된다. AAFCO 권고 기준으로 건물사료기준으로 5.5%로 권장된다. 지나치게 높은 지방/낮은 단백질 식이는 췌장의 변화를 유발할 수 있으며 비만, 고콜레스테롤혈증, 췌장염 등을 유발할 수 있다. 개 Kibble 사료(hard pellets) 내 지방 함량은 5-13%(건물기준) 사이이며 성장 단계마다 지방 함량은 달라질 수 있다.

섭취한 전체 에너지의 2-3%는 리놀레산으로부터 공급받는 것이 좋다. 개는 리놀레산을 이용하여 아리키돈산을 합성하며 이는 정상적인 생리활성을 위해 필요한 아라키돈산의 최소 농도에 영향을 주기 때문에 높은 양을 함유하는 것이 좋다. EPA와 DHA 권장량은 0.1% 정도이며 섭취한 대사 에너지의 2.4%를 초과하지 않는 것이 좋다. 반려동물의 모질과 음식의 맛에 영향을 주기 때문에 대부분의 상업용 사료에는 건조물 기준으로 5% 들어있으며 개의 필수 지방산 요구량을 충족시킨다.

성묘의 유지관리를 위해 섭취하는 대사에너지의 19%를 지방으로 구성하는 것이 좋다. 지방은 고양이의 식이와 맛을 결정하지만 그 맛은 지방성분 구성에 영향을 받는다. 고양이는 중간사슬지방산을 잘 수용하지 못한다. 예를 들어 카프릭산은 야자유나 코코넛유에 많이 들어있는데 건조물 기준 0.01-0.1% 존재 시 고양이는 그 음식을 거부할 가능성이 있다. 특히 고양이의 경우 필수 지방산의 요구량을 정확하게 파악하기 힘들다. 그 이유는 적정 수준의 리놀레산이 고양이의 아라키도닌산 요구량을 감소시키기 때문이다.

고양이의 리놀레산 권장량은 섭취한 대사 에너지의 1.19%이다. 개에 비해 고양이

의 요구량은 50% 밖에 되지 않는데 이는 리놀레산이 다른 긴 사슬 필수지방산(예: 아라키돈산) 합성에 이용되지 않기 때문이다. 상업용 고양이 사료는 건조물 기준으로 8－13% 정도를 함유한다. 식이종류에 따라 25%까지 함유되기도 한다. 고양이의 선호도는 10%보다 25%에서 더 높다.

필수지방산이 다량 함유되어 있다면 세포막의 안정화를 위해 비타민 E의 함량도 증가시키는 것이 좋다. 지방산이 쉽게 산화되기 때문에 항산화제를 추가하는 것이 좋다.

동물은 유전적 소인, 사육 환경의 변화 및 섭취한 사료의 양과 종류의 특성 등에 따라 체내에서 지질대사 이상증상을 동반하게 되고 질병을 유발하게 된다. 반려동물에게서 주로 많이 나타나는 지질대사 이상증상으로 지방간, 비만, 케톤증 등이 있다.

지방간은 간 무게의 30%이상이 지방으로 축적된 상태를 의미한다. 일반적으로 간은 5%의 지방을 포함하는데 30%이상의 지방이 축적되면 지방간으로 진단한다. 지방간을 일으키는 원인으로는 식이적인 요인이 가장 큰 비중을 차지하게 되는데 고지방, 고콜레스테롤 음식을 지속적으로 섭취하였을 경우 간에서의 지단백질의 합성속도가 낮아져서 간에 지방이 쌓이게 된다. 또한 필수 아미노산이나 항지방간 인자인 콜린 등이 부족한 경우, 과도한 탄수화물 섭취는 간에서 지방산의 합성을 증가시킨다. 한편으로는 당뇨 혹은 저혈당으로 인해 간으로 지방산의 유입이 증가한 경우 간에 지방이 축적된다.

케톤증은 간에서 케톤증의 생성속도가 체내 말초조직에서의 케톤체의 이용 속도보다 높을 경우 혈액과 뇨중의 케톤체의 농도가 상승하는 경우를 의미한다. 대부분 절식, 당뇨, 그리고 췌장의 질병에서 기인한 탄수화물 대사 장애가 주된 원인으로 작용한다. 즉 탄수화물의 이용이 감소되면 체내에서는 지방산을 분해하여 에너지를 생산하려는 기전이 작동하게 되고 이로 인해 다량의 acetyl CoA를 생성하게 되고 생산된 acetyl CoA가 간 내에서 케톤체로 전환되기 때문이다. 케톤증이 발생하는 경우는 임신한 가축들이 분만 직후 식욕감퇴로 탄수화물이 풍부한 사료를 충분히 섭취하지 못할 때 자주 발생한다. 케톤증을 유발하는 물질로는 아세톤, 아세토아세테이트와 베타하이드록시부티르산 등이 있다.

비만은 동물 체내에 과도하게 지방이 축적된 상태로 암, 고지혈증, 고혈압, 당뇨병, 지방간 등의 질병발생 빈도를 현저하게 증가시킨다고 알려져 있다. 과도한 체내 지방의 축적은 체내 염증반응을 증가시키고 인슐린 저항성을 증가시킨다. 또한 렙틴의 감수성을 저하시켜 사료 섭취조절능력을 감소시키고 체내 지방 축적을 증가시켜 비만상태를 더욱더 악화시킨다. 일반적으로 가축은 사료를 통해 과도한 영양소를 섭취하지 못하게 조절하기 때문에 큰 비만이 문제되지 않으나 반려동물인 개와 고양이의 경우 문제가 심각해지고 있다.

CHAPTER

04

단백질과 대사작용

CHAPTER 04

단백질과 대사작용

제1절 단백질의 정의 및 분류

단백질은 생명유지에 필수적인 영양소로서 효소, 호르몬, 항체 등 동물체내의 주요 생리적 기능을 수행하는 물질을 만들며 근육 등의 체조직을 구성한다. 또한 면역기능과 체내 항상성 유지에 기여하는 등 동물 체내에서 매우 중요한 역할을 수행한다. 단백질은 여러 종류의 아미노산(amino acid)이 펩타이드 결합(peptide bond)으로 연결된 구조를 가지고 있으며 아미노산의 배열순서 및 화학적 특성에 따라 서로 다른 입체적 구조를 이루어 각각의 고유한 기능을 수행한다.

단백질은 동물체내에서 여러 가지 형태로 존재하는데 구성성분을 기준으로 크게 단순단백질과 복합단백질, 유도단백질로 나눈다. 단순단백질은 아미노산 외에 다른 화학성분을 함유하지 않은 단백질이며 복합단백질은 아미노산 외에 당이나 지질 등 몇 가지 다른 성분을 함유하는 단백질이다. 유도단백질은 단백질의 가수분해물질이나 산, 염기, 효소 등의 여러 작용에 의해 생긴 2차적 산물을 의미하며 젤라틴(gelatin)이나 펩틴(peptin) 등이 있다.

제2절 단백질의 기능

사료 중의 단백질로부터 소화 흡수된 아미노산은 충분히 에너지가 공급된 상태에서는 기본적으로 효소, 호르몬, 체조직 성분, 혈액 내 운반 단백질, 면역체 조절인자 및 근육수축 단백질 등으로 합성되어 각각의 기능을 수행한다(그림 4.1).

1 체조직 성분 형성

단백질은 모든 신체조직의 성장과 유지에 매우 중요하며 특히 성장기, 임신기에는 많은 양의 단백질이 요구된다. 또한 동물의 체조직은 계속적으로 퇴화되고 재생되어야 하므로 매일 일정량 이상의 단백질이 공급되어야 한다. 단백질은 세포막, 세포질 및 세포 소기관을 포함한 모든 세포의 구성성분으로 피부, 근육, 털 등을 구성한다. 동물의 체내에서 가장 많은 단백질인 콜라겐은 세포의 구조를 유지하고 뼈, 연골, 이빨, 3힘줄, 인대, 반흔 조직(scar tissue) 및 피부 등을 만드는 기본원료로 사용된다. 만일 단백질 섭취량이 요구량에 미치지 않는다면 이러한 기반구조가 붕괴되어 근육축소, 피부탄력성 감소, 거친 털 및 탈모현상이 유발되고 심한 경우 폐사에 이를 수 있다.

2 수분 및 산 염기 균형 유지

혈액에 있는 단백질인 알부민과 글로불린은 체내 수분평형을 돕는 작용을 한다. 혈중 단백질은 분자량이 커서 모세혈관을 빠져나가지 못해 혈관내의 삼투압을 조직보다 높게 유지시키는 데 중요한 역할을 하므로 수분을 혈관에 머무르게 한다. 단백질 공급이 불충분하면 혈액 중의 단백질 양이 줄어들어 말초 모세혈관이 있는 조직에 부종이 나타난다. 또한 혈액 중의 단백질은 양성물질로 쉽게 수소이온을 내어주거나 받아들임으로서 완충제로 작용하여 혈액의 pH를 항상 일정한 상태로 유지시키는 데 관여한다.

3 효소 및 호르몬, 신경자극전달물질 형성

단백질과 아미노산은 효소나 호르몬처럼 생체의 주요기능을 담당하는 물질을 합성하거나 글루타치온과 같은 주요 생리적 물질의 합성의 전구체로 작용한다.

효소는 생체 내 대사반응을 촉진하는 역할을 수행하는 단백질 분자로 에너지대사, 탄수화물, 단백질, 지방 및 단백질의 합성과 분해 등 거의 모든 대사반응에 관여한다. 효소는 온도 및 pH의 변화 등으로 인해 구조가 변할 경우 고유의 기능을 수행하지 못하게 된다.

호르몬은 화학적 신호를 전달하는 전달자 역할을 하는 물질로서 체내의 특정조직이나 기관에서 혈액내로 분비되며 목표 조직에 특이성을 가지고 반응한다. 단백질로 이루어진 호르몬을 단백질호르몬 혹은 펩타이드 호르몬(peptide hormone)이라 부르며 이 대표적인 펩타이드 호르몬으로는 동물체내에서 혈당수준을 조절하는 인슐린(insulin)과 글루카곤(glucagon)이나 체내에서 소화 작용에 관여하는 가스트린(gastrine), 세크레틴(secretin), 혈관확장 장 펩타이드(vasoactive intestinal peptide, VIP), 콜레시스토키닌-판크레온지민(cholecystokinine-pancreozymin, CCK-Pz) 등이 있다.

4 포도당 생성 및 에너지원으로 사용

단백질은 탄수화물의 공급이 충분하지 않은 경우 신경조직이나 적혈구의 에너지원으로 포도당을 지속적으로 공급해주기 위해 아미노산을 전구체로 하여 간이나 신장에서 당신생과정을 통해 포도당을 합성한다. 그러므로 기아상태에서 당신생과정이 지속되면 근육의 소모가 발생한다.

5 수축성 단백질 합성

수축성 단백질은 동물이 운동을 수행하기 위해 필요한 물질로 대표적인 근육단백질로는 액틴(actin)과 미오신(myosine)을 들 수 있다. 액틴과 미오신은 근육이 수축과 이완을 반복할 수 있도록 구조적인 역할을 수행한다. 액틴과 미오신의 기능은 단지 운동에만 국한되는 것이 아니라 심장이 뛸 수 있도록 도와주는 심장근, 소화물이 이동될 수 있도록 도와주는 장벽근육, 혈관근육으로서의 기능도 수행한다.

6 면역기능 및 체내항상성 유지

단백질은 기본적으로 동물의 몸체를 외부의 부상과 병원체로부터 보호하는 역할을 한다. 단백질은 면역체계에서 사용되는 세포들의 주요성분을 구성하며 면역세포에서 생성하는 항체로서 작용하여 질병에 대한 저항력을 지닌다.

7 운송단백질 합성

단백질은 동물 체내에서 여러 물질들을 운송하는 역할을 한다. 세포막에 있는 단백질은 포도당과 아미노산이 세포내로 유입될 수 있도록 도와주며 소장점막에서는 소화관에서 체내로 아미노산을 흡수하기 위해 사용된다. 또한 혈액에서는 적혈구의 헤모글로빈이 폐에서 유입된 산소를 다른 기관으로 운반하며 당단백질은 장과 간에서 유입된 지방을 체세포로 운송한다. 단백질이 결핍 시 비타민 A 운송이 어려워 결핍증이 유발될 수 있다.

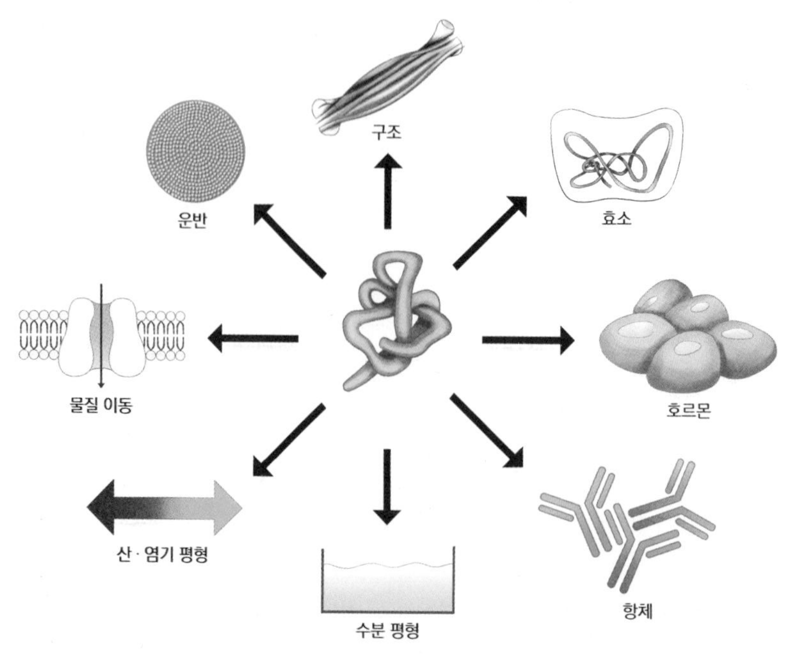

[그림 4.1] 단백질의 기능

제3절 단백질의 구성단위와 구조 및 종류

1 단백질의 구성단위

단백질은 아미노산들의 중합체인 고분자 물질로써 구성단위인 아미노산들이 강한 공유결합인 펩타이드 결합으로 연결되어 있으며 최소 100여 개의 아미노산으로 구성되어 있다. 펩타이드 결합은 한 아미노산의 아미노기와 다른 아미노산의 카르복실기 사이의 탈수축합에 반응에 의해 생긴 결합이다(그림 4.2).

아미노산은 탄소, 수소, 산소, 질소로 구성되며 일부 아미노산은 황을 함유하고 있다. 자연계에 존재하는 아미노산은 매우 다양하며 단백질을 구성하는 아미노산은 20가지의 L－아미노산으로 특유한 배열로 식이 및 조직 단백질을 구성한다.

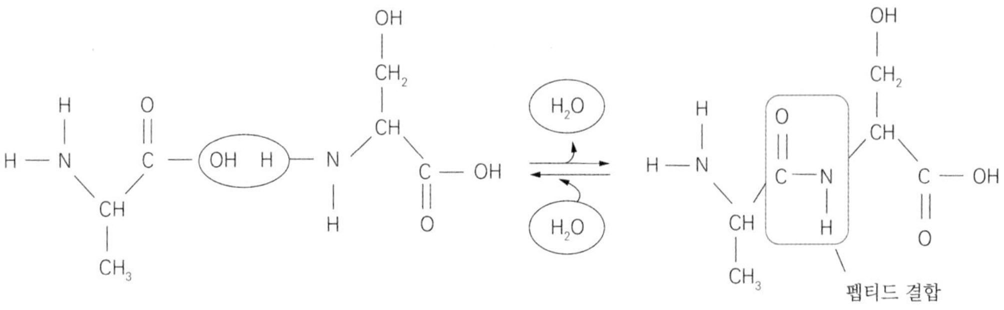

$$H_2N\text{-}CH(CH_3)\text{-}CO\text{-}\boxed{OH\ H}\text{-}NH\text{-}CH(CH_2OH)\text{-}COOH \underset{H_2O}{\overset{H_2O}{\rightleftharpoons}} H_2N\text{-}CH(CH_3)\text{-}\boxed{CO\text{-}NH}\text{-}CH(CH_2OH)\text{-}COOH$$

펩티드 결합

[그림 4.2] 펩타이드 결합

2 단백질의 구조

단백질은 구성 아미노산의 종류, 배열에 따라 다르게 만들어지므로 상당히 많은 종류의 단백질이 존재하며 1차, 2차, 3차, 4차 구조로 나누어진다(그림 4.3).

1차 구조는 펩타이드 결합으로 연결된 기본적인 사슬모양의 아미노산 배열을 의미하며, 2차 구조는 폴리펩타이드 사슬이 수소결합 또는 이온결합을 통하여 나선구조 또는 병풍구조를 형성하는 것을 의미한다. 3차 구조는 이러한 펩타이드 사슬들이 구부러지고 압축되어 구상 혹은 섬유상의 복잡한 3차 구조를 형성하고 이러한 3차 구조의 단백질들이 모여 다시 입체적으로 배열되어 4차 구조를 형성한다.

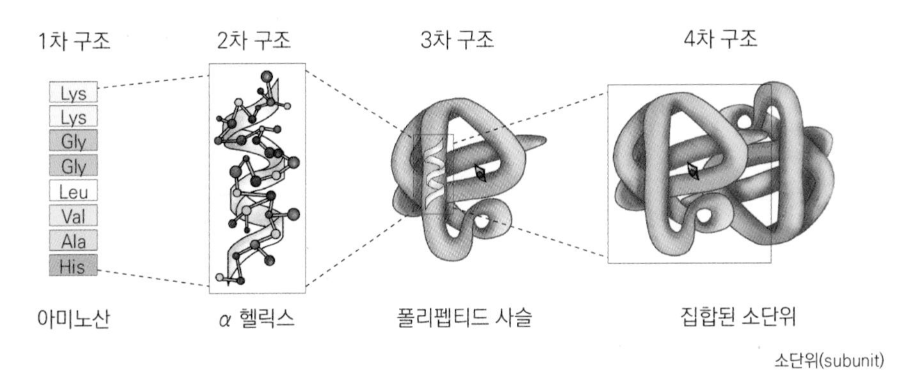

[그림 4.3] 단백질의 구조

단백질은 3차 구조에 따라서 단백질의 기능이 결정되며 특정원인으로 단백질의 구조가 변화되면 기능 또한 달라질 수 있다. 단백질의 활성형태인 3차원의 입체구조는 급격히 저어주거나 가열, 산, 알칼리 용액으로 처리했을 때 활성을 잃게 되는데 이 과정을 변성이라 한다. 변성된 단백질은 본래의 입체구조를 유지할 수 있는 조건으로 돌려주면 재생되기도 한다. 예를 들어 단백질의 소화과정 중 위에서 분비되는 염산에 의해 식이단백질이 변성되어 펩타이드 결합을 가수분해 시키기 위한 효소의 접근이 용이하게 된다.

3 단백질의 종류

단백질은 분자구조 안에 탄소, 수소 산소 외에 질소를 함유하고 있으며 구성성분과 영양적 기능 및 생리적 기능에 따라 분류한다. 일반적으로 단백질은 단백질 부분에 결합된 비단백질 성분에 따라 단순단백질, 복합단백질, 유도단백질 등으로 분류한다.

단순단백질은 아미노산만으로만 이루어진 단백질로 가수분해과정을 거치면 단순 아미노산을 생성한다. 알부민, 글로불린, 글루테린, 프롤라민, 알부미노이드, 프로타민 등이 있다(표 4.1).

〈표 4.1〉 단순단백질의 종류

종류	특성	예
알부민	물, 묽은 염류, 산, 염기에 녹음	알부민(달걀, 혈청), 류코신(밀), 레구멜린(완두콩)
글로불린	물에 녹지 않으며 묽은 염류, 산, 염기에 녹음	오보글로불린(난백), 락토글로불린(유즙), 혈청글로불린(혈액), 글리시닌(콩), 레구민(완두콩), 투베린(감자), 아라킨(땅콩)
글루텔린	묽은 산, 염기에 녹음	오리제닌(쌀), 글루테닌(밀)
프톨라민	묽은 산, 염기, 70% 알코올에 녹음	글리아딘(밀), 제인(옥수수), 호르데인(보리)
알부미노이드	강산, 강알칼리에 녹으나 변질됨	콜라겐(뼈), 케라틴(모발), 엘라스틴(힘줄)
프로타민	핵산과 결합	살민(연어 정액), 클루페인(정어리 정액)
히스톤	핵산과 결합	히스톤(흉선), 글로빈(혈액)

복합단백질은 단순단백질에 단백질 이외의 물질이 결합된 것으로 가수분해에 의해 아미노산과 그 외의 물질을 생성한다. 복합단백질로는 핵단백질, 당단백질, 지단백질, 금속 단백질 등이 있다(표 4.2).

〈표 4.2〉 복합단백질의 종류

종류	비단백질성분	예
핵단백질	핵산	뉴클레오히스톤(흉선), 뉴클레오프로타민(어류의 정액), DNA, RNA
당단백질	당질 또는 그 유도체	뮤신(점액), 오보뮤코이드(난백)
인단백질	핵산 및 레시틴 이외의 인산	카세인(우유), 오보비텔린(난황)
지단백질	지질	킬로미크론, VLDL, LDL, HDL, 리포비텔린과 리포비텔레닌(난황)
색소단백질	헴, 클로로필(엽록소), 카로티노이드, 플래빈	헤모글로빈(혈액), 미오글로빈(근육), 로돕신, 플래빈단백질
금속단백질	철, 구리, 아연 등	페리틴(Fe), 헤모시아닌(Cu), 인슐린(Zn), 클로로필(Mg)

유도단백질은 단순단백질 또는 복합단백질이 산, 효소, 알칼리의 작용이나 가열에 의해 변성된 것을 말하며 변성 정도에 따라 제1차 유도단백질과 제2차 유도단백질로 나눈다(표 4.3).

〈표 4.3〉 유도단백질의 종류

종류	예
제1차 유도단백질	젤라틴, 파라카세인(우유), 응고단백질
제2차 유도단백질	제1차 유도단백질의 가수분해산물(프로테오스, 펩톤, 펩티드)

단백질은 영양적 기준에 따라 완전단백질, 부분불완전 단백질, 불완전 단백질로 나눈다.

완전단백질은 모든 필수 아미노산을 충분히 함유하고 있어 체내 단백질 합성에 적합한 비율로 조성된 단백질이다. 완전단백질은 동물의 정상적인 성장을 돕고 체중을 증가시키며 생리적 기능을 잘 유지하게 한다. 젤라틴을 제외한 대부분의 동물성 단백질이 완전단백질에 해당한다. 우유의 카제인과 락토알부민, 달걀의 오보알부민 등이 있다. 식물성 단백질로는 대두의 글리시닌이 있다.

부분불완전단백질은 1개 혹은 그 이상의 필수 아미노산이 부족하여 동물이 요구하는 필요량을 충분히 제공하지 못하는 단백질이다. 성장을 돕지는 못하나 체중을 유지하여 생명현상을 유지한다. 대두 단백질을 제외한 식물성 단백질이 부분 불완전 단백질에 해당한다. 밀의 글리아딘, 보리의 호르데인 등이 있다.

불완전단백질은 필수 아미노산이 1개 이상 결핍된 단백질이다. 성장이 지연되고 체중이 감소하며 장기간 지속될 경우 사망하게 된다. 젤라틴과 옥수수의 제인 단백질이 불완전단백질이다. 그러나 불완전단백질도 다른 단백질을 보충해 줌으로써 효과를 높일 수 있다.

제4절 아미노산의 구조 및 분류

1 아미노산의 구조

단백질을 구성하는 아미노산은 1개의 카르복실기와 1개의 아미노기를 가지고 있으며 아미노산의 고유의 화학적 특성을 나타내는 잔기인 R부분이 아미노산의 형태와 이름을 결정한다(그림 4.4). 화학적으로 유사한 R 부분을 지니는 아미노산들을 중성, 산성, 염기성, 방향족 아미노산 등으로 분류한다. 일반적으로 동물성 단백질을 구성하는 아미노산은 약 20개이며 동물체내에서의 합성 가능성 및 동물의 요구량 충족 여부에 따라 필수 및 비필수 아미노산으로 분류된다.

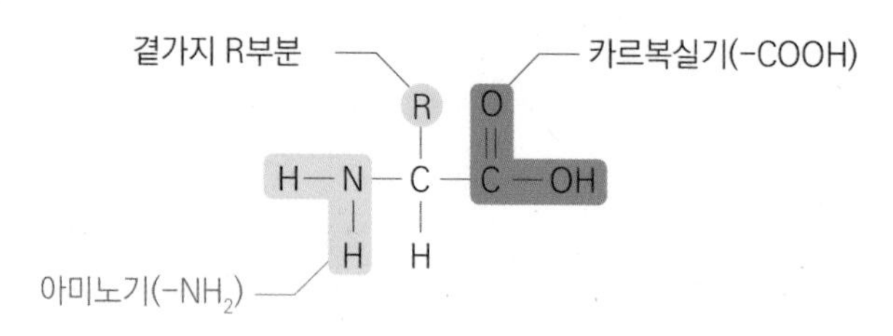

[그림 4.4] 아미노산의 기본구조

2 아미노산의 분류

아미노산은 주로 R 기에 의해 분류되며 중성(neutral), 산성(acid) 및 염기성(base) 아미노산이나 측쇄(branched amino acid), 방향족(aromatic) 아미노산으로 분류된다. 중성아미노산 중에서도 R잔기의 극성(polr), 비극성(nonpolar) 여부에 따라 극성 아미노산, 비극성 아미노산으로 분류된다(그림 4.5).

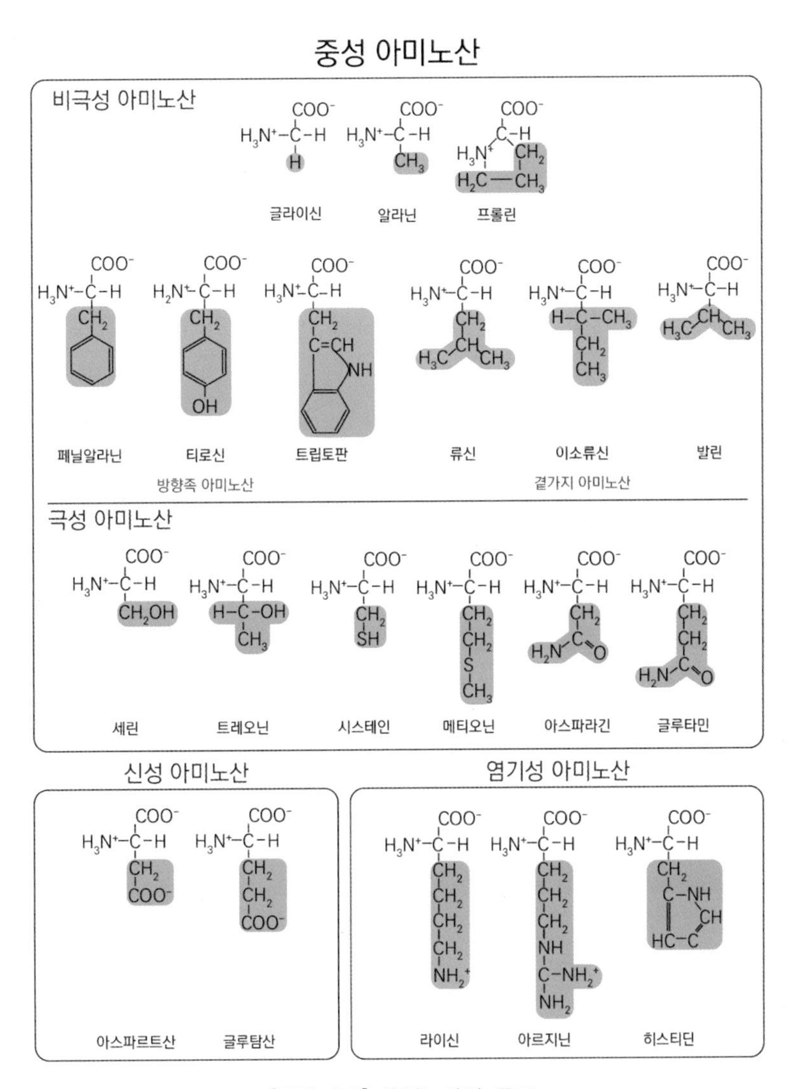

[그림 4.5] 아미노산의 종류

산성아미노산은 곁가지 끝부분에 카르복실기를 가지고 있으며 글루탐산, 아스파르트산이 있다. 염기성 아미노산에는 곁가지 R기가 질소를 함유하고 있으며 라이신, 아르기니, 히스티딘 등이 있다. 그 외에 방향족 아미노산으로 페닐알라닌, 티로신, 트립토판 등이 있으며 곁가지 아미노산으로는 루신, 라이신, 발린 등이 있다. 함황아미노산으로는 메티오닌, 시스테인이 있다.

단백질을 구성하는 아미노산은 체내에서 합성할 수 없는 10개의 필수 아미노산과 합성이 가능한 10개의 불필수아미노산으로 나눈다(표 4.4). 필수 아미노산은 반드시 식이나 사료로 공급되어야 하며 필수 아미노산이 충분히 공급되지 않으면 체내에서 단백질 합성이 지연되므로 단백질의 분해가 합성을 능가하여 건강이 나빠지게 된다.

개는 10개의 필수 아미노산이 필요하며 고양이는 10개의 아미노산 이외에 타우린(taurine)이 더 필요한데 이는 생선 등의 동물성 단백질로부터 얻게 된다(표 4.5). 고양이는 시스테인(cysteine)으로부터 타우린을 합성하기 위한 두 가지 효소인 CSA 탈탄산효소(CSA decarboxylase)와 시스테인 탈산소효소(cysteine deoxygenase) 활성이 낮아 타우린을 몸 속에서 합성할 수 없으므로 이를 고기와 생선으로 충분히 섭취하지 못한 경우 각종 질병에 걸리거나 사망한다. "타우린"이 부족하면 "진행성 망막위축"이라는 병에 걸리거나 심장의 기능이 저하되며 번식능력과 성장 가능성이 저해되기도 한다.

〈표 4.4〉 체내합성 여부에 따른 아미노산의 분류

필수 아미노산	비필수 아미노산
히스티딘, 이소루이신, 루이신, 리신, 메티오닌, 페닐알라닌 트레오닌, 트립토판, 발린, 히스티딘, 아르기닌	알라닌, 아스파라긴, 아스파르트산, 시스테인, 글루탐산, 글루타민, 글리신, 프롤린, 세린, 티로신

〈표 4.5〉 개와 고양이의 필수 아미노산

개	고양이
히스티딘, 이소루이신, 루이신, 리신, 메티오닌, 페닐알라닌, 트레오닌, 트립토판, 발린, 아르기닌	히스티딘, 이소루이신, 루이신, 리신, 메티오닌, 페닐알라니느 트레오닌, 트립토판, 발린, 아르기닌, 타우린

제5절 단백질의 소화와 흡수

1 단백질의 소화

사료 중의 단백질은 입에서는 거의 소화가 일어나지 않으며 위에서는 단백질 분해효소의 하나인 펩신에 의해 분해가 시작된다. 펩신은 모든 단백질을 공격해 보다 더 작은 단백질 단위인 펩톤으로 나눈다. 펩신은 위의 주세포들로부터 자가소화를 방지하기 위해 펩시노겐이라는 불활성 형태로 위액과 함께 분비된 후 염산에 의해 위내 환경이 pH1~2의 산성환경에 들어가게 되면 펩신으로 활성화된다. 펩신의 분비는 호르몬인 가스트린에 의해 조절된다.

펩톤은 소장에 들어가면 소장벽을 자극하여 콜레시스토키닌 분비를 촉진시키게 되고 이로 인해 담낭이 수축하여 담즙이 분비된다. 또한 췌장에서 분비되는 단백질 분해효소인 트립신, 키모트립신, 카르복시 펩티다아제 등은 불활성 형태로 소장으로 배출된 후 활성화된다. 트립신과 키모트립신은 위에서 펩신의 작용으로 만들어진 폴리펩타이드를 더 작은 펩티드로 가수분해한다. 펩신, 트립신, 키모트립신 등이 펩타이드 사슬을 가수분해할 때 각 효소의 아미노산 특이성이 있어 이 단계에서 단백질 소화는 매우 효율적으로 진행된다. 카르복실 펩티다아제는 펩티드의 카르복실기 말단에 있는 아미노산을 하나씩 차례로 제거한다. 이러한 효소들의 연속적인 작용에의해 단백질은 아미노산 혼합물로 가수분해된다(그림 4.6, 그림 4.7).

펩시노겐 —HCL→ 펩신

트립시노겐 —엔테로펩티다아제→ 트립신

트립시노겐 —트립신→ 트립신

키모트립시노겐 —트립신→ 키모트립신

프로카르복시펩티다아제 —트립신→ 카르복시펩티다아제

[그림 4.6] 단백질 소화 효소의 활성

〈표 4.6〉 단백질 소화 효소의 작용

분류	역할	효소	효소원	활성화물질	분비 장소	펩티드결합 특이성
내부펩티드 분해요소	사슬내부	펩신	펩시노겐	염산	위	Phe, trp, Tyr, Leu, Glu, Gln
		트립신	트립시노겐	엔테로키나아제	췌장	Lys, Arg
		키모트립신	키모트립 시노겐	트립신	췌장	Phe, Tyr, Trp,
외부펩티드 분해요소	말단의 펩티드 결합 분해 한번에 1개의 아미노산 분리	카르복시 펩티다아제	프로카르복시 펩티다아제	트립신	췌장	카르복시말단 잔기를 1개씩 절단
		아미노 펩티다아제			소장	아미노기말단 잔기를 1개씩 절단
		다이펩티다아제			소장	다이펩티드

2 단백질의 흡수

식이 단백질은 단백질 분해효소의 작용에 의해 유리아미노산이나 펩타이드로 분해된 후 소장 점막에서에서 아미노산이나 펩타이드 형태로 흡수된다. 단백질의 경우 약 67% 정도가 펩타이드 형태로 흡수되며 나머지가 유리 아미노산의 형태로 흡수된다. 유리 아미노산과 디펩타이드의 흡수기전은 서로 다르다.

3 아미노산의 흡수와 운반

단백질은 소화된 후 거의 대부분 아미노산 형태로 소장에서 흡수된다. 소장점막 세포에는 중성, 산성, 염기성 등 아미노산의 종류에 따라 특이성을 지니는 운반체들이 존재하며 아미노산 등의 흡수를 돕는다. 중성아미노산과 염기성 아미노산은 능동수송으로, 산성아미노산은 촉진확산으로 흡수된다. 또한 디펩타이드는 장점막세포에 있는 디펩티다아제의 도움으로 받아 아미노산으로 분해된 후 촉진확산에 의해 모세혈관으로 흡수된다. 이후 문맥을 거쳐 간으로 들어가 단백질 합성에 사용된다.

제6절 아미노산 대사와 단백질 재생

1 아미노산의 대사

아미노산 분해대사는 아미노산 구조에서 알파 탄소에 결합되어 있는 아미노기가 떨어져 나오는 것에서 시작되며 아미노기의 제거는 탈아미노 반응과 아미노기 전이 반응에 의해 이루어진다. 이 두 반응은 아미노산이 체내에서 이용될 때 선행되는 첫 번째 반응이다(그림 4.7).

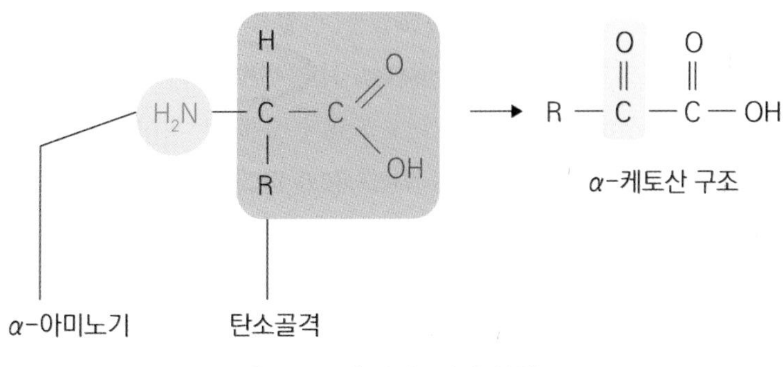

[그림 4.7] 아미노산의 분해

(1) 탈아미노 반응

탈아미노 반응은 아미노산으로부터 아미노기를 떼어내는 과정으로 요소 생성을 위해 글루탐산 등에서 암모니아가 떨어져 나오는 것이 대표적인 예이다(그림 4.8). 단백질의 합성에 이용되지 않은 아미노산들은 에너지 생산이나 지방 축적 등의 다른 대사과정이 진행되며 그 전에 아미노산이 분해되는 과정이 선행되어야 한다. 이러한 반응을 탈아미노 반응이라고 한다. 탈아미노 반응은 아미노산에서 아미노기가 빠져나가는 반응으로 주로 간에서 일어난다. 대부분의 아미노산에서 탈아미노 반응이 일어나지만 주로 글루탐산에서 일어나며 다른 아미노산들은 이 아미노산과 함께 탈아미노 반응과 아미노기전이반응을 통해 분해가 일어난다. 이 반응은 아미노산 탈수소효소에 의해 아미노산에서 아미노기가 암모니아의 형태로 제거되고 남은 아미노산은 키토산(keto acid)으로 변환되는 과정이다. 빠져나온 아미노기는 암모니아형태로 변화되는데 이는 세포에게 독성을 가지고 있으므로 혈류를 통해 간으로 이송되고 요소회로(urea cycle)를 통해 요소로 전환되어 그 독성이 제거된다.

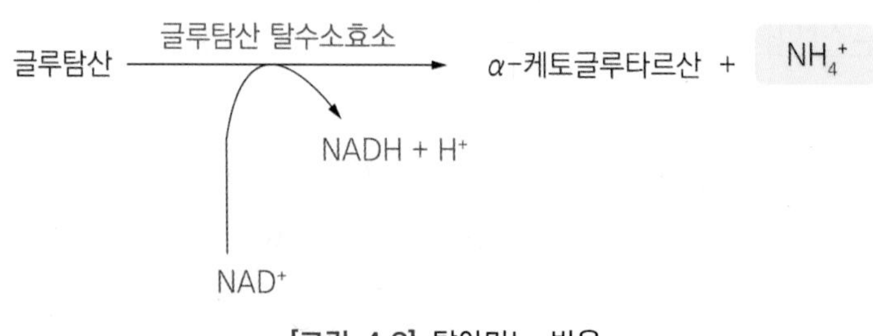

[그림 4.8] 탈아미노 반응

(2) 아미노기 전이반응

아미노기 전이반응은 한 아미노산으로부터 탄소골격에 아미노기를 전달하여 새로운 아미노산을 합성하는 과정이다(그림 4.9). 아미노기 전이반응은 주로 불필수 아미노산의 합성이나 아미노산으로부터 아미노기를 떼어낸 탄소골격을 당 신생합성이나 에너지를 내는데 사용하기 위해 일어난다. 이때 비타민 B_6의 조효소 형태인 피리독살인산이 아미노기를 옮겨주는 역할을 한다.

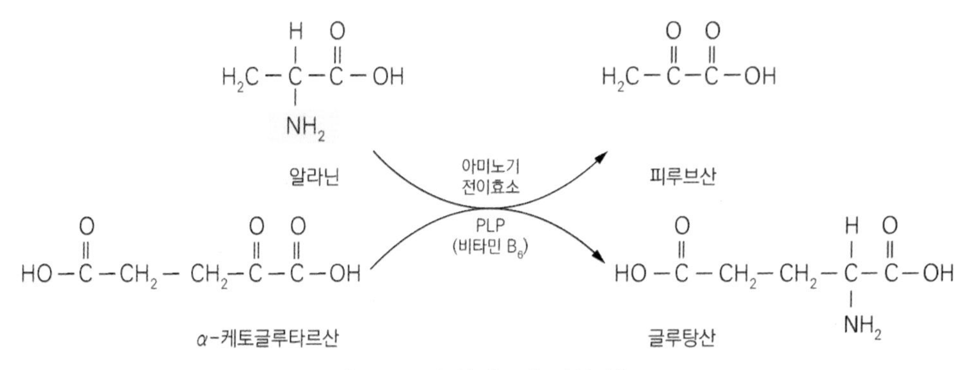

[그림 4.9] 아미노기 전이반응

(3) 아미노산 골격의 분해

각각의 아미노산으로부터 질소가 떨어져 나가는 탈아미노 반응 후에 탄소골격이 남게 되며 남겨진 아미노산의 탄소골격들은 탄수화물이나 지방이 분해되는 경로로 합류하여 대사된다(그림 4.10). 아미노산의 탄소골격이 궁극적으로 대사되는 경로에 따라 포도당 생성 또는 케톤 생성 아미노산으로 분류한다(표 4.7).

〈표 4.7〉 포도당생성 아미노산과 케톤생성 아미노산

분류	아미노산 종류
케톤 생성	류신, 라이신
케톤 생성 및 포도당 생성	이소류신, 페닐알라닌, 티로신, 트립토판
포도당 생성	알라닌, 세린, 글라이신, 시스테인, 아스파르트산, 아스파라진, 글루탐산, 글루타민, 아르기닌, 히스티딘, 발린, 트레오닌, 메티오닌, 프롤린

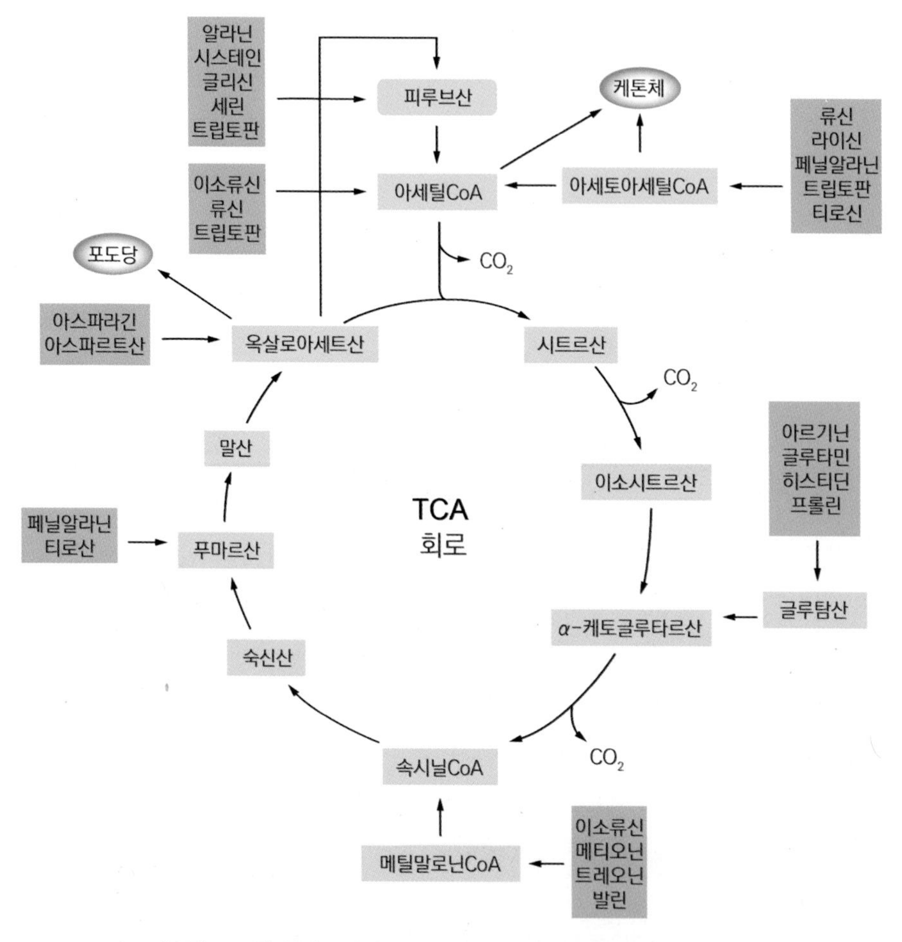

[그림 4.10] 아미노산의 탄소골격이 TCA회로로 들어가는 경로

(4) 요소회로

탈아미노 반응 결과 아미노산으로부터 생성된 세포내의 유독한 암모니아는 혈액을 통해 간으로 운반된 후 간세포에서 이산화탄소와 결합하여 무해한 수용성의 요소로 전환되었다가 신장을 통해 배설된다. 암모니아는 체내에서 뇌를 손상시키는 등의 독성을 지니고 있기 때문에 간에서 이를 제거하기 위한 반응이 일어나게 되는데. 이 반응을 요소회로 또는 오르니틴(ornithine) 회로라 한다(그림 4.11).

아미노기 전이반응과 탈아미노 반응을 통해 생성된 암모니아는 이산화탄소나 탄산등과 결합하여 2ATP를 사용하여 카바모일 인산(carbamoyl phosphate)을 형성한다.

카바모일 인산은 오르니틴과 반응하여 시트룰린(citrulline)을 생성하게 된다. 생성된 시트룰린은 아스파르트산과 반응하여 아르기닌 숙신산을 형성하며 ATP와 Mg^{2+}를 필요로 한다. 이렇게 생성된 아르기닌 숙신산은 아르기닌(arginine)과 푸마르산으로 분해되며 아르기닌은 오르니틴과 요소(urea)로 전환된다.

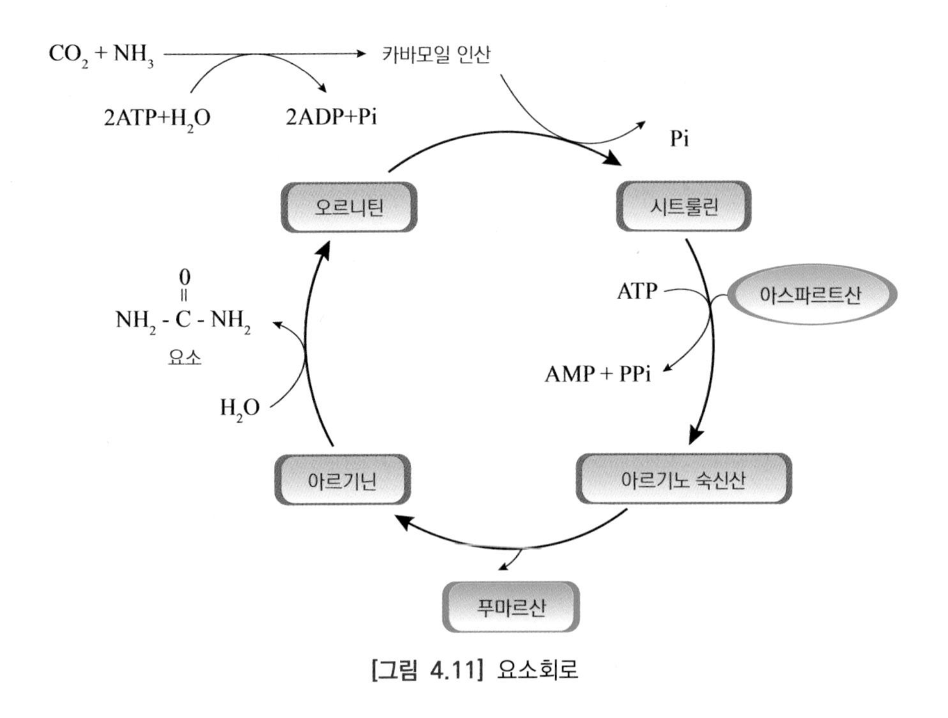

[그림 4.11] 요소회로

고양이는 다른 동물과 달리 요소회로의 중심물질인 오르니틴과 시트룰린을 합성할 수 있는 효소활성이 낮으므로 아르기닌을 따로 공급해주어야 한다.

2 아미노산 풀과 단백질 재생

(1) 아미노산 풀

동물의 조직을 구성하고 있는 단백질은 아미노산으로 분해되면 혈액으로 방출되는데 체조직과 혈액 속에서 발견되는 이러한 이용가능한 아미노산의 총집합체를 아미노산 풀이라고 한다(그림 4.12).

아미노산 풀은 식이로 섭취한 단백질이 소화 흡수된 아미노산, 체조직 단백질의 분해로 생성된 아미노산, 동물 체내에서 합성된 아미노산 등으로 구성된다. 아미노산 풀은 회전율이 빨라서 부족하면 식이 단백질과 체단백질의 분해로 생성된 아미노산으로 채워지며 필요에 따라 단백질 합성에 사용되거나 에너지나 포도당 합성에 이용된다.

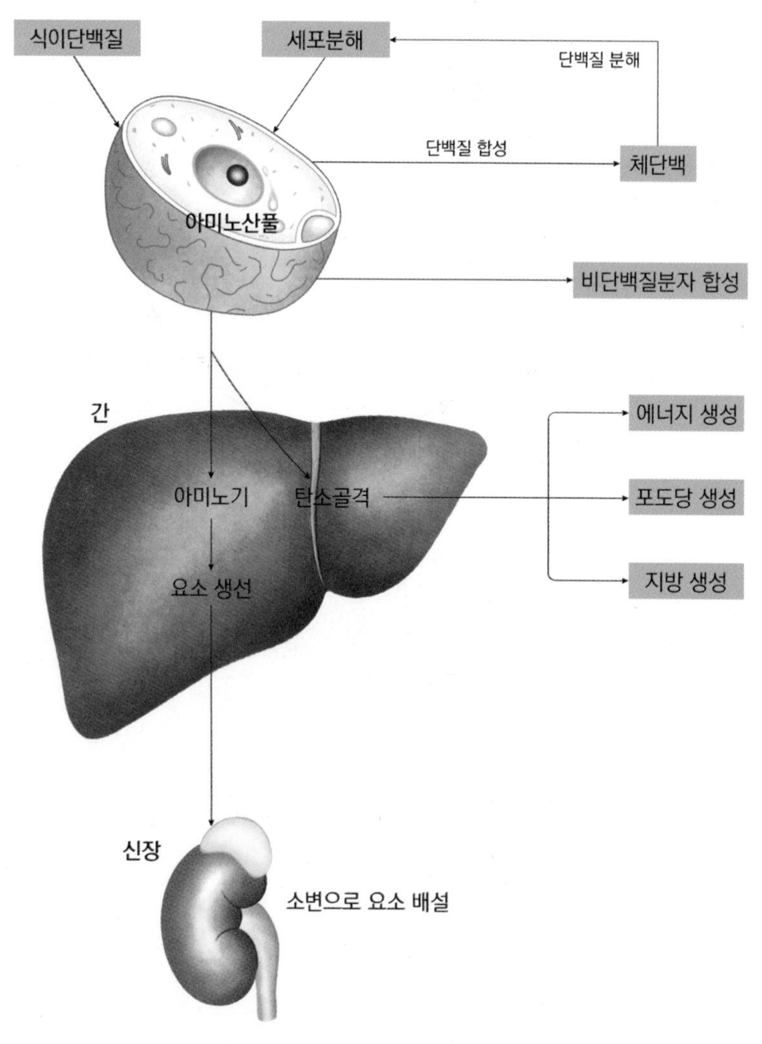

[그림 4.12] 아미노산 풀

(2) 단백질 재생

단백질이 합성되고 분해되는 과정은 매우 복잡하다. 성장이 끝난 동물이라 하더라도 단백질은 계속 분해되고 합성되는 동적평형상태를 유지하게 되는데 새롭게 흡수된 아미노산들은 아미노산 풀(amino acid pool)에 저장된다. 아미노산 풀에 저장된 아미노산은 이후 각각 필요한 곳으로 재분배되어 새로운 단백질을 합성하는 데 사용된다. 이렇게 단백질이 분해되어 아미노산으로 변화되고 이 아미노산이 다시 새로운 단백질 합성에 이용되는 일련의 과정을 단백질의 재생(protein turnover)이라고 한다.

제7절 단백질의 질 평가

단백질의 질은 동물의 체성장과 유지를 위한 단백질의 능력으로 단백질을 구성하고 있는 아미노산의 조성인 양에 따라 결정된다. 양질의 단백질은 필수 아미노산이 충분히 들어있고 소화가 잘되어 체내 아미노산 풀을 최대로 채워줄 수 있으며 체내 단백질 합성 효율이 높은 단백질을 의미한다. 일반적으로 동물성 단백질이 식물성 단백질보다 질이 높다.

단백질의 질을 평가하는 지표로는 생물학적 지표와 화학적 지표가 있다. 생물학적 지표로는 단백질 효율, 생물가, 단백질 실효율 등이 있으며 화학적인 지표로는 화학가 등이 있다.

단백질의 소화율은 단백질원의 종류에 따라 다르게 나타나는데 일반적으로 동물성 단백질이 식물성 단백질보다 소화율이 높다. 또한 영양소의 흡수를 방해하는 화합물 또는 트립신저해제 같은 항영양성 인자가 존재할 경우 소화율이 떨어진다.

제8절 반려동물의 단백질 대사

고양이는 진정 육식성 동물로서 개와 같은 잡식성 동물이 필요하지 않은 영양소를 필요로 한다. 단백질 대사에서 나타나는 고양이의 독특한 물질대사 기전이 있는데 요약하면 다음과 같다.

고양이는 나이아신 합성을 위해 트립토판을 사용할 수 없다. 황 아미노산, 메티오닌, 시스테인으로부터 적절한 양의 타우린을 합성할 수 없으며 질소 보유능력이 낮다. 또한 요소회로에 필요한 시트룰린을 합성할 수 없어 요소생성능력이 떨어진다.

아르기닌은 모든 연령(특히 성장기)에 필수적인 아미노산으로 동물체내에서 다양한 기능을 수행한다. 다른 단백질 합성, 특정호르몬의 방출, 세포복제, 안구 수정체의 보존 등의 기능을 수행하며 요소회로의 중개기능은 매우 중요하다.

아르기닌은 오르니틴과 시트룰린으로 대체될 수 있으며(신장에서 아르기닌으로 전환됨) 개와 고양이 모두 아르기닌 결핍에 민감하지만 고양이가 특히 더 그러한데 결핍 후 8시간이 지나고 나면 고암모니아혈증이 발생한다. 고양이는 오르니틴→시트룰린→아르기닌을 포함한 대사단계에 필요한 효소의 활성이 낮아 이러한 아미노산을 대사적으로 대체할 수 없다. 또한 고양이는 arginase의 활성이 높게 유지되기 때문에 아르기닌의 요구량이 개에 비해 높게 요구된다. 일반적으로 사료 내 아르기닌의 요구량은 나이에 관계없이 2006년 NRC 기준(건조물기준으로 4000kcal ME/kg 식이에서) 조단백질 요구량보다 1g 증가할 때마다 개에서는 0.01g, 고양이에서는 0.02g보충이 추천된다. AAFCO가이드라인에 의하면 아르기닌 권장치는 건조물 기준(unit DM basis) 성견의 경우 0.51%, 성묘의 경우 1.04% 권장한다.

개와 고양이의 필수 아미노산인 아르기닌은 사람에게는 필수적이지 않다. 그러므로 사람의 음식을 개나 고양이에게 급여할 때는 이르기닌 또는 단백질이 들어있는 성분을 충분히 공급해주어야 한다.

√ 리신(lysine)
√ 메티오닌(Methionine)
√ 아르기닌(Arginine)
√ 페닐알라닌(Phenylalanine)
√ 트립토판(Tryptophane)
√ 히스티딘(Histidine)
√ 루이신(Leucine)
√ 이소루이신(Isoleucine)
√ 발린(Valine)
√ 트레오닌(Threonine)

[그림 4.13] 개와 고양이의 필수 아미노산

고양이는 간에서 단백질 섭취부족에 의한 down-regulate(하향조절)을 효과적으로 실행하지 못하므로 단백질 요구량의 60%를 유지(maintenance)를 위해 쓰고 40%를 성장에 사용한다. 그러므로 단백질이 낮은 사료를 먹이는 경우 이에 적응하는 대사능력에 한계가 있기 때문에 고양이의 일일 단백질 최소 요구량을 충족시키는 것은 매우 중요하다. 반면에 개의 경우 단백질 요구량의 33%가 유지(maintenance)를 위해 쓰고 66%가 성장을 위해 쓰인다.

고양이의 사료내 단백질과 아미노산 요구량이 높은 이유는 다음과 같다. 첫째, 단백질이 낮은 사료 급여 시 아미노산의 이화작용, 요소회로, 당 신생에 관여하는 효소 수준에 효과적으로 적응하는 능력이 부족하다. 또한 간효소의 활성이 높아 단백질을 지속적으로 에너지원으로 또는 당생성에 사용한다.

둘째, 질소와 필수 아미노산을 보존하고 유지하는 능력이 부족하며 내인성 요질소의 손실량이 증가한다. 또한 단백질 활용 시 효율이 좋지 않으며 아미노산 간의 길항작용에 대한 민감성이 저하되어 있다.

반려동물에게 타우린은 매우 중요한 물질이다. 타우린은 카아복실기를 대체하는 설폰기를 가지고 있는 베타 아미노산으로 티올기를 가지는 시스테인에서 유래한다. 타우린은 구조적인 특성상 단백질 구조에 포함되지 않으나 유리 아미노산으로써 고등 동물에서 체내지방과 조직의 일부를 형성한다. 고등식물에 함유량이 아주 적으므로 완전한 채식은 타우린의 결핍을 초래할 수 있다.

개는 식이 및 사료 내 황함유 아미노산(예: 메티오닌, 시스테인)으로부터 타우린을 합성할 수 있다. 그러나 사료에 지방함량이 높을 때와 특정 심장질환이 있는 경우 타우린은 심장 기능을 개선하는 효과가 있다는 연구도 있다.

그러나 고양이는 시스테인으로부터 타우린 합성을 위한 두 가지 효소의 활성이 매우 낮기 때문에 고양이에게 타우린은 필수 영양소이다(그림 4.13). 고양이는 시스테인이나 메티오닌을 타우린으로 전환하는 효소의 활성이 낮기 때문에 자체 합성 능력이 부족하다. 타우린은 담즙산과 중화될 때 상당한 양이 소실되며 고양이에서는 담즙산염이 오로지 타우린과 결합한다(그림 4.14). 또한 소장내 미생물총이 타우린을 분해하며 장간 순환 시 손실이 발생하기도 한다.

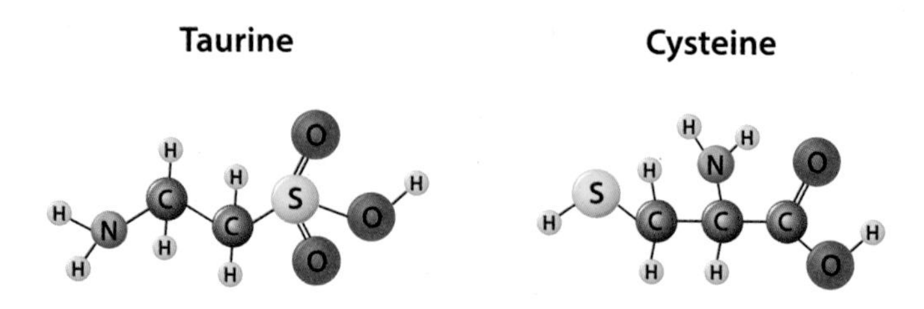

[그림 4.14] 타우린의 구조

동물에서 기능

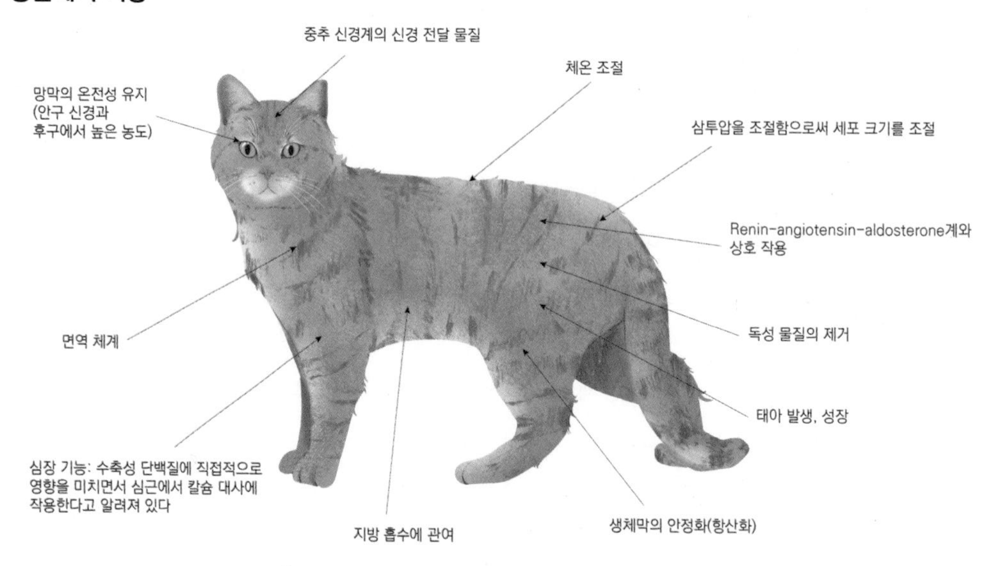

[그림 4.15] 타우린의 동물체내에서의 기능

개와 고양이에게 질이 낮은 단백질을 급여할 경우 영양결핍을 유발할 수 있으며 특히 고양이는 특정 아미노산을 꼭 필요로 하므로 더욱 민감하게 작용하여 결국 사망에 이르게 할 수 있으므로 주의해야 한다(그림 4.15).

CHAPTER

05

비타민 분류 및 대사작용

CHAPTER 05

비타민 분류 및 대사작용

제1절 비타민 정의와 역할

비타민(Vitamin)은 체내에서 필요로 하는 양은 미량이지만 건강유지에는 반드시 필요한 성분이다. 비타민은 동물체내에서 합성이 어렵거나 합성량이 불충분하여 반드시 사료로 섭취해야 하는 영양소이다. 비타민은 체내에서 열량을 생성하지는 않지만 대사작용의 조절 및 정상조직의 발달에 중요한 기능을 한다.

20세기 초반 비타민이 발견됨에 따라 비타민 용어를 명명하게 되었다. 1912년 폴란드 생화학자 풍크(Casimir Funk)에 의해서 비타민은 처음으로 발견되었으며, 발견 초기에는 생명유지에 필수적인(vital) 아민류(amine)의 합성어로 'vitamine'으로 명명하였다. 그러나 모든 비타민이 아민기를 함유하지 않는다는 연구결과가 보고되면서 'vitamin'으로 명명하게 되었다.

비타민 섭취량이 부족하거나 과잉으로 섭취하면 체내 정상적 대사와 기능을 유지하지 못하고 여러 가지 결핍증상이나 과잉증상(중독증세)과 같은 부작용이 나타난다. 이러한 증상들은 적정량의 비타민 섭취를 통하여 그 증상이 방지되거나 개선될 수 있으므로 각각의 비타민에는 적정 요구량이 설정되어 있다. 그러나 비타민 결핍증을 예방하기 위해 반려동물 사료 내 반드시 모든 비타민을 첨가해야 하는 것은 아니다. 실질적으로 비타민 종류 중 몇 가지는 반려동물의 체내에서 비타민 합성이 가능하므로 종종 반려동물이 필요로 하는 요구량 이상으로 충족시킬 수 있는 경우도 있다. 그 예로, 반려동물의 경우에는 체내에서 비타민 C 합성으로 비타민 C 결핍증세가 드물다. 반면에 인간을 포함한 영장류와 기니피그(guinea pig)의 경우에는 체내에서 비타민 C 합성이 불가능하기 때문에 외부에서 공급되지 않을 경우 괴혈병 등의 비타민 C 결핍이 나타날 수 있다.

비타민은 일반적으로 용해성에 따라 지용성 비타민과 수용성 비타민으로 분류한다. 지용성 비타민은 물에 용해되지 않고 지방에 의해 녹는 비타민으로 비타민 A, D, E, K가 해당된다(표 5.1). 지용성 비타민은 간과 체지방 조직에 오랜 기간 동안 축적될 수 있기 때문에 과량의 지용성 비타민 섭취는 독성으로 작용할 수 있으며 부작용이 나타날 수 있다. 지용성 비타민의 소화 흡수는 간에서 생성된 담즙에 의해서 지방이 소화될 때 함께 이루어지기 때문에 지방소화 및 흡수계통에 이상이 발생할 경우 지용성 비타민 결핍 증상이 일어날 수 있다.

수용성 비타민은 물에 의해 용해되는 비타민으로 비타민 B군과 C가 해당된다. 수용성 비타민은 체내에 저장되지 않으며 과량의 수용성 비타민 섭취는 체내에 축적되지 않고 소변을 통해 배출된다. 체내에서 수용성 비타민은 여러 가지 효소작용을 촉매(catalysts)하는 조효소(coenzyme)로 작용하여 생체 생화학 반응의 대사 조절 기능에 주로 관여한다. 수용성 비타민은 사료 저장 및 가공 중에 비교적 분해되기 쉽고 손실되므로 사료 저장 및 가공 시 주의가 필요하다.

〈표 5.1〉 비타민의 분류

종류	이름	
지용성 비타민	비타민 A(retinol)	비타민 D(cholecalciferol)
	비타민 E(tocopherol)	비타민 K(phyloquinone)
수용성 비타민	비타민 B_1(thiamine)	비타민 B_2(riboflavin)
	비타민 B_3 나이아신(niacin)	바이오틴 B_7(biotin)
	비타민 B_5 판토텐산(pantothenic acid)	비타민 B_6(phyridoxine)
	비타민 C(ascorbic acid)	비타민 B_{12}(cyanocobalamin)
	엽산 B_9(folic acid)	콜린(choline)

제2절 지용성 비타민

지용성 비타민은 체내에서 이용되는 과정에서 소화, 흡수 및 대사 과정이 지방의 경로와 동일하며 일반적으로 지방과 함께 흡수되므로 지방 흡수가 원활해야 지용성 비타민의 흡수도 원활히 이루어질 수 있다. 따라서 소장의 흡수 능력뿐만 아니라 지방의 소화도 지용성 비타민의 흡수에 영향을 미친다. 일단 흡수된 지용성 비타민은 지질 흡수 기전에 의해 흡수되는데 담즙산염과 결합하여 미셀을 형성하여 소장점막 세포 내로 이동한 후 유미입자를 형성하여 림프관을 통해 순환 혈액 내로 유리된다.

1 비타민 A(Retinol)

비타민 A는 동물의 시력, 뼈 성장, 생식 세포 분화 및 면역력 기능 유지에 관여하는 필수 지용성 비타민이다. 비타민 A는 1915년에 성장인자(growth factor) 중의 하나

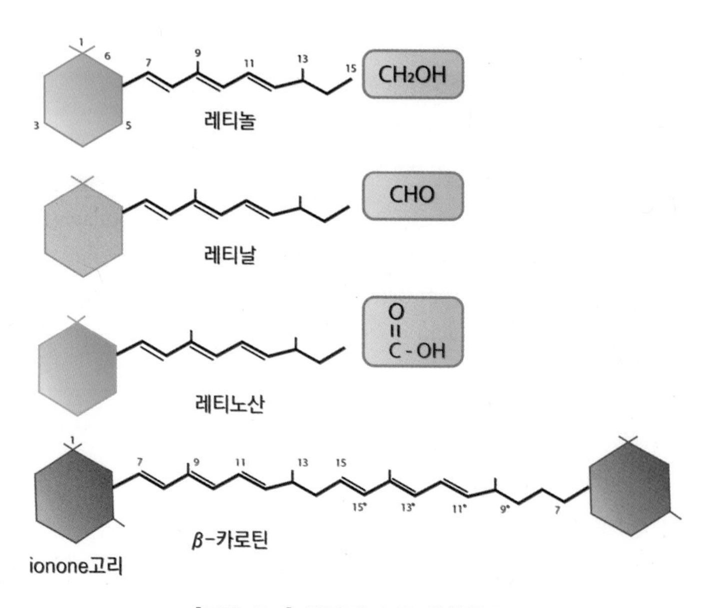

[그림 5.1] 비타민 A의 화학구조

로 처음 분류되었고, 1930년에 그 구조가 밝혀졌다(그림 5.1). 비타민 A는 β-이오논(β-ionone)을 가지고 있는 화학적 혼합물을 총칭하는 것으로, 활성형 비타민 A인 레티노이드(retinoid)와 비타민 A 전구체인 카로티노이드(carotenoid)으로 존재한다. 레티노이드는 체내에서 레티놀(retinol), 레티날(retinal) 및 레티노산(retinoic acid) 등과 같이 세 가지 형태로 존재한다(그림 5.1).

레티놀은 세포 내에서 산화단계를 거쳐 레티날과 레티노산으로 전환되어 생리활성을 갖는다. 레티놀은 산화단계를 거쳐 레티날, 즉 레틴알데하이드(retinaldehyde) 형태로 전환되며, 레티날은 시력 및 번식과 관련된 기능을 한다. 그 다음 단계로 레티날의 산화단계가 일어나면 레티노산으로 전환되며, 레티노산은 세포 분화 기능을 돕는다(그림 5.2).

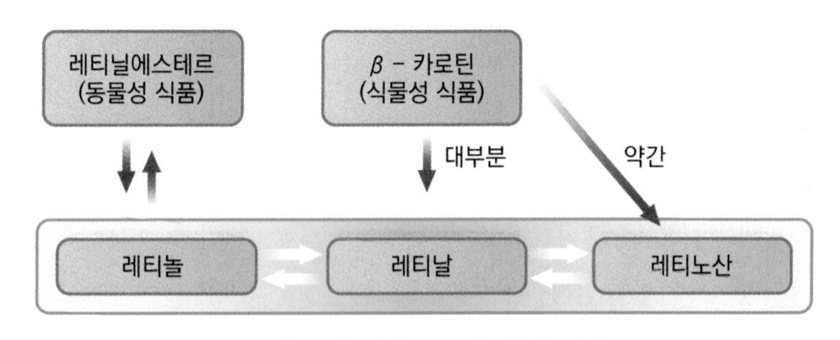

[그림 5.2] 비타민 A의 형태 전환

레티날(retinal)은 어두운 곳에서도 볼 수 있는 광수용기(photoreceptor)의 역할을 하는 단백질인 로돕신(rhodopsin)의 합성을 돕는다. 어두운 곳에서 레티놀(retinol)은 레틴알데하이드(retinaldehyde), 즉 레티날(retinal)으로 전환하여 옵신(opsin)과 결합하고 로돕신(rhodopsin)을 합성함으로써 사물을 구별할 수 있게 된다. 반면에, 밝은 빛에 의해서는 로돕신(rhodopsin)은 다시 cis-레티날(retinal)과 옵신으로 분리가 되고 cis-레티날(retinal)은 trans-레티날(retinal)으로 전환된다. Trans형의 레티놀이나 레틴알데하이드는 로돕신 합성을 위해 cis형으로 전환되는데 이러한 전환반응은 주로 어두운 환경에서 일어나는 것으로 알려져 있다(그림 5.3).

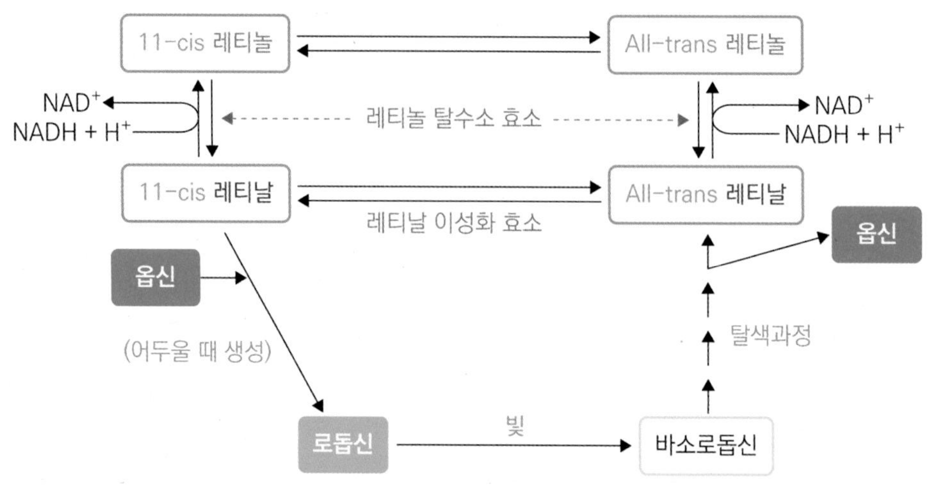

[그림 5.3] 비타민 A와 시력과의 관계

이 밖에도 비타민 A는 세포 수준에서 호르몬이 정상적으로 기능할 수 있도록 도와주며, 세포 내의 여러 효소작용에 영향을 미쳐 미성숙한 세포를 특정 기능을 가진 정상적인 세포 증식 및 분화에 필수적인 역할을 한다. 비타민 A는 병원성 미생물로부터 인체를 방어하는 호흡기 내막, 장 내막 조직의 보호 유지에도 관여하므로 면역 기능 유지에 중요한 영양소이다.

(1) 흡수 및 저장

흡수되기 전의 비타민 A는 사료 내 지방의 분해산물과 함께 미셀(micelle)을 형성하여 흡수된다. 흡수 후 소장 점막세포에서 대부분의 활성형 비타민 A는 레티닐에스테르(지방산과 레티놀의 에스테르 결합)형태로 지단백질(chylomicron)을 형성하여 림프관을 통해 체내로 운반된다. 이후 흉관을 거쳐 정맥, 간문맥을 따라 간으로 운반되어 대사되거나 저장된다.

개는 사람이나 설치류와 같은 육식성이 아닌 종들과는 달리 비타민 A가 결핍된 상태에서 주로 레티닐에스터의 형태로 혈장에서 비타민 A를 운반한다. 인간을 대상으로 실시한 실험에서 레티닐에스터는 비타민 A가 풍부한 식사 후 또는 섭취했을 때 혈장에서만 검출된다. 개 혈청에서 발견되는 레티놀의 농도는 식이 비타민 A 섭취에 영향을 받지 않는 반면, 혈청 레티닐 에스터의 농도는 식이 비타민 A의 농도와 유사한 것으로 나타났다. 개에서 여분의 비타민 A는 신장뿐만 아니라 간성 세포 내에 포함된 지질에 에스테르화된 형태로 저장된다. 비타민 A 수송의 특이한 메커니즘 외에도 개는 사람과 달리 레티놀과 레티닐 에스터로서 소변에 비타민 A를 배설한다.

고양이의 경우는 다른 동물의 비해 신장에 비타민 A 함량이 10배 높게 저장되어 있으며, 간에 저장된 비타민 A 수준은 섭취한 사료상태에 따라 밀접한 관련이 있다.

(2) 결핍증

비타민 A의 대표적 결핍증세는 야맹증이다. 그 밖에도 세포분화 과정에서 기관분화가 제대로 일어나지 않아 기형 또는 사산이 일어날 수 있다. 항체 생성량 감소와 세포 수준의 면역 과정에도 문제가 발생되며 성장 정체, 폐사 발생, 심한 설사, 식욕감소, 기생충에 대한 저항성 감소, 번식력 저하 등이 나타난다.

개와 달리 고양이는 β-카로틴을 비타민 A로 분해하는 데 필요한 디옥시게나제(dioxygenase) 효소가 부족하여 비타민 A 공급이 부족하면 결핍증세가 유발된다. 따라서 고양이는 비타민 A 공급원으로 동물성 지방 특히 내장고기와 같은 공급원이 필요하다.

(3) 과잉증

비타민 A는 결핍되기까지 상당한 시간이 소요되며 결핍보다는 과잉이나 독성의 우려가 더 많은 영양소이다. 동물의 경우 요구량의 4~10배 이상 비타민 A를 섭취할 경우 과잉증이 발생할 수 있으며, 대표적인 비타민 A 과잉 섭취 증상으로는 구토, 두통과 같은 급성독성증세나 골격 기형(skeletal malformation), 자연 골절(spontaneous fracture) 및 내출혈(internal bleeding) 증세가 나타난다.

(4) 공급원

비타민 A가 풍부하게 들어있는 공급원으로는 생선의 간유, 생선, 어유, 버터, 치즈, 난황 등이며 당근, 시금치, 호박, 고구마와 같은 녹황색 식물에 많이 함유되어 있는 것으로 알려져 있다.

2 비타민 D(Calciferol)

비타민 D는 스테로이드 유도체로서 비타민 D의 활성을 가진 화합물의 총칭으로, 그 중 동물성 급원식품에 포함된 비타민 D_3(콜레칼시페롤, cholecalciferol)와 식물성 급원식품에 함유된 비타민 D_2(에르고칼시페롤, ergocalciferol)가 대표적인 형태이다. 콜레칼시페롤의 공급원으로는 대부분 간과 기름진 생선이며 기름진 생선으로는 고등어, 정어리 및 연어 등으로 콜레칼시페롤의 전구체인 콜레스테롤(cholesterol) 형태로 존재한다. 반면, 에르고칼시페롤의 공급원은 제한적이어서 효모나 버섯 등에 전구체인 에르고스테롤(ergosterol) 형태로 존재한다.

포유동물의 경우 체내 콜레스테롤은 7－디히드로콜레스테롤(7－dehydrocholesterol, 25(OH)－Vit.D, calcidiol)로 전환되며, 이는 비타민 D의 가장 안정적인 대사산물 중 일종으로 피하지방조직에 저장된다. 피부가 햇볕에 노출되어 자외선을 쪼이면 비타민 D_3 전구체인 7－디히드로콜레스테롤의 고리구조 일부가 변화하여 불활성형 비타민 D를 형성한다. 일반적으로 동물의 피부세포는 자외선 조사에 의해 비타민 D를 합성할 수 있으므로 햇볕을 충분히 쪼이는 경우는 비타민 D를 따로 섭취하지 않아도 체내 비타민 D 요구량의 상당량을 얻을 수 있다. 그러므로 자외선 노출이 부족한 경우에는 체내 비타민 D 합성이 불충분하므로 반드시 사료를 통해 비타민 D를 섭취하는 것이 바람직하다.

한편 개와 고양이의 경우에는 간에서 25－hydroxylase가 부족하여 피부를 햇빛에 쪼여도 콜레스테롤으로부터 비타민 D 합성이 어려우므로, 사료 내에 비타민 D를 충분히 공급해야 한다.

(1) 생리적 기능

사료로 섭취한 비타민 D는 약 80%가 소장에서 미셀 형태로 식이지방과 함께 흡수되고, 지단백질인 킬로미크론 형태로 림프계 순환을 통해 간으로 운반된다. 간에서 콜레스테롤 25번 탄소에 수산기가 첨가된 칼시디올(calcidiol, (25－OH－Vt.D)) 상태로 전환된 후 혈액을 순환한다. 체내 칼슘의 항상성을 유지하기 위해 활성형 비타민 D가 필요한 경우 신장에서 수산기를 추가로 첨가하여 칼시트리올(calcitriol, 1,25－$(OH)_2$－Vt.D)을 형성한다. 칼시트리올(calcitriol)은 활성형 비타민 D로서 혈액내 칼슘의 수준을 정상 범위 내에 있도록 유지시켜 주는 역할을 한다. 혈중 칼슘농도 저하는 불활성형 비타민 D를 활성형으로 전환하는 중요한 조절 요인이 된다(그림 5.4).

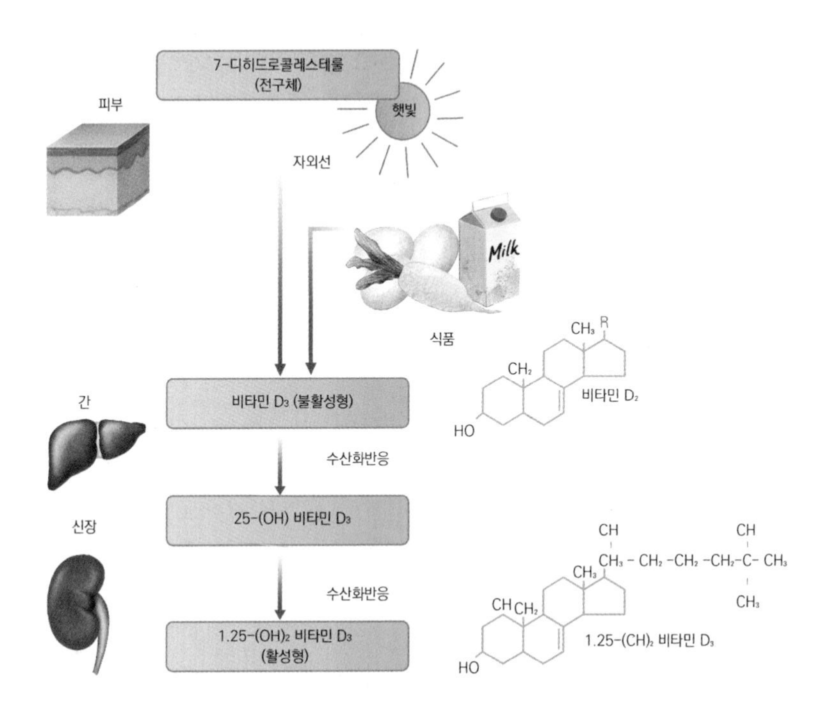

[그림 5.4] 활성형 비타민 D의 형성

① 혈중 칼슘 항상성 조절

비타민 D는 부갑성호르몬과 더불어 혈중 칼슘농도를 일정하게 유지하도록 돕는다. 혈중 칼슘농도가 감소하면 부갑상선호르몬(parathyroid hormone, PTH)이 분비되어 신장에서 활성형비타민 D(calcitriol; 1,25-$(OH)_2$-Vitamin D) 형성을 촉진하게 된다(그림 5.5). 활성형 비타민 D(칼시트리올)은 소장, 신장, 그리고 뼈에 작용하여 혈중 칼슘이 높아지도록 한다. 이 밖에도 칼시트리올(calcitriol; 1,25-$(OH)_2$-Vitamin D)은 칼슘 섭취와 상관없이 소장 내의 인(P)의 흡수를 돕는 것으로 알려져 있다. 소장에서는 칼슘 결합단백질과 함께 칼슘 흡수에 필요한 단백질 합성을 촉진하고 신장에서는 칼슘의 배설을 억제하고 뼈에서의 칼슘의 방출을 촉진시켜 혈액 내 칼슘농도를 증가시킨다. 반면에, 혈중 칼슘농도가 지나치게 높아지게 되면 갑상선에서 분비되는 칼시토닌(calcitonin)이 부갑상선호르몬 분비를 억제하여 활성형 비타민 D의 형성을 방해하는 길항작용을 한다.

② 세포분화, 증식 및 성장 조절

비타민 D는 미성숙세포가 증식하고 분화의 조절에 관여한다. 세포핵의 유전물질을 자극하여 세포가 분화하도록 돕는다. 특히 유방암, 결장암, 전립선암 등에서 세포주기 조절에 관여하여 암 예방효과를 나타내며 호르몬(프로락틴, 칼시토닌)의 합성, 인슐린 분비 등에도 관여한다.

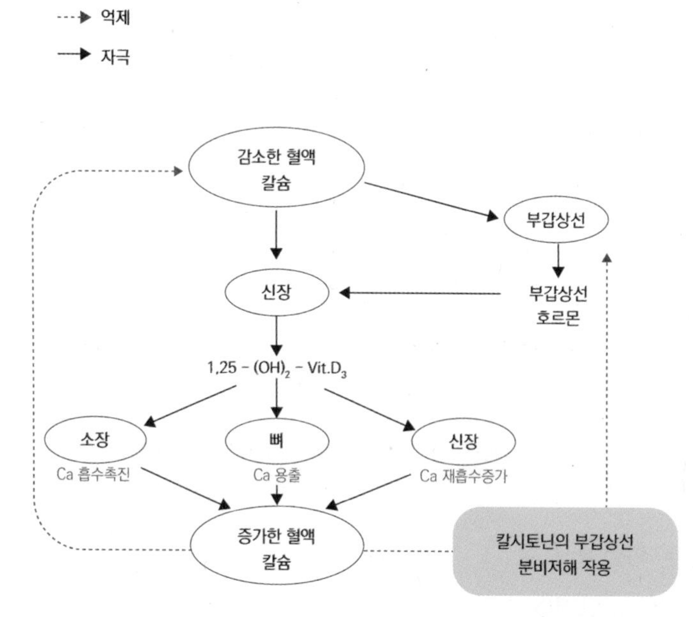

[그림 5.5] 활성형 비타민 D와 혈중 칼슘 항상성 조절

(2) 흡수 및 저장

사료 중 비타민 D는 약 80%가 흡수되며 소장의 공장과 회장에서 흡수된다. 소장 점막으로부터 흡수된 비타민 D는 중성지질이나 콜레스테롤처럼 카일로미크론의 형태로 림프계를 통해 간으로 이동된다. 피부에서 합성된 비타민 D도 간으로 수송한다. 간에서 비타민 D는 calcidiol(25－OH－Vt.D)로 전환되어 순환계로 들어가는데 혈장의 calcidiol 수준은 간 저장량에 비례한다. 혈중 칼시디올은 신장에서 부갑상선 호르몬의 자극에 의해서 활성형태인 칼시트리올(calcitriol; 1,25－$(OH)_2$－Vitamin D)로 전환된다. 활성화된 비타민 D는 체내에서 이용된 후 대부분 담즙 형태로 배설되고 나머지는 소변을 통해 배설된다.

(3) 결핍증

비타민 D는 칼슘과 인 대사를 조절하므로 결핍 시 뼈 형성과 관련하여 부작용이 주로 일어난다. 대표적인 결핍 증세는 어린 동물의 경우는 구루병(rickets)을 유발하는 것으로 알려져 있고, 일령이 높을 경우에는 골연증(osteomalacia)이 발생하며, 증상이 심한 경우에 경직(tetany) 증세를 동반하는 것으로 보고되고 있다. 구루병의 경우는 뼈의 석회화가 충분하지 못해 뼈가 약해지고 구부러지게 되므로 성장에 문제가 발생하고 골반기형 등이 나타난다. 일반적으로 이러한 결핍증은 조직 내의 비타민 D 저장 능력 때문에 생후 4~6개월 이상 결핍상태가 지속되어야 증세가 명확히 나타난다. Hazewinkel 등(1987)의 연구결과에 의하면, 강아지들에게 비타민 D를 보충하지 않는 사료를 제공하였을 경우, 강아지들에게 구루병이 발생되었으며, 이는 자외선 조사에 노출되어도 예방되지 않았다. 골연화증은 뼈의 석회화 감소로 인하여 뼈의 총량은 정상이나 뼈 조성이 비정상적인 경우 일어난다.

또한, Wakshlag 등(2011) 연구에 의하면, 건강한 래브라도 리트리버와 비만 세포 종양이 있는 개에서 비타민 D 섭취량과 혈청 칼시디올 농도를 측정했으며, 비만 세포 종양이 있는 개는 혈청 칼시디올 농도가 상당히 감소했다고 보고했다.

(4) 과잉증

햇빛에 의해 체내에서 합성되는 비타민 D는 비타민 A에 비해 체내 저장 정도가 낮은 편이다. 비타민 D 과잉증은 혈중 칼슘농도 과잉을 초래하고 결과적으로 혈관이나 신장조직에 칼슘 축적, 고칼슘혈증, 고칼슘뇨증, 심장혈관손상, 구토, 허약, 관절통이 나타나며 사망에 이를 수 있다. 또한 연조직에 칼슘 축적으로 석회화작용(calcification)을 유발하며, 동물의 관절, 신장, 심근(myocardium), 폐포(pulmonary alveoli), 부갑상샘, 췌장, 림프샘 및 각막 등의 여러 기관에서 나타나는 것으로 보고되고 있다.

(5) 공급원

동물성 원료 중에는 난황, 우유 및 어간유가 비타민 D의 좋은 공급원으로 알려져 있으며, 식물성 원료인 곡류나 기타 종실 및 이와 관련된 부산물에는 비타민 D 함량이 매우 낮아서 특별히 공급원으로 사용하지 않고 있다.

NRC, AAFCO 및 FEDIAF는 건강 유지에 필요한 비타민 D의 식이 수준에 대한 영양 지침을 개발했다. NRC(2006년)와 AAFCO(2014년)에서는 비타민 D의 최소 적절한 섭취량, 최소 권장 허용량 및 안전 상한량을 정하였으며 최소 적정 섭취량은 정제된 식단을 섭취하는 동물에 필요한 양을 반영하는 반면, 최소 권장 허용량은 일반적인 상업적 반려동물 사료를 섭취하는 동물에 필요한 양을 반영하여 사료를 제조하였다(NRC, 2006, AAFCO, 2014).

3 비타민 E(Tocopherol)

비타민 E는 동물의 생식에 중요한 영양소로서 알려져 있으며, 토코페롤(tocopherol: α, β, γ, d) 4종류와 토코트리놀(tocotrienol: α, β, γ, d) 4종류의 총 8개 이성질체로 존재한다. 이 중 α-토코페롤이 체내에서 가장 큰 활성을 갖는 형태로 혈액과 조직에서 가장 많은 형태로 존재한다. 최근에 비타민 E의 항산화 기능이 알려지면서 항산화제 기능으로도 더욱 강조되고 있다.

(1) 생리적 기능

비타민 E는 세포 산화가 일어나면서 생성되는 자유라디칼(free radical: 유리기)에 의한 과산화과정을 중지시킬 수 있는 항상화제(antioxidant) 역할을 한다. 세포 산화과정 중에 생성된 자유라디칼은 세포막 내 불포화지방산과 반응하여 세포막의 구조를 연쇄적으로 손상시킨다. 이런 반응이 일어나는 과정에서 비타민 E는 자유라디칼의 연쇄반응을 중지하기 위해 수소이온을 제공함으로써 세포 구조의 붕괴를 막아주는 항산화 역할을 한다(그림 5.6).

그 외에도 비타민 E는 외부의 병원체에 대항하는 세포성 면역과 체액성 면역 반응에 상승 효과를 일으켜 동물의 면역력을 증가시키는 것으로 보고되었다. 또한, 비타민 E는 항산화 작용을 통해 폐, 심장, 뇌, 그 밖의 조직기관을 구성하는 세포막 유지에 중요한 기능을 하고 오염물질이나 산화물질로부터 손상을 낮출 수 있는 영양소로 여겨지고 있다.

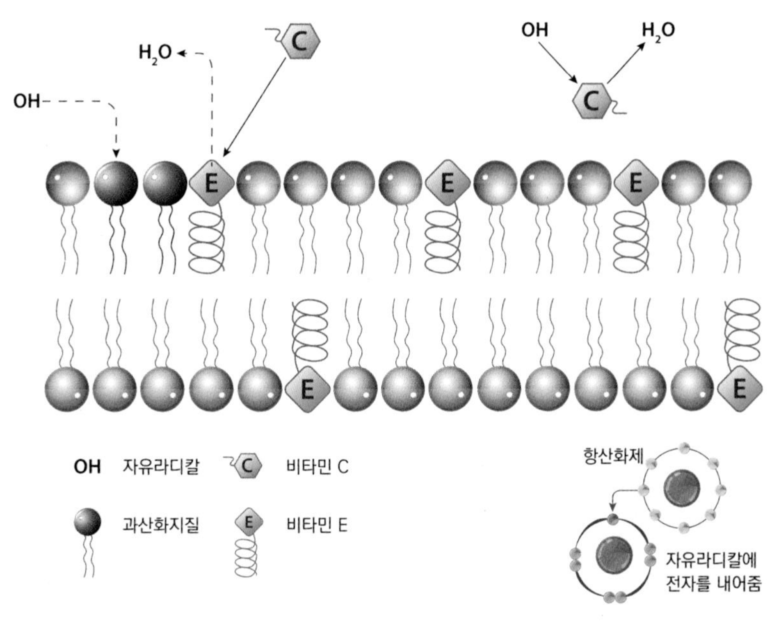

[그림 5.6] 비타민 E의 항산화반응

(2) 흡수 및 저장

비타민 E는 다른 지용성 비타민처럼 지방과 함께 흡수되며 담즙과 췌장효소의 도움으로 소장에서 미셀(micelle)을 형성한다. 흡수된 이후에는 킬로미크론을 구성하여 림프계를 통해 간으로 이동된다. 간으로 운반된 비타민 E는 체내 순환계에서 지단백질에 의해 필요한 조직으로 운반되는데, 다른 지용성 비타민과는 다르게 비타민 E는 혈중에 특별한 운반단백질을 갖지 않은 상태에서 이동된다. 비타민 E는 지방조직, 세포막 구성을 위해 체조직 전체에 고루 분포하며 인지질로 구성된 세포막에는 다량 포함되어 존재한다. 산화된 비타민 E는 담즙을 통해 분비되어 대변으로 배설되고 소량이 소변으로 배설된다.

(3) 결핍증

비타민 E는 심장질환 등 만성질환의 예방, 운동 수행력 향상, 성기능 향상, 노화예방 등 여러 가지 효능을 위해 활용되어 왔으며 비타민 E 효과에 대한 연구는 현재까지도 활발히 진행되고 있다. 세포막에 비타민 E가 없거나 부족하면 자유라디칼이 쉽게 세포막 구조에 통과하여 세포는 쉽게 산화적 손상을 받아 세포사멸과 종양 발생이 유도된다. 비타민 E 작용에 중요한 보조인자 광물질은 셀레늄이며, 비타민 E 결핍 여부는 셀레늄(Se) 적정 섭취량과 체내의 산화적 조건에 따라 크게 영향을 받는다.

(4) 과잉증 및 공급원

비타민 E는 다른 지용성 비타민에 비해 상대적으로 독성이 없는 편이나, 고용량의 비타민 E를 섭취할 경우 독성이 나타날 수 있다. 비타민 E 보충제 섭취에 따른 과잉증세로는 혈액응고 지연을 유발할 수 있으며, 과다출혈 현상이 보고된 바 있다.

개와 고양이의 비타민 요구량은 돼지나 쥐의 비타민 요구량과 거의 다르지 않다. 개와 고양이의 비타민 E 요구량은 정상적인 식이 환경에서 다른 동물의 요구량과 크게 다르지 않지만 높은 수준의 어유 또는 어유를 함유한 상업용 사료 섭취 시에는 지방염, 근육 소모, 정자 손상을 예방하기 위해 체내 요구량에 비해 높은 수준의 비타민 E 공급이 필요하다. 따라서 고도불포화지방산(polyunsaturated fatty acid)의 과도한 섭취는 개와 고양이의 비타민 E 요구량 증가가 필요하다.

비타민 E는 식물성 유지에 함유되어 있고, 곡물 배아나 난황, 종실류에도 풍부하다. 곡물이나 대부분의 종유(oil seed)에는 알파－토코페롤(α－tocopherol) 함량이 상대적으로 낮은 반면에 밀 배아유(wheat germ oil)의 경우에는 α－토코페롤이 많이 함유되어 있다. 그러나, 동물성 유지류에는 비타민 E가 풍부하게 함유되어 있지 않다. 새싹이나 콩과 식물 내 비타민 E가 풍부히 함유되어 있기 때문에 방목해서 동물을 사육할 경우에는 특별히 비타민 E를 사료 내에 공급하지 않아도 된다.

4 비타민 K(Phylloquinone)

비타민 K는 독일어로 혈액응고(koagulation)라는 단어의 첫 자에서 유래하였으며, 황색 결정형 물질로서 퀴논(quinone)을 함유하고 있는 물질을 총칭한다. 3개의 유사체(analogue)가 존재하는데 비타민 K_1(phylloquinone)은 자연계의 녹색잎채소와 조류(algae)에 풍부하고, K_2(menaquinone)는 장내 세균에 의해 합성되고 주로 생선기름과 동물성 식품에 풍부하며, K_3(menadione)는 유기적으로 합성된 비타민으로 동물체에서 이용성이 가장 높은 비타민 K이다.

(1) 생리적 기능

비타민 K는 간에서 합성되는 혈액응고인자에 필수적인 비타민으로 혈액응고작용에 중요한 비타민이다. 특히 감마－카르복시글루탐산(γ－carboxyglutamic aid) 합성을 통해 프로트롬빈 형성을 돕는다. 프로트롬빈은 칼슘과 결합하여 트롬빈으로 전환되고 수용성 혈장단백질 피브리노겐을 불용성 피브린으로 전환시켜 혈액응고에 관여한다(그림 5.7).

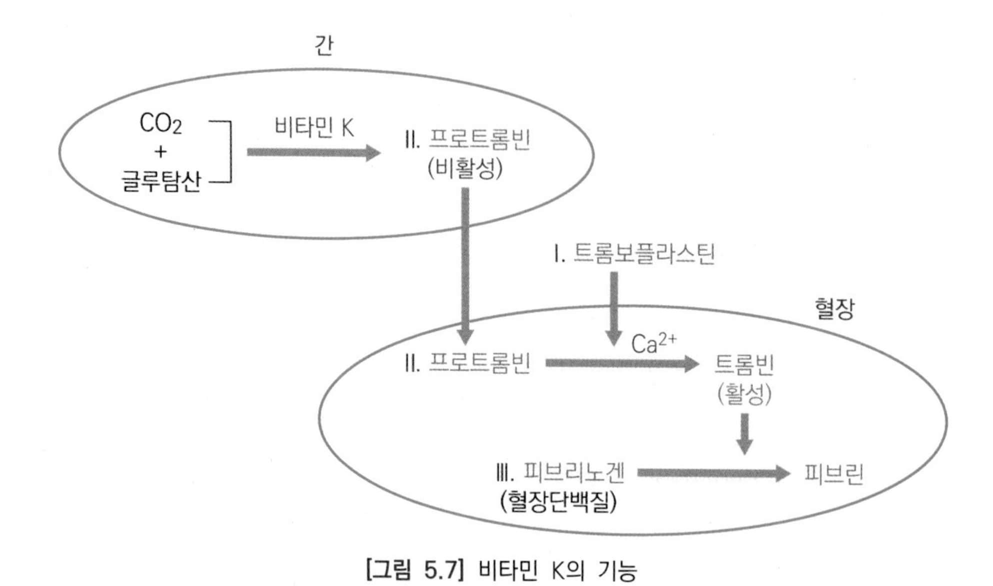

[그림 5.7] 비타민 K의 기능

(2) 흡수 및 저장

비타민 K의 체내 요구량 중 일부는 장내 미생물에 의해 비타민 K_2(menaquinone)으로 합성되어 흡수 제공되며 비타민K_1(phylloquinone)과 비타민 K_3(menadione)는 사료를 통한 섭취가 필요하다. 비타민K_1(phylloquinone)은 소장 상부에서 주로 흡수되고 결장에서 제한적으로 흡수된다. 나머지 비타민 K는 소장하부와 일부는 대장에서 흡수된다. 장 내에서의 비타민 K 섭취한 지방의 양, 형태, 췌장효소의 활성 및 담즙 작용 등과 같은 요소에 의해 영향을 받는다.

비타민 K 유도체는 림프계를 통해 흡수된 후에 유미입자(chylomicron)의 형태로 간으로 이송된다. 비타민 K의 흡수와 수송은 체내 지질대사와 밀접한 관련이 있으며 대부분의 체내 비타민 K는 지단백질에 의해 체내 필요조직으로 이동되어 대사된다.

(3) 결핍증

비타민 K는 체내 장 내 미생물에 의해 합성되므로, 대부분의 동물에서는 결핍증이 거의 드물다. 그러나 간 기능이 저하되면 비타민 K 흡수도 저하되고 혈액응고인자 합성도 되지 못하여 출혈현상이 발생된다. 설치류와 같은 자기분식성(coprophagy) 동물은 대장에서 합성된 비타민 K가 분과 함께 체외로 배출되면 자기 분을 다시 섭취하므로 비타민 K 결핍증이 유발되지 않는다.

비타민 K 결핍증은 일반적으로 혈액응고시간 지연, 프로트롬빈(prothrombin) 함량 감소 및 출혈을 들 수 있으며, 악화될 경우 출혈이 동반될 수 있다. 설파퀴녹살린(sulfaquinoxaline)과 같은 항미생물제 물질이 항비타민 K 작용을 일으켜서 비타민 K 요구량을 증가하게 되므로 결핍증을 발생할 수 있다는 보고가 있어 관련된 첨가제의 사용에 주의해야 한다.

고양이와 개에서 사료 내 쿠마린(coumarin) 물질 첨가를 제외하고는 비타민 K 결핍증은 유발되기 어렵다. Strieker 연구(1987)에 의하면 높은 수준의 항균제를 투여한 어린 고양이에게 장기간 동안 매우 낮은 수준의 비타민 K 함유 사료를 공급하여도 비타민 K 결핍증은 유발되지 않았다고 보고하였다.

(4) 과잉증 및 공급원

비타민 K의 과잉공급에 의한 이상증상은 개와 고양이에서는 거의 나타나지 않는다. 비타민 K_1의 공급원으로는 녹색잎 식물인 시금치, 브로콜리, 양배추와 알팔파 등이 있으며 상대적으로 고기, 유제품, 곡류에는 함량이 낮다. 반면에 유제품에 포함된 비타민 K_1의 이용성은 녹색식물에 포함된 비타민 K_1에 비해 생체효능이 크다. 비타민 K_2는 주로 장내 세균에 의하여 생성되기 때문에 자기분식성(coprophagy)을 가진 동물에서만 효과를 얻을 수 있다. 합성물질인 비타민 K_3는 비타민 K_1과 비타민K_2에 비하여 생체 효능이 높으며 흡수 후 체내에서 K_2으로 전환된다.

제3절 수용성 비타민

지용성 비타민과 달리 물에 잘 녹는 성질을 가진 비타민을 수용성 비타민이라 하며, 티아민, 리보플라빈, 피리독신 등의 비타민 B군, 콜린, 비타민 C 등 총 열 가지가 여기에 속한다. 수용성 비타민의 생체 내 기능은 3대 영양소인 탄수화물, 지방, 단백질의 에너지 대사과정에 도움을 주는 조효소로서, 비타민에 따라 동물의 성장, 번식, 골격형성 등 다양한 생리현상을 조절하는 기능에 관여한다. 수용성 비타민은 섭취 시에 필요한 만큼 체내에서 사용되고 나머지는 체내에 저장되지 않고 소변을 통해 체외로 배출되기 때문에 과잉 섭취에 대한 위험이 거의 없다. 반면에, 수용성 비타민은 체내에서 저장이 되지 않으므로 정상적으로 공급되지 않으면 결핍증세가 유발될 수 있다. 앞서 설명한 것과 같이, 수용성 비타민은 물에 쉽게 녹고 열과 알칼리, 산화작용 등 외부 환경조건에 의하여 쉽게 파괴되기 때문에, 사료의 가공방법과 보관상태에 따라 손실이 발생할 수 있으므로 사료 배합 시 특별히 주의해야 한다.

개와 고양이의 수용성 비타민 요구량은 생애주기별 에너지 섭취에 따라 달라지는데, 대부분의 상업용 사료는 수용성 비타민이 충분히 첨가되어 있으므로 문제가 생기는 경우는 드물다. 특히, 비타민 C의 경우 간에서 합성되기 때문에 추가적인 공급이 필수적이지는 않다. 다만, 특수한 상황이나 질병으로 인하여 수용성 비타민의 합성이나 섭취가 저하되거나 배출이 증가되는 경우는 정상적인 생리작용을 유지하기 위해 적정 요구량에 맞춰 특정 비타민을 추가 공급하여 주는 것이 좋다.

1 비타민 B_1(티아민)

티아민(thiamine, 비타민 B_1)은 19세기 이전에 도정된 쌀(백미)을 주식으로 먹은 아시아 국가 사람에게 많이 발생하던 각기병을 연구하면서 발견되었다. 도정된 쌀을 주식으로 먹는 사람에서 다리의 힘이 약해지고 지각이상, 저림 증상 등의 증상이 생겨 제대로 걷지 못하는 질병을 각기병(beriberi disease)이라 하였으며, 도정된 쌀을 모이로 먹인 닭에서 각기병과 유사한 증상이 나타난다는 것을 확인하였다. 도정을 안 한 쌀이나 쌀겨를 섭취할 경우 각기병이 완화되는 것을 발견한 이후 쌀겨 내에서 각기병을 예방할 수 있는 주요 성분으로 비타민 B_1을 발견하게 되었다.

티아민은 메틸렌 그룹을 통하여 피리미딘 고리(pyrimidine ring)와 티아졸 고리(thiazole ring)가 연결된 구조를 가지는 유기황화합물이다. 2개의 인산기가 추가적으로 결합된 티아민피로인산(thiamin pyrophosphate, TPP)은 조직에서 주로 발견되는 주요 형태로, 체내에서 탈탄산효소(decarboxylase)를 활성화시키는 조효소로 작용하는 것으로 알려져 있다(그림 5.8).

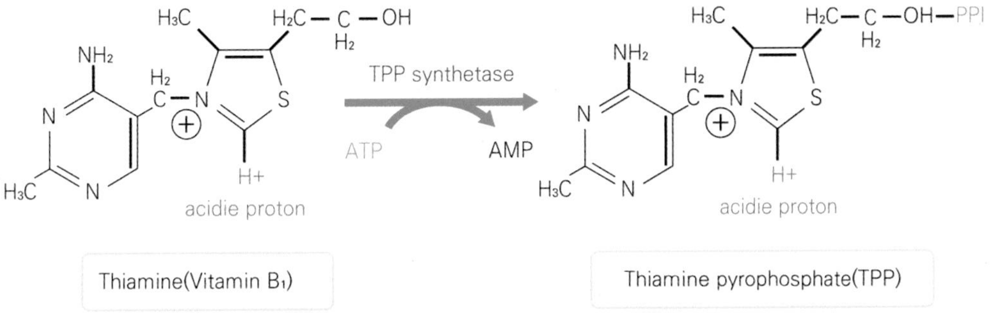

H_3C $H_2C-C(H_2)-OH$ NH_2 H_2 C－N S N H_3C N H+ acidie proton

TPP synthetase ATP AMP

H_3C $H_2C-C(H_2)-OH-PPI$ NH_2 H_2 C－N S N H_3C N H+ acidie proton

Thiamine(Vitamin B_1)

Thiamine pyrophosphate(TPP)

[그림 5.8] 티아민과 활성형 조효소의 구조

(1) 생리적 기능

탄수화물은 해당과정(glycoysis)에서 생성된 피루브산(pyruvate)이 산화적 탈탄산반응을 거치면 acetyl－CoA가 되어 탄수화물의 완전산화가 시작되는데, 티아민피로인산(TPP)은 이 과정에 관여하는 조효소로 작용한다(그림 5.9). 따라서, 티아민이 부족하면 탄수화물의 대사에 문제가 발생하여 피루브산, 젖산 등 탄수화물 대사과정의 중간대사물이 조직에 축적되어 신경계나 순환기계의 기능에 장애를 야기한다. 그 외에도 티아민피로인산(TPP)은 신경세포에 집중되어 인산화를 통한 염소(chloride) 투과에 영향을 미치기 때문에 신경전도에도 관여한다.

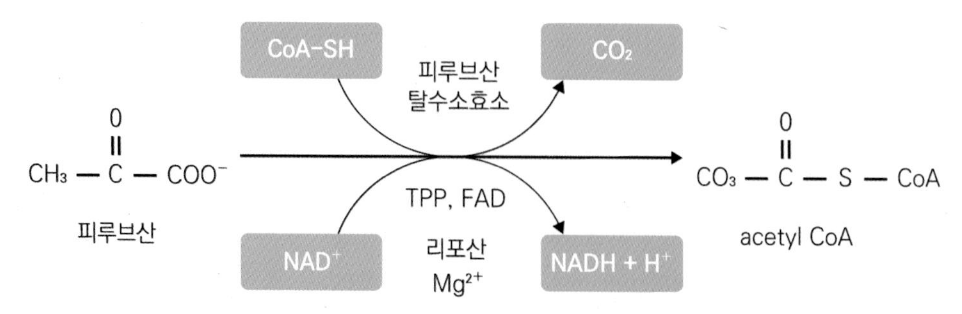

[그림 5.9] 피루브산 탈탄산효소의 조효소로 작용하는 TPP

(2) 소화 및 흡수

체내에서 티아민은 대부분이 티아민피로인산(TPP) 형태로 존재하며, 일부는 티아민삼인산(thiamine triphosphate, TTP), 티아민일인산(thiamin monophosphate, TMP), 유리 티아민 등의 형태로 존재한다. 식이 중의 티아민은 앞서 언급한 네 가지 형태 또는 합성(synthetic) 형태로 존재하는데, 어떠한 형태로 존재하든 장 세포에서 흡수되기 전에 인산화효소(phosphatase)에 의해 가수분해되어 유리 티아민의 형태가 된다. 흡수는 비타민을 인산화시키는 운반체 매개에 의한 능동수송으로 소장의 일부인 공장(jejunum)에서 주로 이루어지며, 식이 중 티아민 섭취량이 많은 경우에는 수동확산이 중요한 티아민 흡수 방식이 된다.

(3) 결핍증

상업용 사료에는 적절한 양의 티아민이 첨가되어 있기 때문에, 개와 고양이의 티아민 결핍증은 드문 편이다. 만일 사료의 섭취가 충분하지 않거나 사료의 가공 중 티아민 손실이 발생하는 경우 티아민 결핍증이 발생할 수 있다. 또한, 날 생선에는 티아민 분해효소(thiaminase)가 많은데 날 생선을 다량 섭취하는 경우 티아민 분해효소에 의하여 티아민 결핍증이 야기될 수 있다. 음식의 조리과정에서도 티아민이 파괴되니 주의하여야 하며, 특히 고양이는 티아민 결핍증에 민감하여, 개보다 더 많은 양의 티아민을 필요로 한다. 티아민이 결핍될 경우 식욕부진, 체중감소, 운동실조, 다발성 신경염이 나타나며, 개에서는 부전마비(paresis)나 심근 비대가 발생하고, 고양이는 경부의 복측 신전(ventroflextion) 증상이 나타날 수 있다.

상업용 반려동물 사료는 사료 가공시 압출되는 과정에서 티아민 손실이 일어나는 것으로 알려져 있고 통조림 사료도 고온으로 가열하는 조건에서 티아민 손실이 유발되므로 개와 고양이에 있어서는 티아민 결핍증이 나타날 수 있다.

(4) 과잉증 및 공급원

티아민 과잉증은 흔하지 않으며, 일반적으로 체내 축적되지 않고 소변으로 배설되기 때문에 반려동물에서 티아민 과잉증이 발생하는 경우는 극히 드물다. 많은 양의 티아민을 주사할 경우에는 혈압저하, 서맥, 경련이나 알러지 반응이 나타날 수 있다. 티아민은 다양한 공급원에 존재하나 그 함량이 많지 않으며, 티아민이 많이 함유되어 있는 공급원으로는 통곡물, 효모, 그리고 간(특히 돼지의 간) 등이 있다. 일반적으로 육류에는 상당량의 티아민이 함유되어 있지만, 천연 성분의 티아민은 대부분 가공 공정에서 파괴되기 때문에 일반적으로 동물의 사료에는 추가로 티아민을 첨가해 준다.

2 비타민 B_2(리보플라빈)

리보플라빈(riboflavin, 비타민 B_2)은 아이소알록사진(isoalloxazine) 계열에 속하는데, 3개의 라이비톨(ribitol) 고리가 플라빈과 연결되어 있는 구조이다. 리보플라빈의 이러한 평면적인 구조로 인하여 물에 녹는 성질이 일부 제한되는데, 따라서 정맥을 통하여 다량의 비타민을 전달하는 데는 한계가 있다. 리보플라빈은 열에 안정성이 높으나 빛에 의해 쉽게 분해되며, 사료 내에서 대부분 다른 비타민 B군과 함께 복합체를 형성하고 있기 때문에 리보플라빈 단독으로 결핍되어 이상증세가 나타나는 경우는 드물다.

(1) 생리적 기능

리보플라빈은 효소 보조인자인 플라빈(flavins) 그룹의 플라빈 모노뉴클레오티드(flavin mononucleotide, FMN)와 플라빈 아데닌 디뉴클레오티드(flavin adenine dinucleotide, FAD)의 전구체로, 여러 산화환원 과정과 에너지 대사에 관여한다. 이런 조효소는 에너지 생성과 세포의 기능 및 성장, 그리고 탄수화물, 지방, 단백질 대사에 주요한 역할을 한다(그림 5.10).

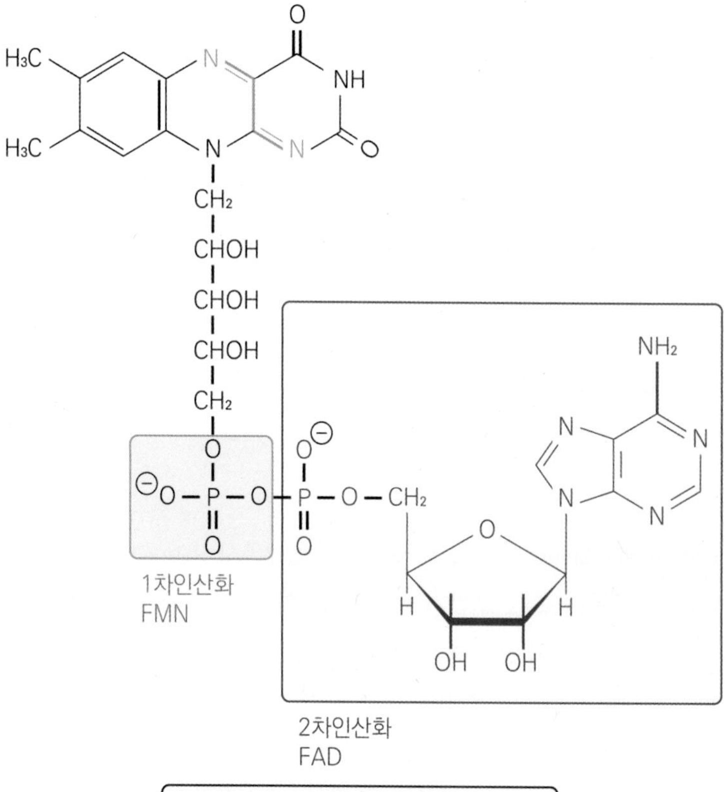

1차인산화
FMN

2차인산화
FAD

FMN : flavin mononucleotide
FAD : flavin adeunln dinucleotide

[그림 5.10] 리보플라빈의 조효소 형태

(2) 소화 및 흡수

리보플라빈은 많은 종류의 공급원에 존재하며 소화 과정에서 공급원내의 플라보 단백질이 분해되어 리보플라빈이 재흡수 된다. 리보플라빈은 흡수되기 전에 상부 소화관에서 가수분해 과정을 거치는 것으로 알려져 있으며, 나트륨 및 ATP를 사용하는 능동수송에 의해 흡수된다. 흡수된 이후 절반은 혈액내의 알부민과 결합하고 나머지 절반은 글로블린과 결합한다. 조직에서 흡수될 때 플라보카이네이즈(flavokinase)에 의해 FMN으로 전환된다. 그 이후 FMN은 FAD 합성효소에 의해 FAD로 전환될 수 있으며, 다양한 인산가수분해효소(phosphatase)에 의해 역반응을 거쳐 유리리보플라빈이 생성될 수 있다. 리보플라빈의 주요 배출 형태는 유리리보플라빈이나 산화대사물 형태이며, 과량의 리보플라빈을 섭취했을 경우 신장을 통하여 바로 요로 배출한다.

(3) 결핍증

개와 고양이의 리보플라빈 결핍 증상은 다양하게 나타나는데, 체내 리보플라빈의 상태를 측정하기 위해서는 적혈구의 글루타치온 환원효소 활성도(glutathione reductase activity)를 평가한다. 상업용 사료에는 합성 리보플라빈이 첨가되어 있기 때문에, 결핍증이 발생하는 경우는 극히 드물다. 리보플라빈 결핍은 다른 수용성 비타민 결핍과 동시에 나타나는 경우가 많다. 반려동물에 보고된 리보플라빈 결핍증상으로는 피부염, 식욕감소, 체중감소, 백내장, 번식장애, 신경증상 등이 있다.

(4) 과잉증 및 공급원

리보플라빈 과잉증의 위험수준은 대부분 낮은 편으로 보고되고 있다. 이는 리보플라빈을 대량으로 섭취하더라도 흡수되는 비율보다 배출되는 비율이 기하급수적으로 높기 때문이다. 아직까지 개와 고양이에서는 과잉증이나 독성이 보고되지 않았다.

리보플라빈은 단백질에 결합된 형태로 다양한 공급원 중에 존재하며, 주된 공급원은 유제품, 간이나 심장 등의 내장육, 근육육, 달걀 등이다.

3 비타민 B_3(나이아신)

나이아신(niacin)은 니코틴아마이드(nicotinamide)의 생리적 활성을 가지는 물질을 일컫는 용어로, 니코틴산(nicotinic acid)과 니코틴아마이드의 두 가지 종류가 있다.(그림 5.11) 나이아신이 처음 발견된 것은 펠라그라(pellagra)라는 풍토병에 의해서다. 나이아신이 결핍될 경우 발생되는 이 질병의 대표 증상은 피부염, 설사, 정신질환, 심한 경우 사망에 이를 정도로 무서운 병이다. 이 병은 후에 트립토판이 나이아신의 전구체라는 것이 밝혀지면서 쉽게 치료될 수 있었다.

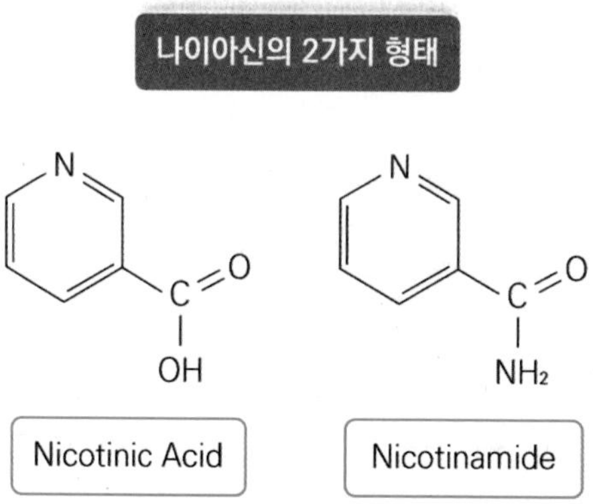

나이아신의 2가지 형태

[그림 5.11] 나이아신의 구조

(1) 생리적 기능

니코틴산과 니코틴아마이드의 생물학적으로 활성을 가지는 조효소 형태는 NAD (nicotinamide adenine dinucleotide)와 NADP(NAD phosphate)이다(그림 5.12). NAD는 탄수화물이 분해되는 해당과정, TCA 회로 및 지질 산화과정에서 수소(전자) 운반체로 작용하며, 열량영양소의 에너지 생성과정에 관여한다. NADP는 오탄당 일인산염 경로(pentose monophosphate shunt)에 필수적인 조효소로 탈수소반응에 관여하고 지방산, 콜레스테롤, 스테로이드 호르몬 합성과정에서 수소를 공급하는데 관여 한다. 그 밖에 니코틴산은 내당인자의 구성성분으로서 포도당 저항성을 상승시키는 과정에 관여하고, 니코틴아마이드는 손상된 DNA를 복구하는 과정과 단백질 합성과정에도 관여한다.

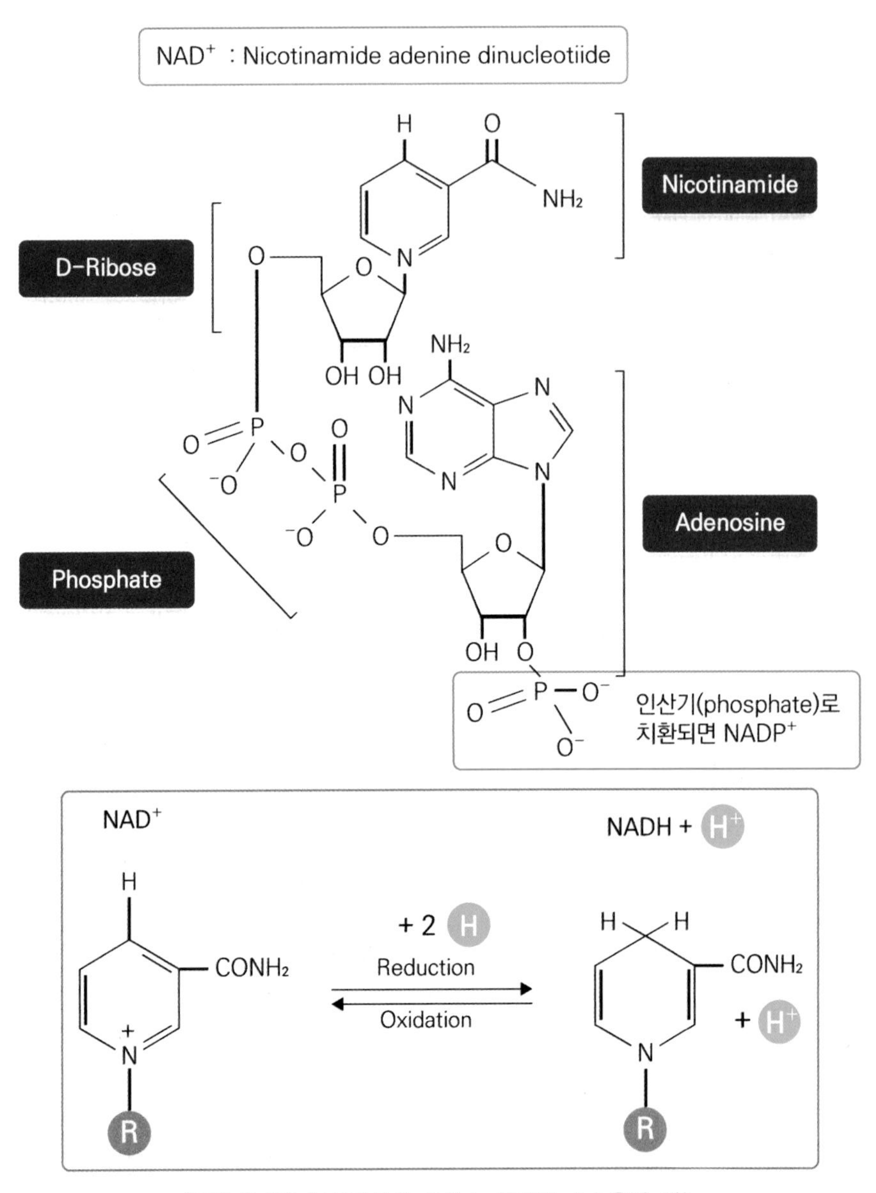

[그림 5.12] 나이아신의 조효소 형태와 수소운반 기능

(2) 소화 및 흡수

식품 중에 나이아신은 섭취된 뒤 가수분해를 거쳐 니코틴아마이드로 방출된 뒤 위와 소장에서 주로 흡수된다. 낮은 농도에서는 나트륨에 의존한 능동수송이 일어나며, 높은 농도에서는 수동확산이 일어나는 것으로 보고되고 있다. 혈액 내에서는 유리 니코틴산과 니코틴아마이드 형태로 존재한다. 대부분의 포유동물은 나이아신을 트립토판으로부터 합성할 수 있으며, 이때 많은 영양적 인자들이 영향을 미치는 것으로 알려져 있다. 실제로 리보플라빈과 철분이 나이아신의 생합성에 필수적인 보조인자(cofactor)로 밝혀졌다. 고양이는 트립토판으로부터 나이아신의 합성을 효율적으로 할 수 없기 때문에 반드시 나이아신의 형태로 공급해 주어야 한다.

과량의 나이아신은 간에 저장되거나 간에서 메틸화되어 질소－메틸니코틴아마이드(N－methyl－nicotinamide) 혹은 피리돈 산화물(pyridone oxidation product) 형태로 요를 통해 배출된다.

(3) 결핍증

전형적인 나이아신 결핍증상은 펠라그라병을 야기하는데, 이 질병의 주된 네 가지 증상이 피부염, 설사, 치매 및 사망이다. 대부분의 반려동물 사료에는 나이아신이 첨가되어 있기 때문에 나이아신 결핍증은 거의 발생하지 않는다. 하지만, 사료 중 나이아신이나 트립토판의 양이 낮을 때 결핍증이 발생할 수 있으며, 특히 고양이의 경우 트립토판을 이용하여 나이아신을 합성할 수 없기 때문에 절대적으로 사료를 통해서 나이아신을 공급해야 한다. 개와 달리 고양이는 체내 트립토판 수준이 높을지라도 니코틴산이 부족한 사료 섭취 시에는 20일 이내에 사망한다. 나이아신 결핍증으로는 식욕부진, 설사, 성장지연, 연구개 및 볼점막의 궤양, 혀의 괴사나 궤양, 과다유연 등 증상이 나타난다.

(4) 과잉증 및 공급원

나이아신 과잉증은 개나 고양이에서 보고된 바는 없다. 하지만, 니코틴산을 과량 섭취하게 되면 혈변, 발작 그리고 폐사가 발생할 수 있다.

나이아신은 다양한 식품에 존재하는 매우 안정적인 비타민으로 버섯, 동물이나 생선의 부산물, 콩류 및 오일시드(oil seed)는 나이아신의 좋은 공급원이다. 대부분의 반려동물 사료에는 니코틴산 또는 니코틴아마이드의 형대로 나이아신이 첨가되어 있다.

4 비타민 B_5(판토텐산)

판토텐산(pantothenic acid)은 코엔자임 A(coenzyme A)의 구성성분으로 모든 동물에서 필요한 비타민이다. 판토텐산은 β−알라닌과 판토산이 결합한 구조로, 코엔자임 A(coenzyme A, CoA)와 아실기운반단백질(ACP)의 구성성분이다(그림 5.13). CoA는 판토텐산에 ATP 유도체와 시스테인(cysteine)이 결합되어 형성되며 탄수화물, 지방 및 단백질 대사과정 내에서 ATP를 합성하는 데 필수적인 요소이다. 판토텐산은 아세틸화반응을 포함하여 영양소의 산화과정 및 지방산, 콜레스테롤, 스테로이드 등의 지질 합성, 신경 전달물질 합성 등 여러 반응에 참여하는 것으로 알려져 있다.

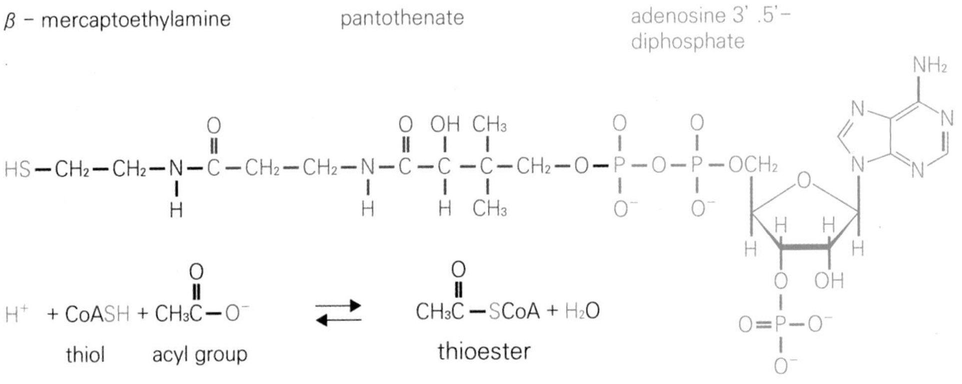

β - mercaptoethylamine　pantothenate　adenosine 3'.5'-diphosphate

H^+ + CoASH + $CH_3C(=O)-O^-$ ⇄ $CH_3C(=O)-SCoA$ + H_2O

thiol　acyl group　thioester

[그림 5.13] 판토텐산의 보조효소 Coenzyme A

(1) 생리적 기능

CoA는 모든 조직에서 발견되는데, 대사과정의 중요한 조효소로 아세트산과 결합하여 아세틸 CoA(acetyl−CoA)를 형성한다. 아세틸 CoA는 세포 내에서 옥살로아세트산(oxaloacetate)과 결합하여 시트르산(citric acid)을 생성하는데 이 과정이 TCA 회로의 첫 반응으로 ATP 생성에 매우 중요하게 관여하다. 또한, 아세틸 CoA는 이산화탄소와 결합하여 3탄소 분자인 말로닐 CoA(malonyl−CoA)를 형성하여 지방산을 합성하며 아세틸 CoA에 말로닐 CoA를 계속적으로 반응시켜 지방산을 합성하는 데 관여한다. 뿐만 아니라 아세틸 CoA는 콜레스테롤과 스테로이드호르몬을 합성하기 위한 물질이다. 그 외에도 트립토판과 루신이 분해과정에서 acetyl−CoA로 분해된 후 TCA 회로로 들어가므로 아미노산의 아세틸화 반응에 관여한다.

(2) 소화 및 흡수

식품 중 판토텐산은 일반적으로 CoA나 포스포판테테인(phosphopantetheine)의 형태로 존재하며, 섭취된 이후에 가수분해과정 및 판테테인분해효소(pantetheinase)에 의한 분해과정을 거쳐 판토텐산 형태로 소장에서 흡수된다. 판토텐산의 흡수는 농도에 따라 다른데, 농도가 낮을 경우 나트륨 의존성 복합비타민 능동 수용체(soduim−dependent active multivitamin carrier)에 의해 능동수송되며, 농도가 높을 경우 수동 확산에 의해 흡수된다. 흡수된 판토텐산은 혈중에서 유리 산의 형태로 이송되며, 적혈구내에는 아세틸−CoA형태로 존재한다. 배출될 때는 대부분 β−글루쿠로나이드 형태로 요를 통해 배출된다.

(3) 결핍증

판토텐산은 식품 중에 널리 분포되어 있어 자연적으로 발생하는 판토텐산 결핍증은 아주 드물다. 판토텐산 결핍이 발생하게 되면, 이상 식욕, 성장지연, 지방간, 항체반응 지연, 혈중 콜레스테롤 저하 및 혼수상태가 발생할 수 있다. 특히 고양이의 경우 판토텐산 결핍은 심한 쇠약증과 지방간을 야기한다.

(4) 과잉증 및 공급원

판토텐산은 독성이 없는 것으로 간주되기 때문에, 현재까지 판토텐산의 중독증이나 과잉증과 관련된 보고는 없다. 과량 섭취하였을 경우 위장관 장애가 나타날 수 있으나 그 외의 부작용이나 관련 임상증상은 보고되지 않았다.

판토텐산의 '판토는 그리스어로 '어디에나 존재한다'라는 의미로, 다양한 식품에 존재하나, 함유된 양이 일반적으로는 충분하지는 않다. 가장 주된 공급원은 버섯, 쌀, 밀기울, 곡류, 알팔파, 효모, 간, 어분 등이다. 일반적으로 반려동물 사료에는 판토텐산 칼슘의 형태로 첨가되어 있다.

5 비타민 B_6(피리독신)

비타민 B_6는 피리독신이라고도 불리는데, 이는 모든 3-히드록시-2메틸피리딘 파생물질을 칭하는 용어로, 자연계에는 피리독신(pyridoxine, PN), 피리독살(pyridoxal, PL), 피리독사민(pyridoxamine, PM) 등 세 가지가 있다(그림 5.14). 그 중에서 피리독살(pyridoxal)은 가장 활성이 높으며 체내에서 비타민B_6 조효소로 가장 많이 사용된다. 피리독사민과 피리독살은 산성 조건에서는 열에 대해서 안정적이지만 알칼리 조건에서는 열에 불안정하고 광선에 의해 빠른 속도로 분해되는 특징을 가지고 있으며, 이들은 체내에서 서로 전환될 수 있고 동일한 생리적 활성을 가진다.

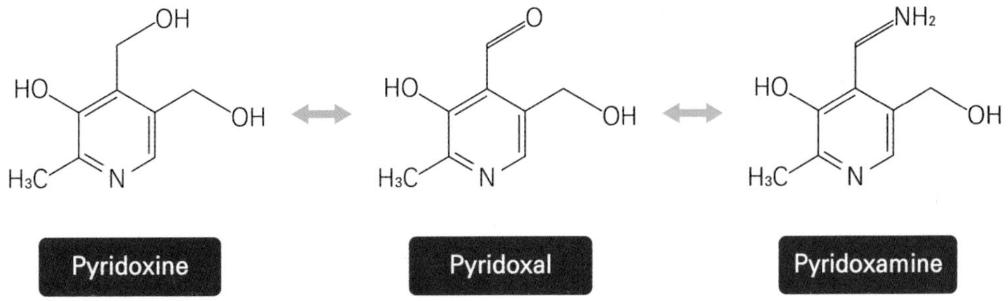

Pyridoxine　Pyridoxal　Pyridoxamine

[그림 5.14] 비타민 B_6의 화학구조

(1) 생리적 기능

비타민 B_6는 체내 세포의 대사를 조절하는 다양한 생화학 반응에 관여하는 중요한 보조인자이다. 일반적으로 체내에서 비타민B_6의 활성화 형태는 인산피리독살(pyridoxal phosphate, PLP) 형태의 조효소로 이용되며 아미노산과 단백질 대사에 주로 관여한다. 구체적으로 아미노산의 아미노기전이반응, 비산화적 탈아미노반응, 탈카르복실화반응 및 황이탈반응에 조효소로서 관여한다. 인산피리독살은 이 외에도 글리코겐인산화효소의 형성에 영향을 미치는 것으로 알려져 있고, 지방대사에도 영향을 미쳐 아미노산, 탄수화물 및 지방산 대사에 중요한 기능을 수행한다. 특히, 인산피리독살은 헤모글로빈을 구성하는 헴(heme)을 합성하는 데 관여하며 핵산 합성에도 필요하므로 혈구세포 합성에 관여한다. 또한 트립토판이 나이아신으로 전환되는 과정을 촉매하는 효소인 키뉴레닌 분해효소를 돕는 기능을 갖고 있다.

피리독신(PN)은 아미노산인 니아신, 타우린, 카르니틴의 합성과정을 도우며, 혈색소 전구체인 포르피린(porphyrin)의 합성에 관여한다.

(2) 소화 및 흡수

비타민 B_6의 다양한 형태들은 모두 수동 확산을 통하여 소장에서 흡수된다. 소장 중에서도 특히 흡수가 많이 일어나는 부분은 공장이다. 흡수 이후 혈중 존재하는 인산피리독살은 단백질에 결합된 형태로, 피리독살이 세포에서 더 쉽게 이용되며 이후 다시 인산화 과정을 거쳐 활성화 형태인 인산피리독살로 재형성하여 순환 및 체내대사에 사용된다.

주된 최종 대사산물은 피리독실산(4-pyridoxic acid)으로 간으로 흡수된 비타민 B_6가 산화되어 생성된 물질로 요를 통해 체외로 배출된다. 다만, 고양이는 요중으로 피리독실산을 소량만 배출하며, 주된 배출 형태는 피리독신 3-sulfate, 피리독살 3-sulfate, N-메틸피리독신 등이다.

(3) 결핍증

비타민 B_6가 결핍된 경우 오줌으로 피리독실산이 배출되지 않기 때문에, 체내 비타민 B_6의 상태를 검사할 때는 이를 이용한다. 개와 고양이에서 비타민 B_6가 결핍된 경우 식욕부진, 성장지연, 근육 약화 뿐만 아니라, 신경증상, 빈혈, 신장의 비가역적

병변 등이 나타난다. 특히 고양이에서는 뇨중 옥살레이트 결정이 출현한다.

(4) 과잉증 및 공급원

비타민 B_6의 과잉 공급에 의한 중독증 발생율은 낮은 편으로, 초기에 인지 가능한 증상으로는 운동실조와 운동능력 조절 장애 등이 발생할 수 있다. 특히, 중독증에서 나타나는 운동실조자 근육약화, 균형감각 소실 등의 임상증상은 비타민 B_6 결핍증의 증상과 유사하므로 진단 시에 주의해야 한다. 아직까지 고양이에서는 비타민 B_6 관련 중독증이 보고되어 있지 않다.

비타민 B_6는 다양한 공급원에 존재하는데, 특히 고기류, 통곡물, 채소 및 견과류에 많이 함유되어 있다. 동물성 음식에 함유되어 있는 비타민 B_6의 형태는 피리독살과 피리독사민으로, 이는 가공 과정에서 많이 손실된다. 따라서, 사료 첨가 시에는 비교적 안정적인 형태인 피리독신 하이드로클로라이드를 주로 이용한다.

6 비타민 B_7(비오틴)

비오틴(biotin)은 황을 가지고 있는 수용성 비타민으로 조효소 형태는 바이오시틴(biocytin)이다. 다른 비타민 B 복합체에 비해 잘 알려져 있지는 않지만, 포도당 합성 및 지방산 합성과정에서 조효소 역할을 하며, 아미노산으로부터 에너지를 생성하는 과정과 DNA 합성과정에서도 관여한다(그림 5.15).

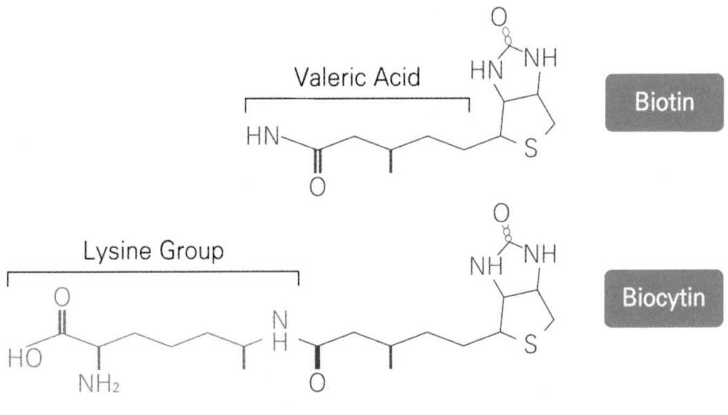

[그림 5.15] 비오틴의 화학구조

(1) 생리적 기능

비오틴은 포유류의 체내에서 네 가지 다른 카르복실화 과정의 주된 조효소로 작용한다. 이 카르복실화 반응은 주로 간에서 일어나며 지방산, 포도당, 일부 아미노산 및 에너지 합성에 필수적으로 비오틴은 카르복실기를 고정하는 역할을 함으로써 효소의 촉매작용에 관여한다.

(2) 소화 및 흡수

비오틴은 섭취된 이후에 췌장에서 분비된 바이오티나아제(biotinidase)에 의하여 가수분해된 뒤에 소장에서 흡수된다. 가수분해에 의해 단백질에서 유리된 비오틴은 장 내에서 낮은 농도로 존재할 경우 에너지를 사용하는 능동수송에 의해, 높은 농도로 존재할 경우 단순확산에 의해 흡수된다. 비오틴은 장에서 흡수된 후 혈장에서 자유 형태(free form)로 존재하며, 필요한 조직으로 운반되는데 이후 홀로카르복시라제 합성효소(holocarboxylase synthetase)에 의해서 주효소(apoenzyme)에 연결된다.

생난백에 함유된 아비딘(avidin) 단백질은 비오틴과 밀접 결합하여 비오틴이 흡수되지 못하도록 한다. 과량의 비오틴은 신장을 통하여 요로 배출된다.

(3) 결핍증

개와 고양이에서 자연적으로 발생한 비오틴 결핍증은 아주 드물다. 비오틴 결핍증이 발생하는 주된 원인은 생난백을 먹거나 또는 경구 항생제를 처방받은 경우이다. 아비딘을 섭취한 고양이에서 비이틴 결핍에 의하여 피부염 및 탈모 등이 보고되었다. 장내에서 미생물에 의하여 비오틴 필요량의 절반정도가 생성되기 때문에, 경구 항생제 처방으로 인하여 장내 미생물총이 줄어들게 되면 비오틴 결핍이 발생할 수 있다. 비오틴이 결핍되면 성장이 지연되며, 기면증상, 피부염 등이 나타나고 신경학적 문제가 야기될 수 있다.

(4) 과잉증 및 공급원

비오틴 과잉에 의한 중독증이나 독성은 개와 고양이에서 보고되어 있지 않다. 비오틴은 오일시드(oil seed), 달걀의 난황, 알팔파나 간 등에 존재하며, 사료 가공 과정

중 산화, 열, 용매추출 등의 과정에서 다량 소실된다. 대부분의 상업용 사료는 합성 비오틴을 첨가한다.

7 비타민 B_9(엽산)

1943년에 처음 발견된 엽산(folic acid, folacin)은 프테린 화합물로서 프테리딘, P－아미노벤조산 및 글루탐산(glutamic acid)이 결합된 구조를 가지고 있으며, 체내에서 활성형태인 테트라하이드로엽산(tetrahydrofolic acid, THF)으로 전환되어 조효소로 작용한다(그림 5.16). 엽산은 동물에서는 합성되지 않으며, 세포내의 핵산대사, 아미노산 대사 등에 관여하며 세포와 혈액의 형성에 필요한 물질이다.

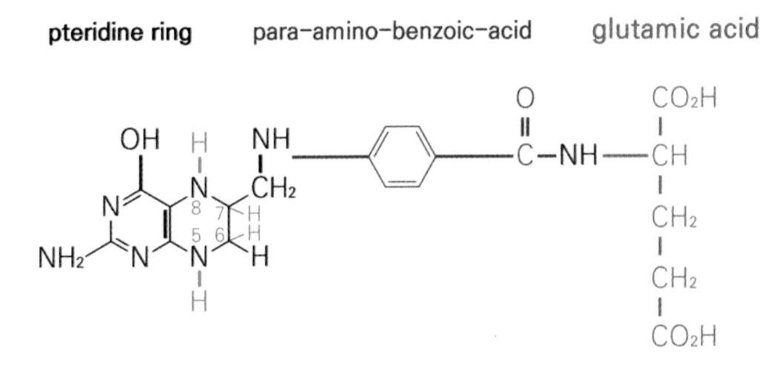

[그림 5.16] 엽산조효소 THF의 구조

(1) 생리적 기능

엽산은 사람 및 동물의 성장인자로 항빈혈작용에 관여한다. 엽산의 가장 중요한 기능 중의 하나는 DNA와 RNA의 구성 성분인 퓨린(purine)과 피리미딘(pyrimidine)의 형성에 관여하는 것이며 피리미딘에 메틸기를 제공하여 DNA의 주요 성분인 티민을 형성할 때 사용된다. 또한, 엽산은 핵단백질을 합성하여 골수에서의 정상적인 적혈구 형성에 관여하며 테트라하이드로엽산은 아미노산들의 상호 전환 과정에 중요한 역할을 한다. 엽산과 비타민 B_{12}은 호모시스테인(homocycteine)으로부터 메티오닌(methionine)을 재생하는 대사과정에 관여한다. 호모시스테인을 다시 메티오닌으로 전환시키는 대사과정에서 엽산은 필요한 메틸기 운반을 도와 심혈관 질환 예방효과를 나타낸다(그림 5.17).

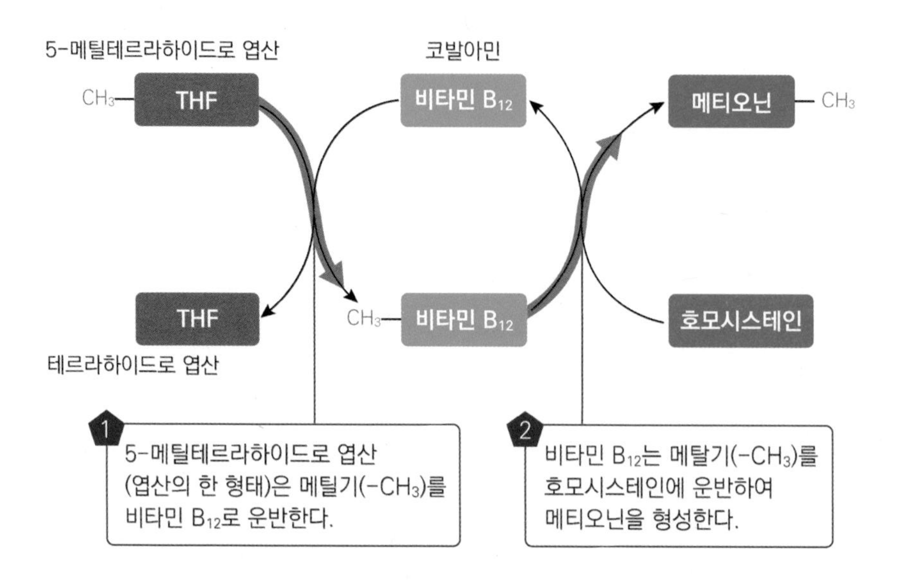

[그림 5.17] 엽산의 단일탄소기 전달과정

(2) 소화 및 흡수

엽산은 소장 점막세포에 있는 소화 효소인 감마 글루타밀 가수분해효소(g-glutamyl hydrolase)에 의해서 모노글루탐산(monoglutamate)으로 전환된 후 소장세포에서 흡수된다. 따라서, 혈중에 존재하는 엽산의 주요 형태는 모노그루탐산 형태이다. 폴리글루탐산(polyglutamate)의 경우 흡수율이 저하된다. 소장 내에서의 엽산 흡수는 특정 운반체에 의하여 이뤄지며 pH에 매우 민감한 특성을 가지고 있다. 엽산의 농도가 높아질 경우 단순확산에 의한 흡수도 일어나며 흡수된 엽산은 테트라하이드로엽산(THF)으로 즉시 전환된다.

소장에서 흡수된 후 간에서 폴리글루탐산 형태로 저장되거나 모노글루탐산 형태로 혈액으로 방출되어 운반되며, 조직으로 이동한 뒤 다시 폴리글루탐산 형태로 전환된 후 조효소로 사용되거나 저장된다. 엽산의 배설은 요와 담즙을 통해서 이루어지며, 신장의 세뇨관에서 일부가 재흡수되고 나머지가 배설된다.

(3) 결핍증

엽산이 결핍될 경우 성장이 지연되고, 거대적아구성빈혈(megaloblastic anemia)이 나타난다. 적혈구 합성 초기 과정에 중요한 변화가 일어나 전구체로부터 DNA가 합성되지 못하여 분열과정이 제대로 이루어지지 않고, 이로 인해 이상 적혈구를 형성하여 정상적인 산소운반이 진행되지 않아 빈혈 증상이 나타난다. 특히 고양이의 경우 엽산이 결핍될 경우 거대적아구성 빈혈과 함께, 뇨중 호모시스테인이 과도하게 방출되며 포름이미노글루탐산(formiminoglutamic acid)의 소변 배설이 크게 증가한다. 이 외에도, 식욕결핍, 백혈구 감소, 설염(glossitis) 및 면역기능 저하가 보고되어 있다. 혈청 엽산농도 감소는 적혈구의 엽산농도를 감소시키며, 반대로 혈장의 호모시스테인(homocysteine) 농도는 증가한다. 엽산과 비타민 B_{12}의 체내 대사와 작용은 상호 연결되어 있으므로 과량의 엽산 섭취로 인한 비타민 B_{12}의 결핍 증세가 유발되기도 한다.

임신기에는 세포분열 속도가 크게 증가하므로 DNA 합성을 위한 엽산의 요구량이 크게 증가되는 시기이며, 태아의 발생 초기에 엽산의 결핍은 신경관 손상(neural tube defect, NTD)으로 기형아를 유발할 수 있다.

(4) 과잉증 및 공급원

개와 고양이에서 엽산을 과잉 섭취하였을 경우 독성 증세는 나타내지 않는 것으로 알려져 있고 관련된 이상 증세도 특별히 보고된 바 없다.

엽산은 다양한 식품에 널리 분포되어 있으나 불안정한 경우가 많다. 시금치와 같이 짙푸른 채소들이 엽산의 좋은 공급원이며 브로콜리, 아스파라거스 등의 채소, 간, 밀의 배아에 풍부하다. 엽산은 가열, 장기간의 냉동, 수분에 보관 시에 파괴되기 쉽다. 따라서, 반려동물의 사료는 가공 및 보관 과정에서의 이러한 엽산의 파괴를 보충하기 위하여 엽산을 따로 첨가한다.

8 비타민 B_{12}(코발아민)

비타민 B_{12}는 사이아노코발아민(cyanocobalamin)의 활성을 갖고 있는 화합물로, 4개의 환원형 피롤고리(pyrrole ring)가 커다란 코리노이드(corrinoid) 화합물을 형성하고 그 중심에, 금속이온인 코발트(cobalt)를 함유하고 있다. 이러한 구조는 혈색소인 헤모글로빈(hemoglobin)과 유사하다(그림 5.18).

비타민 B_{12}는 체내에서 메틸코발라민(methylcobalamine) 또는 5－디옥시아데노실코발아민(5－deoxyadenosylcobalamine)으로 전환되어, 단일탄소 단위를 이동시키는 조효소로 작용한다. 비타민 B_{12}는 동물의 체내에서 존재하는 박테리아가 주로 생성하기 때문에 동물성 식품에만 존재한다는 특징을 가지고 있다.

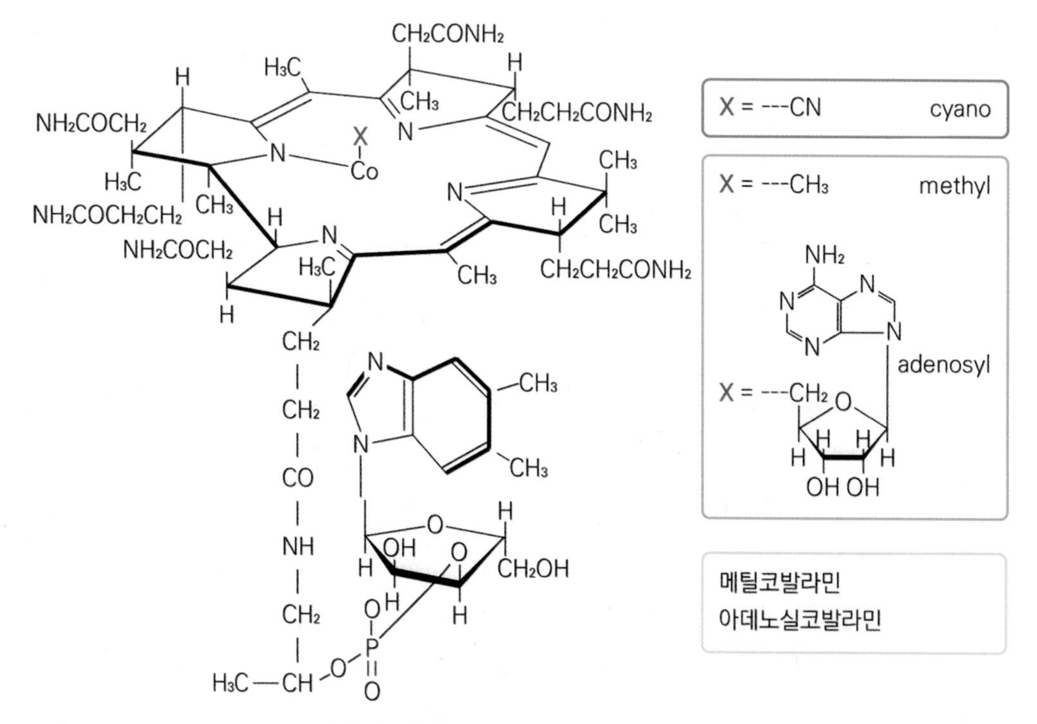

[그림 5.18] 비타민 B_{12}와 조효소 두 가지

(1) 생리적 기능

비타민 B_{12}의 체내 전환형태인 메틸코발라민은 호모시스테인으로부터 메치오닌(methionine)을 합성하는 반응에서 조효소로 작용하는데, 이는 엽산(folate) 대사작용과도 상호연관되어 있는 과정이다. 비타민 B_{12}는 메틸기를 갖고 있는 5′ 테트라하이드로폴레이트(5′ tetrahydrofolate)로부터 메틸기를 호모시스테인(homocysteine)으로 옮겨주어 메치오닌을 생성한다. 이때 비타민 B_{12}가 부족하면 엽산은 메틸기와 결합한 상태로 머물게 되므로 활성을 갖는 엽산이 부족하고 이는 엽산 결핍증세를 야기한다.

(2) 소화 및 흡수

비타민 B_{12}는 식품 내에서 다른 물질과 결합한 형태이며 위산과 위내 단백질 분해효소인 펩신에 의하여 가수분해되어 유리된다. 침샘과 위벽세포(gastric parietal cell)에 의해 분비된 내인성 인자(intrinsic factor)와 결합하여 회장에서 흡수된다. 개에서 이러한 내인성 인자의 주된 분비 기관은 췌장이며, 고양이는 췌장에서만 내인성 인자가 분비된다. 흡수된 비타민 B_{12}는 트랜스코발리만 I 또는 II와 결합한 상태로 혈액으로 이동하는 것으로 알려져 있는데, 개와 고양이는 트랜스코발라민 I이 없으며, 트랜스코발라민 II가 비타민 B_{12}의 75%정도의 이동에 관여한다.

비타민 B_{12}는 담즙으로 배설되며, 건강한 개체인 경우 재흡수율이 높다. 일반적으로 비타민 B_{12}는 대변을 통해 배설되며, 비타민 B_{12}의 농도가 단백질과 결합될 수 있는 이상으로 체내에 증가하는 경우에는 요로 배설될 수 있다.

(3) 결핍증

개에게 나타나는 비타민 B_{12} 결핍증상은 소장에서 비타민 B_{12} 흡수 장애가 일어나게 되어 나타나게 되며, 보더콜리, 자이언트 슈나우저, 오스트레일리언셰퍼드, 차이니즈 샤페이, 비글과 같이 견종별 유전적인 영향에 따라 결핍증 증세가 일어난다. 또한 외분비 췌장기능 부전증이 있는 개도 췌장 내 소화효소가 부족하여 영양소 소화와 흡수 장애가 일어나서 결핍증이 나타난다.

고양이에 나타나는 비타민 B_{12} 결핍증상은 위, 췌장, 소장 및 간과 같은 소화기관에 질병이 있는 경우에 비타민 B_{12} 흡수 장애로 인해 나타난다. 또한, 건강한 고양이 체내에서 비타민B_{12} 보유 기간은 평균 13일이나 위장병이 있는 고양이 경우는 5일 동안만 비타민B_{12}를 체내에서 보유할 수 있어 빠르게 고갈되어 비타민B_{12} 수치가 감소된다.

결핍 증세로는 극심한 체중 감소, 설사, 식욕부진, 졸음, 경우에 따라서는 발작 증세 등이 나타난다. 비타민 B_{12}는 주로 동물조직에 함유되어 있기 때문에, 동물에게 장기간의 채식을 할 경우 비타민 B_{12} 결핍이 나타날 수 있다. 다양하게 나타나는데, 식욕부진, 구토, 설사, 성장 지연 및 신경병증이 발생할 수 있다. 그 외 혈액학적 검사에서 비재생성 빈혈, 백혈구 감소증, 저혈당이나 고암모니아 증상도 보고되었다.

(4) 과잉증 및 공급원

비타민 B_{12}의 과잉으로 인한 중독증은 개와 고양이에서 보고되어 있지 않다. 식물에는 아주 소량의 비타민 B_{12}가 함유되어 있으며, 보통 고기나 유제품 등이 비타민 B_{12}의 좋은 공급원이다. 대부분의 상업용 사료에는 안정화된 형태의 비타민 B_{12}가 첨가되어 있다.

9 비타민 C(아스코르브산)

비타민 C(ascorbic acid)는 매우 불안정한 화합물로 디하이드로아스코빅산(dehydroascorbic acid)으로 쉽게 산화되는 물질이다. 일반적으로 항산화제 및 자유 라디칼 제거 역할을 하며, 항괴혈병인자(antiscorbutic factor)로서 신선한 과일이나 채소 안에 풍부한 것으로 알려져 있다. 일반적으로 단당류와 연결되어 있는 구조를 가지고 있으며, 환원형인 L－아스코빅산(ascorbic acid)과 일부 산화형인 L－디하이드로아스코빅산(dehydroascorbic acid)의 형태로 존재한다(그림 5.19).

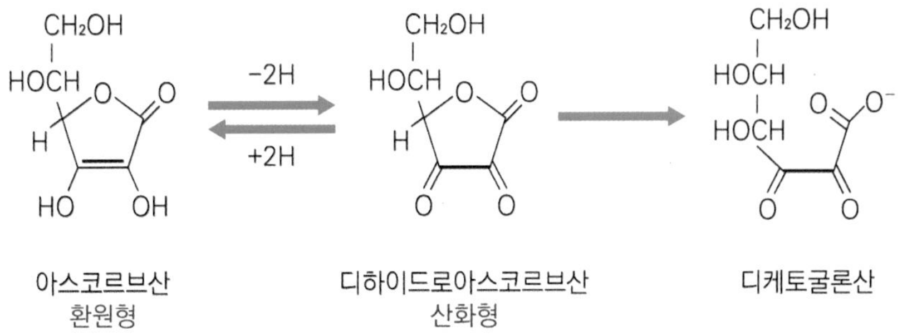

아스코르브산
환원형

디하이드로아스코르브산
산화형

디케토굴론산

[그림 5.19] 비타민 C의 화학구조

(1) 생리적 기능

비타민 C는 비타민 E와 함께 체내 대사과정에서 생성되는 자유 라디칼을 제거하여 항산화 기능에 관여한다. 또한 비타민 C는 지질과산화를 방지하고 산화된 비타민 E의 재생에도 관여함으로써 비타민 E 절약작용에도 관여한다. 그 외에도 콜라겐 합성에 관여하며, 약물이나 스테로이드, 타이로신 대사 및 L-카르니틴의 합성에도 필요하다. 고용량의 비타민 C는 발암물질인 니트로사민(nitrosamine)의 생성을 억제하여, 위암이나 구강내 종양의 위험을 낮추는 것으로 보고되었다. 비타민 C의 이러한 다양한 기능으로 인하여, 최근에는 비타민 C를 질병의 치료나 예방에 사용하고 있다.

(2) 소화 및 흡수

비타민 C는 개와 고양이를 포함한 대부분의 동물의 간에서 합성된다. 비타민 C의 합성과정에는 L-굴로노락톤 산화효소(L-gulonolactone oxidase)가 필요한데, 사람, 기니 피그 및 원숭이 등은 이 효소가 없기 때문에 비타민 C를 합성하지 못한다. 비타민 C를 합성하지 못하는 동물들은 주로 소장에서 특정 단백질을 매개물로 하는 능동수송과정에 의해 흡수하며, 개와 고양이처럼 비타민 C를 합성하는 동물들은 수동 확산에 의하여 비타민 C를 흡수한다. 비타민 C는 혈중 알부민에 결합되어 운반되며, 생리적인 상태에서는 아스크르브산염으로 존재한다. 비타민 C는 소변, 땀 그리고 대변을 통해 배설된다.

(3) 결핍증

개와 고양이는 간에서 포도당을 이용하는 글로노락톤 경로를 통해 비타민 C를 합성하기 때문에, 결핍증이 발생하지 않는다. 다만 비타민 C를 합성하지 못하는 영장류, 기니피그 및 어류에서는 비타민 C 섭취가 부족한 경우에, 괴혈병이 나타난다. 또한, 정상적인 콜라겐 합성이 지연되어 체내에 분포되어 있는 결합조직에 변화를 가져주어 연골과 근육조직의 변형이 나타나기도 한다.

(4) 과잉증 및 공급원

개와 고양이에서 비타민 C의 과잉증이나 독성은 특별하게 보고된 바가 없다. 비타민 C를 과도하게 섭취하더라도, 소변을 통한 배출이 증가하고 장에서의 흡수가 감소하기 때문에 과잉증이 유발되지 않는 것으로 밝혀졌다.

과일, 채소 등이 비타민 C의 좋은 공급원으로 알려져 있다. 음식에 들어있는 비타민 C는 보관이나 가공 과정에서 급격하게 감소된다. 따라서, 비타민 C는 산화로 파괴가 잘 되고 열에 약하기 때문에 사료에 첨가할 때 주의하여야 한다.

10 콜린(Choline)

콜린(choline)은 전통적으로 비타민 B군의 하나로 분류되어 왔으나, 다른 비타민 B군들처럼 조효소나 보조인자로 작용하지 않는다. 대부분의 동물들은 간에서 콜린을 합성할 수 있으며, 다른 비타민 B군에 비하여 체내에서 필요로 하는 양이 많은 편이다. 콜린은 지방친화성인 레시틴(lecithin)의 구성성분으로, 염화콜린(choline chloride)이나 콜린디하이드로겐 시트르산염(choline dihydrogen citrate) 형태로 사료에 첨가한다.

(1) 생리적 기능

콜린은 체내에서 메틸기 공여체로 작용할 수 있으며, 메티오닌(methionine)으로부터 메틸기를 받아 합성된다. 지단백질, 세포막, 담즙의 구성성분인 레시틴의 구성물질로 지방수송을 촉진하고 간에서 지방산 이용을 증진시킴으로써 지방의 비정상적인 축적을 방지하는 기능 때문에 콜린을 항지방간인자라고 부르기도 한다. 그 밖에 신경자극 전달물질인 아세틸콜린(acetylcholine)의 필수 구성성분이다. 또한 혈소판 활성인자의 구성성분으로 응고(clotting)에 중요한 역할을 한다.

(2) 소화 및 흡수

콜린은 식품에서 대부분 포스파티딜콜린(phosphatidylcholine)으로 존재하며, 소화효소에 의해 콜린으로 방출된다. 이후 운반물질 매개에 의하여 소장에서 흡수된다. 유리형태로 흡수된 콜린은 장내 미생물총에 의하여 대사되며, 간과 신장에서 콜린탈수소효소(choline dehydrogenase)와 베타인알데하이드탈수소효소(betaine aldehyde dehydrogenase)의 작용에 의하여 베타인(betaine)을 형성하며 주로 베타인 형태로 요를 통해 체외로 배출된다. 대부분의 동물은 콜린을 포스파티딜콜린의 형태로 합성하며, 합성은 대부분 간에서 이루어지지만 그 외의 조직에서도 합성이 이루어진다.

(3) 결핍증

콜린이 결핍될 경우 대부분의 동물에서 주로 나타나는 증상은 동물의 성장 저하 및 지방간증이다. 추가적으로 개와 고양이에서 콜린이 부족할 경우 흉선위축, 혈중 포스파타아제 수치 증가, 혈액응고 검사인 프로트롬빈시간 지연 등의 증상이 나타난다.

(4) 과잉증 및 공급원

콜린이 과잉 공급될 경우 불안증, 과잉행동 등이 나타날 수 있으며, 구토, 혈압하강 등도 보고되어 있다. 하지만 개와 고양이의 콜린 과잉증에 대한 위험이 낮으며 독성에 대한 보고는 없다.

콜린은 자연계의 모든 지방에 들어 있기 때문에 대부분의 경우 동물의 요구량을 충족시킬 수 있다. 또한 식품에 사용되는 레시틴은 효과적인 유화제로, 대부분의 식품에서 섭취되는 콜린의 형태이다. 콜린의 동물성 공급원으로는 난황, 생선 등이 있으며 식물 공급원으로는 코류 및 오일시드(oil seed)가 있다. 콜린은 대부분의 반려동물 사료에 염화콜린으로 첨가되는데, 염화콜린은 흡습성(hygroscopic)이 매우 강하기 때문에 다른 종류의 비타민의 안정성을 감소시킨다. 따라서, 사료에 첨가 시에는 비타민 프리믹스와 별도로 따로 첨가된다.

CHAPTER

06

무기질 대사과정

CHAPTER 06

무기질 대사과정

제1절 무기질

무기질(미네랄, Mineral)은 신체의 대사 과정에 필수적인 무기(Inorganic) 요소이다. 일반적으로 동물의 총 체중 약 4% 정도가 무기질로 구성되어 있다. 비타민과 마찬가지로 이러한 무기질의 존재는 생명에 매우 필수적인 역할을 한다.

무기질의 분류 체계는 다량무기질(Macromineral)과 미량무기질(Micromineral)로 나눌 수 있다. 다량무기질은 체내에서 다량으로 존재하며 체내 무기질 함량의 대부분을 차지하는 무기질이다. 여기에는 칼슘, 인, 마그네슘, 황, 철 그리고 전해질인 나트륨, 칼륨, 염소가 포함된다. 흔히 미량원소(Trace elements)라고 하는 미량무기질은 체내에 매우 적은 양으로 존재하는 많은 수의 무기질을 포함한다. 미량무기질은 매우 소량으로 필요로 하며, 대부분 음식을 통해서 섭취할 수 있다.

미국사료협회인 AAFCO(Association of American Feeding Control)에서 제시한 개와 고양이 무기질 함량 요구량은 <표 6.1>과 <표 6.2>에 각각 자세히 나타나 있다.

〈표 6.1〉 AAFCO 기준 강아지 사료에서 무기질 함량 요구량(건물기준)

무기질	단위	성장 및 번식에 필요한 최소량	성견에 있어서 필요한 최소량	최대량
칼슘	%	1.2	0.5	2.5
인	%	1.0	0.4	1.6
칼슘:인 비율	–	1:1	1:1	2:1
칼륨	%	0.6	0.6	–
나트륨	%	0.3	0.08	–
염소	%	0.45	0.12	–
마그네슘	%	0.06	0.06	–
철	mg/kg	88	40	–
구리	mg/kg	12.4	7.3	–
망간	mg/kg	7.2	5.0	–
아연	mg/kg	100	80	–
요오드	mg/kg	1.0	1.0	11
셀레니윰	mg/kg	0.35	0.35	2

〈표 6.2〉 AAFCO 기준 고양이 사료에서 무기질 함량 요구량(건물기준)

무기질	단위	성장 및 번식에 필요한 최소량	성묘에 있어서 필요한 최소량	최대량
칼슘	%	1.0	0.6	–
인	%	0.8	0.5	–
칼륨	%	0.6	0.6	–
나트륨	%	0.2	0.2	–
염소	%	0.3	0.3	–
마그네슘	%	0.08	0.04	–
철	mg/kg	80	80	–
구리(extruded)	mg/kg	15	5	–
구리(canned)	mg/kg	8.4	5	–
망간	mg/kg	7.6	7.6	–
아연	mg/kg	75	75	–
요오드	mg/kg	1.8	0.6	–
셀레니움	mg/kg	0.3	0.3	–

무기질은 체내에서 다양한 기능을 한다(표 6.3). 무기질은 효소 촉매 반응, 골격의 형성, 신경 전달, 근육 수축, 특정 수송 단백질과 호르몬의 구성 및 물과 전해질 균형을 유지하는 기능을 한다. 많은 무기질 사이에는 무기질의 흡수, 신진대사와 다양한 기능에 영향을 미칠 수 있는 복잡한 상호 관계가 존재한다. 특히, 사료에서 일부 무기질의 과잉 또는 결핍은 다른 무기질을 사용하는 신체의 능력에 상당한 영향을

〈표 6.3〉 무기질의 다양한 기능

무기질의 종류	무기질의 기능
골격의 구성물질	광물질의 동물체 내에서의 기능 중 가장 널리 알려진 것은 동물체의 지주 역할을 하는 뼈의 구성성분임 동물의 뼈에는 주로 칼슘과 인이 많이 들어 있으며, 망간·마그네슘·불소·나트륨·칼륨·염소 등도 들어 있음
세포막의 투과성 조절로 영양소의 이동을 조절	칼슘과 마그네슘은 세포막의 선택적 투과성을 조절하는 주 양이온임
신경과 근육 간의 자극전달에서 매개역할	나트륨·칼륨·칼슘·마그네슘 등은 신경과 근육 사이의 자극전달에 조력하는 주 양이온임
에너지 발생을 위한 작용을 조절	인은 인산기(PO_4^{3-})의 형태로서, 아데닌(Adenine), 구아닌(Guanine) 또는 유리딘(Uridine) 등과 결합되어 ATP 등의 고에너지 화합물을 구성함
에너지나 대사물질의 운송에 관여	철·구리·셀레늄·몰리브덴 등
위액(gastrin) 분비에 관여	염소(Chloride, Cl)
체액 내 산과 염기는 평형을 조절	체조직의 정상적인 활동과 건강을 위하여 혈액과 체액의 산도(pH)는 일정한 범위 내에서 벗어나지 않아야 함
체액의 삼투압을 조절	나트륨·칼륨·염소 등은 체액의 삼투압을 조절함 그래서 물의 체내 대사에 중요한 영향을 미치게 함
혈액응고에 필수적인 역할	칼슘은 혈소판에 작용하여 트롬보플라스틴이 피브린으로 되어 혈액응고에 관여하도록 필수적인 역할을 함
호르몬의 분비와 비타민의 합성에 관여	요오드와 아연은 티록신 분비에 관여하며, 코발트는 비타민 B12 구성에, 그리고 셀레늄은 비타민 E와 특별한 관계를 가진 필수물질임
효소의 활성제(activator) 역할	마그네슘과 망간 등은 에너지 대사에 관여하는 효소들의 활성(Activity)을 일으켜 대사작용을 도움 철과 구리는 각각 시토크롬 산화효소(Cytochrome oxidase) 및 티로시나아제(Tyrosinase) 등의 구성성분으로, 영양소의 대사에 간접적으로 도움을 줌

미칠 수 있다. 결과적으로 최적의 식이 균형을 구성하기 위해서는 식이 무기질 수준은 식단의 다른 구성 요소와 연계하여 고려되어야 한다.

이 장에서는 대부분의 무기질에 관해서 자세하게 설명하며, 특히 개와 고양이에 실질적으로 미치는 영향에 대하여 중점적으로 설명할 것이다.

일반적으로 무기질의 주요 식품 공급원 및 무기질 과잉 및 결핍은 신체에 이상 징후를 일으킨다(표 6.4).

〈표 6.4〉 다양한 무기질의 과잉 및 결핍 시 나타내는 증상과 각 무기질의 주요 식이 공급원

무기질	분류	증상
칼슘	결핍	구루병, 골연화증, 영양 이차 부갑상선 기능 항진증
	과잉	손상된 골격 발달; 다른 무기질 결핍에 기여
	공급원	유제품, 가금류 및 육류분, 뼈
인	결핍	칼슘 결핍증과 동일
	과잉	칼슘 결핍증과 동일
	공급원	육류, 가금류, 생선
마그네슘	결핍	연조직 석회화, 장골 골간단 비대, 신경근 과민성
	과잉	식이 과잉 가능성 없음; 필요에 따라 흡수 조절
	공급원	대두, 옥수수, 곡물, 골분
황	결핍	보고되지 않음
	과잉	보고되지 않음
	공급원	육류, 가금류, 생선
철	결핍	저색소성 소구성 빈혈
	과잉	식이 과잉 가능성 없음; 필요에 따라 흡수 조절
	공급원	내장 고기
구리	결핍	저색소성 소구성 빈혈, 골격 성장 장애
	과잉	구리 대사의 유전 장애는 간 질환을 유발
	공급원	내장 고기
아연	결핍	피부병, 모발 탈색, 성장 지연, 생식 장애
	과잉	칼슘과 구리 결핍을 일으킴
	공급원	쇠고기 간, 검은 가금류 고기, 우유, 달걀 노른자, 콩류

무기질	분류	증상
망간	결핍	식이 결핍 가능성 없음; 골격 성장 장애, 생식 장애
	과잉	식이 과잉 가능성 없음
	공급원	육류, 가금류, 생선
요오드	결핍	식이 결핍 가능성 없음; 갑상선종, 성장 지연, 생식 장애
	과잉	식이 과잉 가능성 없음; 갑상선종
	공급원	생선, 쇠고기, 간
셀렌	결핍	식이 결핍 가능성 없음; 골격 및 심장 근병증
	과잉	식이 과잉 가능성 없음; 괴사성 심근염, 독성 간염 및 신염
	공급원	곡물, 육류, 가금류
코발트	결핍	식이 결핍 가능성 없음; 비타민 B12 결핍, 빈혈
	과잉	보고되지 않음
	공급원	생선, 유제품

1 칼슘(Calcium, Ca)과 인(Phosphorus, P)

칼슘과 인은 신체 내에서 서로의 수준을 조절하는 항상성 메커니즘 및 신진대사와 밀접하게 연관되어 있다. 칼슘은 뼈의 주요 무기(Inorganic) 성분이며, 인체 칼슘의 99%가 골격에서 발견된다. 나머지 1%는 세포외액과 세포내액 전체에 분포한다. 또한 인은 뼈의 중요한 구성 요소이며, 체내 인의 약 85%는 뼈와 치아에서 수산화인회석(Hydroxyapatite)으로 칼슘과 무기 결합되어 발견된다. 인의 나머지 대부분은 연조직의 유기 물질과 결합하여 발견된다.

칼슘의 지속적인 흡수 및 침착을 통해 적절한 혈중 칼슘 수준이 유지되어서 골격이 구조적으로 형성하는 데 기여한다. 뼈 조직의 칼슘 요구량은 일정양으로 정해진 상태가 아니라 뼈의 성장과 유지가 일어나고, 혈장 칼슘에 대한 신체의 요구량이 변함에 따라 지속적으로 흡수 및 침착의 과정이 반복된다. 순환하는 혈장 칼슘의 수준은 항상성 메커니즘을 통해 엄격하게 제어되며, 또한 순환하는 칼슘은 신경자극 전달, 근육 수축, 혈액 응고, 특정 효소 시스템의 활성화, 정상적인 세포막 투과성 및 수송 유지, 심장 기능에 필수적인 역할을 한다.

뼈에 존재하는 인은 주로 수산화인회석(Hydroxyapatite)이라고 하는 화합물의 형태로 칼슘과 결합하여 발견된다. 칼슘과 마찬가지로 인은 골격에 구조적 지지를 제공하고 항상성 메커니즘에 반응하여 혈류로 방출된다. 신체의 연조직에서 발견되는 인은 다양한 기능을 가지고 있으며 신체의 거의 모든 대사 과정에 관여한다. 이는 세포 안팎으로 용질의 수송을 조절하는 데 중요한 세포 디옥시리보핵산(DNA) 및 리보핵산(RNA), 여러 비타민 B군 조효소 및 세포막의 인지질의 구성성분이다. 또한 인은 에너지 함유 영양소의 대사를 위한 많은 산화 경로의 일부인 인산화 반응에 필요하다. 인은 아데노신삼인산(ATP), 아데노신이인산(ADP) 및 고리형아데노신일인산(cAMP)의 고에너지 인산염 결합의 구성 요소이다.

앞서 언급했듯이 신체에는 순환 혈장 칼슘의 일정한 수준을 유지하도록 몇 가지 항상성 메커니즘이 존재한다. 이러한 기전에는 부갑상선 호르몬(Parathyroid hormone, PTH), 칼시토닌 및 활성 비타민 D(Calcitriol)가 관여한다. 부갑상선 호르몬은 혈장 칼슘의 약간의 감소에 대한 반응으로 혈류로 방출된다. 이 호르몬은 신장에서 활성 비타민 D의 합성을 자극하고 뼈에서 칼슘과 인의 흡수를 증가시킨다. 또한 신장 세뇨관에 작용하여 칼슘 재흡수를 증가시키고 인 재흡수를 감소시켜 체내 칼슘 보유량을 증가시키고 요중 인산염 손실을 증가시킨다. 차례로, 부갑상선 호르몬에 반응하여 신장에서 생성된 활성 비타민 D는 장의 부위에서 작용하여 식이 칼슘과 인의 흡수를 증가시킨다. 부갑상선 호르몬과 함께 비타민 D는 또한 파골세포의 활동을 증가시켜 뼈에서 칼슘의 이동을 향상시킨다. 전반적으로, 부갑상선 호르몬의 작용은 칼슘의 혈청 농도를 증가시키고 인의 혈청 농도를 감소시키는 것이다. 활성 비타민 D의 순(Net) 효과는 혈청 칼슘과 인의 수치를 모두 증가시키는 것이다.

혈중 칼슘 농도가 정상이면 음의 피드백 기전(Negative feedback mechanism)을 통해 부갑상선 호르몬 분비가 억제되고 갑상선의 방여포세포(Parafollicular cell, 또는 Clear cell)에서 생성되는 호르몬인 칼시토닌이 분비된다. 칼시토닌은 주로 뼈조직에서 조골세포 활성을 증가시키고 파골세포 활성을 감소시키는 작용을 함으로써 혈중 칼슘 수치를 낮추는 기능을 한다. 최종 결과는 골격에서 칼슘 동원(Mobilization)의 감소이다. 또한 칼시토닌은 고칼슘혈증 및 가스트린과 같은 특정 호르몬의 방출에 반응하여 방출된다. 정상적인 생리학적 상황에서 부갑상선 호르몬과 활성 비타민 D는 칼슘 항상성의 가장 중요한 조절 인자이며, 칼시토닌은 더 작은 역할을 한다. 그러나 칼시토닌은 성장, 임신 및 수유 중 칼슘 조절의 정상적인 항상성 기전에서 중요성이 증가할 수 있다.

신체에서 일반적인 항상성 메커니즘을 갖는 것 외에도 칼슘과 인은 서로 중요한 관계를 가지고 있다. 길항작용은 두 개의 요인이 동시에 작용할 때 서로 그 효과를 상쇄하는 것이며, 길항작용은 몸의 항상성을 유지하는 데 도움이 된다. 적절한 수준의 칼슘과 인이 식단에 포함되면 칼슘과 인의 비율을 고려하는 것이 중요하다. 과도한 식이 칼슘은 인과 불용성 복합체를 형성하여 인 흡수를 감소시킨다. 유사하게, 사료에서 높은 수준의 인 또는 파이테이트(Phytate)는 칼슘 흡수를 억제할 수 있다. 파이테이트는 곡물의 외피에서 발견되는 인 함유 화합물이다. 이 화합물은 인 함량이 높지만, 무기질은 몸에 제대로 이용되지 않는다. 반려동물 사료의 칼슘 대 인의 권장 비율은 1:1에서 2:1 사이이다. 칼슘:인 비율이 부적절한 동물 사료를 섭취하거나 이러한 무기질 중 하나를 많이 함유한 균형 잡힌 식품을 보충하면 칼슘 또는 인 불균형이 발생할 수 있다. 이러한 문제는 일반적으로 성장하는 동물과 성체 동물에서 골격 질환으로 나타난다.

칼슘 함량은 식품에 따라 매우 다양하다. 유제품과 콩류에는 많은 양이 포함되어 있지만 곡물, 고기 및 장기 조직에는 아주 적은 양이 포함되어 있다. 식품 내 칼슘의 생체이용률은 무기질 공급원뿐만 아니라 다른 식이 성분 및 동물의 생애 단계에 의해서도 영향을 받는다. 인은 다양한 식품에 분포되어 있다. 인과 칼슘을 모두 포함하는 식품에는 유제품과 콩류가 있다. 생선, 육류, 가금류 및 내장육도 인의 매우 풍부한 공급원이다. 그러나 이러한 식품은 칼슘 함량이 매우 부족하므로 개와 고양이의 식단에 포함하기 위해서는 적절한 칼슘과 인의 비율이 유지되도록 식이 공급원들의 균형을 이루어야 한다.

2 마그네슘(Magnesium, Mg)

마그네슘은 다량 무기질에 속하며, 체내에서 그 양은 칼슘과 인보다 훨씬 적다. 체내에서 발견되는 마그네슘의 약 60~70%는 뼈에 인산염과 탄산염의 형태로 존재한다. 나머지 마그네슘의 대부분은 세포 내에서 발견되며 매우 작은 부분이 세포외액에 존재한다. 골격에 구조를 제공하는 역할 외에도 마그네슘은 여러 대사 반응에서 기능을 한다. 마그네슘-ATP 복합체는 여러 대사 반응에 기질로 사용되는 아데노신삼인산(ATP)의 한 형태이다. 세포내액의 양이온으로서 마그네슘은 탄수화물과 단백질의 세포 대사에 필수적이다. 단백질 합성은 이온화된 마그네슘의 존재를 필요로 한다. 칼슘, 나트륨 및 칼륨과 세포외액의 균형을 이루는 마그네슘은 근육 수축과 신경 자극의 적절한 전달을 허용한다. 마그네슘은 식품 공급원의 종류는 다양하며, 전체 곡물, 콩류 및 유제품에 풍부하다. 자연적으로 발생하는 마그네슘 결핍은 개와 고양이에서 흔하지 않다. 그러나 고농도의 마그네슘 급여는 고양이에게 스트루바이트 요로결석증(Struvite urolithiasis)을 유발할 수도 있다.

3 황(Sulfur, S)

유황은 많은 유황 함유 화합물의 합성을 위해 신체에서 필요하다. 유황 화합물으로는 황산 콘드로이틴, 연골에서 발견되는 점액 다당류, 호르몬 인슐린 및 항응고제 헤파린이 포함된다. 아미노산 시스테인의 일부인 황은 조절 트리펩티드 글루타티온에서 발견된다. 글루타티온은 모든 세포에 존재하며 글루타티온 퍼옥시다제 효소와 함께 작용하여 과산화물(Peroxides)의 파괴적인 영향으로부터 세포를 보호한다. 또한 세포막을 통해 아미노산을 운반하는 역할을 할 수 있다. 또한 황은 비타민 B군 중 두 가지인 비오틴과 티아민의 구성 성분이다. 체내에서 유황은 대부분 유기 화합물의 구성 요소로 존재한다. 체내 유황의 가장 큰 부분은 유황 함유 아미노산인 시스틴과 메티오닌의 성분으로 단백질 내에서 발견된다. 대부분의 식이 유황은 메티오닌과 시스틴 형태로 제공된다. 식단에 존재하는 무기 황산염은 신체에 잘 흡수되지 않는다. 자연적으로 발생하는 황 결핍은 개나 고양이에게서 입증되지 않았으며, 사료 내 적절한 양의 황 함유 아미노산이 황을 공급하는 것으로 알려져 있다.

4 철(Iron, Fe)

철은 모든 신체 세포에 존재하지만 가장 큰 부분은 단백질 분자인 헤모글로빈(>65%)과 미오글로빈(~4%)의 구성 요소로 발견된다. 헤모글로빈은 적혈구에서 발견되며 폐에서 조직으로 산소를 운반한다. 미오글로빈은 근육 세포에서 즉시 사용하기 위해 산소와 결합한다. 또한 철은 여러 다른 효소의 보조인자이며, 세포 호흡 동안 수소 이온 수송 기능을 하는 시토크롬 효소의 구성요소이다. 식이 철은 무기 이온(제2철 또는 제1철) 또는 주로 헴(Heme) 분자의 일부로 유기적으로 결합된 철로 공급된다. 신체의 무기질 필요량, 장내의 환경, 섭취하는 음식의 종류 등 여러 요인이 체내 흡수에 영향을 미친다. 제2철(Fe^{+2})은 제3철 상태(Fe^{+3})보다 흡수가 용이하다. 유사하게, 동물성 식품 공급원의 헤모글로빈과 미오글로빈에서 유래하는 헴 철은 식물성 식품 및 일부 동물성 식품에서 발견되는 비헴철(Nonheme)보다 흡수가 더 용이하다. 성장기 및 임신 기간과 같이 체내 철분 저장량이 적고 대사 요구량이 증가하면 철분 흡수 효율이 높아진다. 철분 흡수를 억제할 수 있는 요인에는 파이테이트(Phytate), 인산염 및 옥살산염과 과도한 아연과 칼슘의 섭취가 있다.

철은 수송 단백질 트랜스페린에 결합된 상태에서 혈류로 수송되고, 다른 2개의 단백질인 페리틴 및 헤모시데린에 결합되어 조직에 저장된다. 또한 페리틴과 트랜스페린은 철 흡수와 수송의 조절에 관여한다. 신체에서 철분의 주요 저장 장소는 간, 비장 및 골수이다. 대부분 동물은 효율적으로 철분을 저장하기 때문에 저장된 철분의 손실을 최소화한다. 헤모글로빈의 철은 적혈구가 대사될 때 재사용되며, 신장을 통해 배설되는 양은 미미하다. 동물 체내 철분 요구량은 출산, 부상, 기생충 감염, 위장 질환과 같은 특수한 상태에서 급격히 증가한다. 철 결핍은 피로와 우울증과 같은 증상을 보이며, 저색소성 소구성 빈혈(Hypochromic microcytic anemia)을 초래하며, 과잉 섭취 시 독성의 위험이 있다. 간과 신장과 같은 내장의 고기는 철분이 풍부한 식품이다. 육류, 달걀노른자, 생선, 콩류, 전곡류도 철분을 포함하고 있다. 식물유래 철과 동물성 식품에 있는 철의 약 60%는 헴철만큼 효율적으로 흡수되지 않는 비헴철의 형태이다. 개와 고양이 사료에 포함된 일반적인 철 공급원에는 찐 뼈분말, 인산이칼슘(Dicalciium phosphate), 황산제일철칠수화물(Ferrous sulfate heptahydrate)이 있다. 철분 결핍으로 인한 빈혈은 개와 고양이에서 극히 드물다. 그 때문에 개와 고양이에서 발생하는 철 결핍의 원인은 심각한 기생충 감염이나 출혈을 통한 혈액 손실이 있을 경우이다.

5 구리(Copper, Cu)

구리와 철의 대사와 기능은 서로 밀접하게 연관되어 있다. 구리는 식이 철분의 정상적인 흡수와 수송에 필요하며, 철과 함께 구리는 헤모글로빈 형성에 필수적이다. 혈액에서 발견되는 대부분 구리는 혈장 단백질인 세룰로플라스민(Ceruloplasmin)에 결합되어 있다. 이 단백질은 구리의 운반체로 작용하고 트랜스페린에 결합하는데 필요한 혈장 내 철의 산화에 작용하여 페록시다제(Ferroxidase)라고 한다. 세룰로플라스민은 간에 저장된 철을 동원하는 데 관여한다.

여러 다른 금속 효소의 구성요소로서 구리는 아미노산 티로신을 멜라닌 색소로 전환하고 결합 조직(콜라겐과 엘라스틴)을 합성하며 시토크롬 산화효소 시스템에서 아데노신삼인산(ATP)을 생산하는 데 필요하다. 또 다른 구리 금속효소인 슈퍼옥사이드 디스뮤타제는 슈퍼옥사이드 라디칼에 의한 산화적 손상으로부터 세포를 보호한다. 구리는 골격이 발달되는 동안 정상적인 조골세포 활동에 필요하다. 체내에서 구리의 농도가 가장 높은 체내 기관은 간이다. 장에서 흡수된 후 혈장 단백질 알부민과 복합된 구리는 문맥을 통해 간으로 운반된다. 저분자량 세포질 단백질인 메탈로티오네인은 구리와 결합하고 간으로의 수송을 조절하는 데 관여한다. 구리는 간에 저장되어 체내에서 사용하기 위해 세룰로플라스민 및 기타 단백질에 통합되며, 필요 이상의 구리는 담즙으로 배설된다. 구리의 공급원은 간, 밀기울, 곡물의 배아가 있다. 반려동물 사료에서 구리는 염화 제2구리 또는 황산 제2구리의 형태로 이용된다. 철 대사와 헤모글로빈 형성에서 구리의 중요성 때문에 구리 결핍은 철 결핍에서 나타나는 것과 유사한 저색소성 소구성 빈혈을 유발한다. 결핍의 다른 징후로는 유색 모발의 탈색소 및 어린 동물의 골격 성장의 손상이 있다. 구리 결핍은 개와 고양이에서 흔하지 않지만, 구리 중독증을 유발하는 유전성 구리 대사 장애는 여러 다른 품종의 개에서 발생한다.

6 아연(Zinc, Zn)

아연은 신체의 많은 조직에 분포되어 있으며 탄수화물, 지질, 단백질, 핵산 대사에 영향을 미친다. 아연은 탄산탈수효소, 젖산탈수소효소, 알칼리성 인산분해효소, 카르복시 펩티다아제 및 아미노 펩티다아제를 포함하는 많은 금속효소의 구성요소이다. 아연은 DNA, RNA 및 단백질 합성의 보조인자이며, 정상적인 세포의 면역과 생식 기능에 필수적이다. 철분과 마찬가지로 아연의 흡수는 여러 요인의 영향을 받는다. 메탈로티오네인은 아연과의 결합에 친화력이 높으며, 아연 흡수 및 대사 조절에 관여한다.

아연의 필요성이 증가함에 따라 아연 흡수의 신체 효율성은 증가한다. 육류 및 달걀과 같은 동물성 아연 공급원은 일반적으로 식물 공급원보다 더 쉽게 흡수된다. 과도한 수준의 칼슘, 철, 구리, 섬유질 및 피테이트의 섭취는 체내에서의 아연 흡수를 감소시킨다. 아연은 단백질 합성의 역할 때문에 결핍 시 동물의 성장이 지연되기도 한다. 식욕 부진, 고환 위축, 생식 기능 장애, 면역 체계 기능 장애, 결막염, 피부 병변의 증상도 발견된다. 개와 고양이에서 피부와 털의 변화는 일반적으로 아연 결핍의 첫 번째 임상 징후이다. 거친 털과 피부 병변이 동반되는 부전각화증(Parakeratosis) 및 과각화(Hyperkeratinization)의 증상을 보인다. 흔하지는 않지만, 자연적으로 발생하는 아연 반응성 피부병이 반려동물에서 확인되었다. 또한 일부 개 품종에서 유전적으로 영향을 받은 아연 흡수 및 대사 이상이 보고되어 영향을 받는 동물에서 아연 요구량이 증가한다.

일부 개 품종에서는 유전적 영향으로 인해 아연 대사와 흡수의 이상이 발생하여 높은 아연 요구량이 필요하다.

7 망간(Manganese, Mn)

대부분의 다른 미량 무기질과 마찬가지로 망간은 대사 반응을 촉매하는 여러 세포 효소의 구성 요소로 기능을 한다. 많은 양의 망간은 세포의 미토콘드리아에 위치하여 영양소 대사를 조절하는 다수의 금속-효소 복합체를 활성화한다. 이러한 복합체로는 피루베이트 카르복실라제 및 슈퍼옥사이드 디스뮤타제가 포함된다. 망간은 정상적인 뼈 발달과 번식에 필요하다. 우수한 망간의 공급원인 식품은 땅콩과 같은 콩과 식물과 통곡물이 있다. 어패류를 제외한 동물성 식품에는 망간이 많이 포함되어 있지 않다. 자연적으로 발생하는 망간 결핍은 개나 고양이에서 보고된 바 없다. 그러나 망간 결핍은 다른 동물에서 성장 저하, 생식 장애, 지질 대사 장애를 일으킨다.

8 요오드(Iodine, I)

요오드는 갑상선에서 티록신과 트리요오드티로닌이라는 호르몬을 합성하기 위해 필요한 무기질이다. 티록신은 세포 산화 과정을 자극하고 기초 대사율을 조절한다. 요오드 결핍의 주요 징후는 갑상선 비대인 갑상선종이다. 심한 요오드의 결핍은 어린 동물에서 크레아틴증을 유발하며 증상으로는 성장 저하, 피부 병변, 중추 신경계 기능 장애 및 다발성 골격 기형이 있다. 그러나 일반적으로 자연적인 요오드 결핍은 개나 고양이에서 발생하지 않는다.

9 셀레늄(Selenium, Se)

셀레늄은 글루타치온 과산화효소의 필수 성분으로서 산화 손상으로부터 세포막을 보호한다. 글루타치온 과산화효소는 세포막 지질의 산화에 형성되는 지질 과산화물을 비활성화한다. 이 역할을 통해 셀레늄은 비타민 E 및 황 함유 아미노산인 메치오닌 및 시스틴과 밀접한 관계가 있다. 비타민 E는 세포막의 다중불포화지방산(Polyunsaturated fatty acids, PUFA)을 산화적 손상으로부터 보호하여 과산화지질의 방출을 방지한다. 형성되는 과산화물의 수를 줄임으로써 비타민 E는 셀레늄의 세포 사용을 절약한다. 황 함유 아미노산은 글루타치온 과산화효소의 형성에 필요하므로 셀레늄 대사에 중요하다. 셀레늄의 공급원은 곡물, 육류 및 생선이 있다. 셀레늄은 음식에 풍부하므로 자연적으로 발생하는 결핍은 개와 고양이에게 문제가 되지 않는다. 그러나 다른 미량 원소와 마찬가지로 과잉 셀레늄 섭취는 유독하다.

10 코발트(Cobalt, Co)

코발트는 비타민 B_{12}의 구성 성분이다. 현재 코발트의 체내 기능은 확인되지 않았다. 개와 고양이의 식단에 충분한 양의 비타민 B_{12}가 포함되어 있으면 추가 코발트가 필요하지 않다.

11 크롬(Chromium, Cr)

크롬은 포도당 내성인자로 알려진 유기 복합체의 구성 요소이다. 이 인자는 포도당 및 기타 영양소의 정상적인 대사에 필요한 인슐린의 작용을 향상하는 기능을 한다. 인간의 경우 크롬 결핍은 비정상적인 포도당 이용 및 인슐린 저항성과 관련이 있는 것으로 나타났다. 또한 크롬의 낮은 섭취 또는 크롬의 대사 장애가 당뇨병 발병과 관련된 요인일 수 있다. 개와 고양이를 대상으로 한 최근 몇 가지 연구에서 포도당 대사, 인슐린 감수성 및 면역 반응성에 대한 크롬 급여효과가 조사 되었으며, 이 연구에서 사용된 크롬첨가제는 크롬 트리피콜리네이트(Chromium tripicolinate)이었다.

12 기타 무기질(Other microminerals)

다른 종의 포유류가 필요로 하는 몇 가지 미량 원소가 있지만 아직 개와 고양이에게 필수적인 것으로 입증되지는 않았다. 여기에는 규소(Silicon, Si), 납(Lead, Pb), 니켈(Nickel, Ni), 루비듐(Rubidim, Rd), 몰리브덴(Molybdenum, Mo), 바륨(Barium, Ba), 보론(Boron, Bo), 불소(Fluorine, F), 브롬(Bromine, Br), 비소(Arsenic, As), 스트론튬(Strontium, Sr), 및 알루미늄(Aluminium, Al) 등이 포함된다. 최소 요구 사항이 아직 설정되지 않았음에도 개와 고양이에게도 이러한 요소가 필요할 가능성은 높다. 이러한 무기질은 식품 성분에 널리 퍼져 있으며 신체에 매우 소량으로 필요한 반면에, 과량 섭취 시에는 매우 독성이 있는 것으로 나타났다.

① 규소(Silicon, Si)

규소(Si)가 부족하면 정상적인 성장이나 발육이 지장이 있고 피부 점막 등에 빈혈 현상뿐만 아니라 뼈의 발육이 저하된다. 또한 골수 부분이 줄고, 다리뼈의 탄력성이 줄어들며, 이빨의 착생이 불량해지고, 골격의 초기 형성이 정상적으로 진행되지 않는다. 규소는 모노실리산(Monosilic acid) 형태로 흡수되며, 오줌을 통해 배설된다.

② 납(Lead, Pb)

납(Pb)은 체내 축적성 광물질이며, 중독성이 상당히 강한 물질도 인식되어 왔다. 납은 90% 정도는 뼈 속에 존재하며, 일부는 간·신장·모발 등에 분포한다. 납의 체내 축적은 칼슘과 인의 섭취량이 부족하거나 철분이 부족할 때 심화되는데, 과다 축적이 되면 아래와 같은 중독증상을 일으킨다. 체중감소, 세뇨관의 기능 저해에 의한 아미노산요증과 당뇨증, 뇌 조직의 발육 불량 및 중추신경계 마비로 인한 자극 전달 장애, 헴(Heme) 생성 부진에 의한 빈혈증 및 적혈구의 수명 단축, 호흡작용의 불량에 의한 시토크롬 함량의 감소, 세균감염 및 바이러스성 질병에 의한 저항력 약화, 유화수소기와 결합하여 각종 효소의 활력 저하 등이다.

③ 니켈(Nickel, Ni)

동물체 내에서 니켈(Ni)은 허파에만 많이 들어 있을 뿐 매우 적은 양이 분포되어 있다. 니켈은 흡수율이 상당히 낮고, 또한 흡수된 니켈도 체내에 거의 축적되지 않고 오줌으로 배설된다. 특히 니켈이 부족하면, 철의 흡수가 지연된다.

④ 루비듐(Rubidim, Rd)

루비듐(Rd)은 칼륨과 물리·화학적으로 밀접한 관계를 가지고 있는 무기물이다. 체내의 어느 특정 부위에 집중적으로 축적되지 않으며, 뼈 속의 함량도 상당히 낮다. 혈중에서는 혈장 내 농도가 높은 편이다. 루비듐의 영양소의 효과는 다음과 같다. 칼륨과 같이 어류의 리튬(Li)의 중독성을 완화해주며, 정충의 활력, 효모의 발효능력에 효과적이며, 미토콘드리아의 기능증진에 의한 TCA회로 등에 영향을 준다. 칼륨을 대체할 수도 있어, 칼륨의 결핍에 의한 신장과 근육의 손상을 완화해 준다. 루비듐을 과다 섭취하면 체내 농도가 증가하나, 오줌을 통해서 서서히 배설되어 곧 정상 수준으로 회복된다.

⑤ 몰리브덴(Molybdenum, Mo)

몰리브덴은 크산틴산화제(Xanthine oxidase)의 구성성분으로, 몰리브덴의 섭취량에 따라 수준이 달라진다. 크산틴산화제는 시트크롬 C와 함께 작용하여 크산틴을 요산으로 산화시키는 능력이 있으며, 하이포크산틴(Hypoxanthine)과 같은 퓨린 또는 방향성 알데히드(Aromatic aldehyde)의 산화를 촉진한다. 유기태나 무기태 몰리브덴 모두 잘 흡수되나 특히, 수용성 몰리브덴염이 잘 흡수된다. 잘 녹지 않는 몰리브덴산(MoO_3)이나 몰리브덴칼슘($CaMoO_4$) 등도 쉽게 흡수된다. 몰리브덴의 체내 대사는 구리와 황산염(SO_4^{2-})과 밀접한 관계를 가지는데, 황산염기(Sulfate radical)의 공급물질인 단백질, 특히 황함유 아미노산인 메티오틴과 시스틴의 섭취량에 의해 상당한 영향을 받는다. 특히, 몰리브덴 중독 시에 무기태 황산염은 몰리브덴의 소변으로 분비를 촉진한다. 몰리브덴 중독증으로는 심한 설사, 성장률의 저하, 체중감소, 피모 탈색, 탈모증, 부종, 빈혈, 정충 생산의 부진, 유(Milk) 생산의 감소 등이 있다. 몰리브덴 중독이 빈혈을 일으키는 것은 구리의 이용률 저하에 의한 현상으로 생각된다. 몰리브덴 중독의 치료나 예방을 위해서는 충분한 양의 동물성 단백질과 함께 황산구리를 공급해야 한다.

⑥ 바륨(Barium, Ba)

바륨(Ba)은 체내 흡수율이 낮고 축적량이 적어, 다량 섭취해도 거의 중독 증세가 나타나지 않는 것으로 알려져 있다.

⑦ 보론(Boron, Bo)

보론(Bo)은 각 체 조직에 널리 퍼져 있으나, 뼈 안에 가장 많이 들어 있다.

⑧ 불소(Fluorine, F)

불소(F)는 체내 각 부위에 널리 분포되어 있으나, 특히 뼈와 이빨에 많이 들어 있으며, 뼈조직에서는 대부분이 무기물 형태로 함유되어 있다. 다량의 불소 이온은 생체 내에서 해당작용을 방해한다. 글루코오스-6-인산 탈수소효소의 활성을 잃게 하기 때문이다. 이 밖에도 ATPase, 리파아제, 알칼린 포스파타아제 등의 활성에도 영향을 미칠 수 있다. 불소의 중독증상으로는 뼈의 정상적인 색깔을 잃게 하고 굵어지게 할 뿐만 아니라 조직이 엉성하게 되어 부스러지거나 부러지기 쉽게 된다고 알려져 있다.

⑨ 브롬(Bromine, Br)

브롬(Br)은 미량무기질 중에서는 생물계에 상당히 많은 양이 존재하며, 염소(Cl)와는 상호대체가 잘 되는 무기질로 알려져 있다.

⑩ 비소(Arsenic, As)

비소(As)는 체내 각 조직과 체액에 널리 분포되어 있다. 특히, 그중 약 80% 정도는 적혈구에 들어 있다. 흡수된 비소의 대부분은 소변으로 배설된다. 비소를 너무 많이 섭취하면 활성 티올기(active thiol group)를 가지는 효소들의 작용 억제로, 어지럼증 및 구토, 설사 및 심한 복통, 신체 허약 및 피로, 말초신경장애 및 근육통, 두통 및 발작, 체중감소 등의 증상이 나타난다.

⑪ 스트론튬(Strontium, Sr)

스트론튬(Sr)은 골격 형성 과정에서 칼슘과 상호작용이 있는 것으로 알려졌다. 체내에 흡수된 스트론튬은 혈류를 통해서 신체 각 조직에 전달되며, 칼슘과의 이온교환에 의해서 체 조직에 축적되는 것으로 사료된다.

⑫ 알루미늄(Aluminium, Al)

알루미늄(Al)의 숙신산 탈수소효소(Succinic dehydrogenase)와 시토크로 C에 들어 있거나, 또는 이들 두 물질 간의 상호작용으로 영향을 주는 것으로 사료된다. 알루미늄의 흡수와 체내 축적은 불소의 섭취량에 의해서 영향을 받는다. 다량의 알루미늄을 섭취하면 약간의 중독 증세를 보이는데, 이는 소화기를 자극하고, 인의 흡수를 저해하기 때문이다. 또한 알루미늄은 체내에서 인산화반응을 억제하므로 ADP나 AMP로부터 ATP 생성을 저해하기도 한다.

13 전해질

① 칼륨(Potassium, K)

칼륨은 세포내액의 주요 양이온이다. 세포 칼륨의 약 1/3이 단백질에 결합하여 있다. 나머지는 이온화된 형태로 발견된다. 세포 내의 이온화된 칼륨은 삼투압에 의해 적절한 체액 부피를 유지한다. 세포 칼륨은 수많은 효소 반응에 필요하다. 세포외액에 존재하는 소량의 칼륨은 신경 자극의 전달과 근육 섬유의 수축을 돕는다. 칼륨 균형의 유지는 심장 근육의 정상적인 기능에 특히 중요하다. 많은 음식에는 칼륨이 포함되어 있다. 육류, 가금류 및 생선은 모두 풍부한 공급원이며 곡류와 대부분 채소에도 다량 함유되어 있다. 대부분 음식에 칼륨이 풍부하므로 식이 기원의 칼륨 결핍은 개와 고양이에서 매우 드문 일이다.

② 나트륨(Sodium, Na)

이온화된 나트륨은 세포외액에서 발견되는 주요 양이온이다. 나트륨은 세포외액의 수성 환경을 유지하는 1차 삼투압을 제공한다. 그것은 신경 세포의 정상적인 과민성과 근육 섬유의 수축성을 유지하기 위해 다른 이온과 함께 기능한다. 나트륨은 또한 세포막의 투과성을 유지하는 데 필요하다. 나트륨 "펌프"는 세포내액과 세포외액 구획 사이의 전해질 균형을 조절한다. 식단에서 나트륨의 주요 공급원은 대부분 가공 식품에서 식품 보존에 사용되는 염화나트륨이다. 가공 제품 외에도 자연적으로 나트륨 함량이 높은 식품에는 유제품, 육류, 가금류, 생선, 달걀 흰자위 등이 있다. 이 무기질이 음식에 풍부하므로 나트륨 결핍은 개와 고양이에게 문제가 되지 않는다. 반대로, 과도한 나트륨 섭취는 일부 인간 집단에서 고혈압의 가능한 원인 인자와 관련이 있다. 나트륨 함량과 고혈압에 대한 상관관계는 입증이 되지는 않았지만 높은 나트륨 함량은 구토, 발작, 심박수 증가 등 다양한 병변을 유발한다고 알려져 있다. 이러한 이유로 나트륨 함량이 높은 일부 상업용 식품을 포함하여 높은 나트륨 섭취가 개에게 미치는 영향이 조사되었다. 결론적으로 개와 고양이는 생리학적으로 다양한 나트륨 섭취량에 적응할 수 있는 것으로 보인다.

③ 염소(Chlorine, Cl)

염소 이온은 세포외액에 존재하는 총 음이온의 약 2/3를 차지한다. 염소는 신체의 정상적인 삼투압, 수분 균형 및 산－염기 균형의 조절에 필요하다. 염소는 또한 위에서 염산(HCl)을 형성하는 데 필요하다. 염산은 여러 위 효소의 활성화와 위에서 소화의 시작에 필요하다. 동물이 섭취하는 대부분의 염소는 나트륨과 관련이 있으므로 하루 섭취량은 일반적으로 나트륨 섭취량과 비슷하다. 칼륨 및 나트륨과 마찬가지로 식이성 염소 결핍은 개와 고양이에서 흔한 문제로 밝혀지지 않았다.

제2절 반려동물의 무기질 요구 사항

무기질은 대부분의 다른 영양소와 마찬가지로 개와 고양이의 무기질 영양 문제는 식단의 명백한 결핍의 영향보다는 다른 영양소와의 상호 작용으로 인한 과잉 또는 불균형으로 인해 야기된다. 따라서 개와 고양이의 영양 및 사료 관리에서 가장 실질적으로 관계가 있는 무기질 중심으로 설명하고자 한다.

1 칼슘(Ca)과 인(P)

칼슘과 인은 골격의 형성과 유지에 필요한 다량 무기질이며, 또한 광범위한 대사 반응에 관여한다. 모든 영양소에 대한 개와 고양이 요구 사항을 고려할 때 식단의 가용성을 고려하여야 한다. 이것은 이러한 무기질의 생체 이용률에 영향을 줄 수 있는 많은 요인 때문에 칼슘과 인은 특히 더욱더 중요하다. 사용할 수 있는 칼슘에 대한 식이 요구량은 상당히 낮다. 초기 연구에서는 0.37%의 이용 가능한 칼슘 또는 0.5%에서 0.65%의 총 칼슘이 성장하는 강아지에게 적합하다고 보고하였다. 마찬가지로 고양이에게 고가용성 영양소가 포함된 정제된 사료를 먹였을 때 하루 150~200mg의 칼슘만으로도 정상적인 성장을 유지할 수 있다. 그러나 실제 식단을 먹였을 때 이 양은 최대 2배가 필요하다. 개와 고양이를 위한 현재 AAFCO 영양 프로필은 성장/생식을 위해 1.0% 칼슘과 0.8% 인, 성체 유지를 위해 0.6% 칼슘과 0.5% 인의 최소 수준을 권장하고 있다. NRC(National Research Council)는 모든 크기의 강아지에 대해 최소 0.8% 칼슘 수준을 권장하며, 이 수준은 대형견 및 거대 품종을 제외한 대부분 개에게 필요한 최소 요구량을 초과할 가능성이 높다. 성체 고양이가 부작용 없이 0.6:1의 낮은 비율로 식단을 섭취할 수 있다는 증거가 있지만, 대부분 영양학자는 1.2:1에서 1.4:1 사이의 식이 칼슘:인 비율이 동물에게 최적인 것으로 간주한다.

사료를 제작할 때 반려동물 사료 제조업체는 사용되는 다양한 성분의 칼슘 및 인 가용성 차이를 고려해야 한다. 칼슘의 흡수 계수는 식이의 구성, 동물의 나이, 식이의 총 칼슘 함량에 따라 0%에서 90% 사이로 변하는 것으로 보고되었다. 수많은 연구에 따르면 식단의 칼슘 함량이 한도 내에서 감소함에 따라 개의 흡수 효율이 증가하고 개가 성숙함에 따라 칼슘 가용성이 점차 감소한다는 사실이 밝혀졌다. 또한 성장하는 어린 동물이 성숙함에 따라 나이가 들면서 칼슘 흡수 계수가 감소한다. 개에서 고려하여야 할 또 다른 요소는 성견의 크기이다. 최근 자료에 의하면 칼슘의 최소 요구량은 개의 품종 크기에 따라 다를 수 있다. 대형견은 소형견보다 요구사항이 약간 높다. 그레이트 데인 강아지에 대한 연구에 따르면 0.55%의 총 칼슘은 적절하지 않은 반면, 0.82%는 정상적인 성장에 도움을 준다. 반대로 성장하는 미니어처 푸들에 관한 연구에 따르면 작은 품종의 강아지는 최저 0.36%, 최고 1.2%의 칼슘을 먹였을 때 정상적으로 성장을 하였다. 대형견은 식단에서 지나치게 높은 수준의 칼슘에 더 민감하므로, 성장하는 대형견 및 거대견을 위한 식이 칼슘 수준은 건강한 골격 발달을 지원하도록 신중하게 배합되어야 한다.

마지막으로 고려해야 할 사항은 반려동물 사료에 일반적으로 사용되는 성분 간에 칼슘과 인의 이용 가능성이 다르다는 것이다. 일반적으로 식물성 제품의 칼슘과 인은 동물성 제품보다 이용성이 떨어진다. 곡물(Cereal grains)에는 칼슘을 포함한 다른 무기질과 결합하여 흡수되지 않도록 할 수 있는 인 함유 화합물인 파이테이트(Phytate)가 포함되어 있다. 파이테이트는 산화 촉매로 작용하는 철(Fe)을 봉쇄해서 활성산소와 과산화물의 생성을 억제하여 산화에 의한 피부의 손상을 막아주는 천연의 항산화제로 알려져 있다. 파이테이트는 인 함량이 매우 높지만, 파이테이트 인의 가용성은 약 30%에 불과하다.

반면, 반려동물 사료에 포함된 동물성 단백질 중 일부는 인 함량이 높지만, 칼슘 함량은 상대적으로 낮다. 이러한 제품에는 신선한 육류 또는 가금류, 육류 또는 어분, 내장육이 포함된다. 결과적으로 반려동물 사료는 적절한 수준과 칼슘과 인의 적절한 비율이 모두 유지되도록 주의 깊게 제조되어야 한다. 오늘날 잘 정형화된 반려동물 사료의 생산으로 인해서 칼슘과 인의 결핍은 매우 드문 일이다. 또한 인은 많은 음식에 존재하기 때문에 이 무기질의 식이 결핍은 극히 드물다. 그러나 성장하는 개나 고양이의 칼슘 불균형은 부적절한 수유 습관의 결과로 발생한다. 칼슘 결핍은 강아지나 새끼 고양이에게 근육 내장 및 육류 위주의 식단을 급여하였을 때 가장 흔하게 발생한다. 이러한 유형의 식단은 이차 부갑상선 기능 항진증이라는 증후군을 유발한다.

모든 육류 식단의 낮은 칼슘과 극도로 높은 인 함량은 칼슘의 부적절한 흡수와 일시적인 저칼슘혈증으로 이어진다. 혈중 칼슘 농도가 낮아지면 부갑상선 호르몬(Parathyroid hormone, PTH)의 분비가 촉진된다. 부갑상선 호르몬은 칼시트리올(활성 비타민 D)의 생성을 증가시켜 칼슘의 뼈 흡수를 증가시켜 정상적인 혈중 칼슘 수치를 회복시킨다. 식이에서 칼슘이 결핍되면 만성적으로 증가된 부갑상선 호르몬 수치가 혈중 칼슘 수치를 정상 범위 내로 유지한다. 그러나 이러한 상승된 부갑상선 호르몬 수치는 뼈의 탈회와 질량의 손실로 이어진다. 개의 경우 하악골(턱뼈)이 뼈의 탈회 초기 징후를 보인다. 이것은 치주 질환과 치아 상실로 이어진다. 시간이 지남에 따라 심한 뼈 손실은 척추의 압박과 긴뼈의 자발적 골절로 이어지고 관절 통증과 붓기, 절뚝거림, 움직이기를 꺼리는 증상을 보인다. 발가락이 벌어지고 중족골(Metatarsal)과 중수골(Metacarpal) 뼈의 과도한 경사, 수근(Carpus)의 측면 편위 등도 관찰된다. 치료에는 영양학적으로 완전하고 균형 잡힌 배급을 통한 식단 교정이 필요하다. 칼슘 보충제를 추가하여 식단의 균형을 맞추려는 시도보다 결핍된 식단을 균형 잡힌 사료로 완전히 교체하는 것이 좋다.

신체의 칼슘 항상성과 관련된 두 번째 문제는 수유 중인 암컷 개와 고양이에서 산후 저칼슘혈증, 자간증 또는 산후마비가 발생하는 것이다. 자간증(Eclampsia)은 소형견에서 가장 흔히 볼 수 있는 질병이며 고양이에게서는 드물다. 발병은 분만 직전 또는 분만 후 2~3주에 발생하며 큰 새끼를 낳는 어미에서 더 흔하다. 이 장애는 수유로 칼슘이 손실될 때 혈청으로 이온화된 칼슘 수준을 유지하는 어미의 칼슘 조절 메커니즘의 장애로 인해 발생하는 것으로 보인다. 체내에서 이온화된 칼슘의 역할 중 하나는 신경과 근육 세포막을 통과하여 전하를 안정화하는 것이다. 혈청 칼슘 수치가 정상적이지 않으면 세포막이 과흥분하여 경련성 발작과 파상풍을 일으킨다. 또한 일부 개에 있어서는 과도한 헐떡거림, 행동 변화, 구토 또는 설사와 같은 비특이적 징후를 나타낸다. 혈청 칼슘 수치는 7mg/dl(deciliter) 미만으로 감소될 수도 있다. 일반적으로 혈청 칼슘은 9.5~10.5mg/dl 수준으로 엄격하게 유지된다. 따라서 이러한 상황에서는 칼슘 보로글루코네이트의 정맥 내 투여와 같은 즉각적인 치료가 필요하고, 가능하면 이러한 현상을 조기에 발견하고 치료하면 효과가 좋다는 것이 알려져 있다. 반려동물에 관한 연구는 수행되지 않았지만, 젖소에 대한 연구에 따르면 임신 중에 칼슘이 많이 함유된 식단을 섭취하면 실제로 이 장애의 발병률이 증가하고, 칼슘을 적당히 줄여 섭취하면 발병을 예방할 수 있다는 것이다. 임신 중 고칼슘식이 또는 칼슘 보충으로 인한 상대적인 고칼슘혈증은 부갑상선의 부갑상선 호르몬 합성 및 분비에 부정적인 피드백을 가한다는 이론이 있다. 이 효과는 뼈에서 저장된 칼슘을 동원하는 신체 능력과 장에서 칼슘 흡수를 증가시키는 능력 모두를 감소시킨다. 수유를 위해 갑자기 칼슘이 필요할 때 신체의 조절 메커니즘은 갑작스러운 칼슘 손실에 충분히 빠르게 적응할 수 없다. 칼슘은 우선적으로 우유 생산으로 전환되고 동물의 혈청 칼슘은 감소한다. 임신 중 과도한 칼슘과 자간증 사이의 상관관계는 개나 고양이에서 입증되지 않았지만, 이러한 종에서는 임신 중 칼슘 보충제를 피하는 것이 현명하다. 임신과 수유 기간용 고품질 시판 사료를 급여할 경우 칼슘 보충은 필요하지 않을 뿐만 아니라 과잉 급여하지 않는 것이 좋을 것이다. 성장하는 동안 너무 적은 양의 칼슘이 개와 고양이에게 해로울 수 있는 것처럼 과잉 급여 또한 마찬가지이다. 반려동물의 식단에서 과도한 칼슘의 가장 흔한 원인은 이미 균형 잡힌 반려동물 사료에 고칼슘 식품이나 무기질 보충제를 추가 급여하는 것이다. 적절한 칼슘은 정상적인 뼈 성장과 골격 발달에 필수적이지만 과도한 식이 칼슘은 부작용을 일으킬 수 있다. 가장 잘 알려진 위험 요인 중 하나는 대형견의 칼슘 섭취와 발달성 골격 장애 사이의 연관성이다.

2 마그네슘(Mg)

마그네슘은 연조직과 뼈 모두에 존재한다. 마그네슘은 정상적인 근육과 신경 조직 기능에 필수적이며 많은 효소 반응에서 핵심적인 역할을 한다. 개에서 연구되지는 않았지만, 성장하는 새끼 고양이의 마그네슘 흡수는 성장하면서 감소한다. 이러한 효율성 감소는 식이 칼슘이 과도하게 공급될 때 악화된다. 흔하지는 않지만, 마그네슘 결핍은 근육 약화, 운동 실조 및 결국 경련성 발작을 유발한다. 자연적으로 발생하는 마그네슘 결핍은 개와 고양이에서 보고되지 않았다. 반대로, 과도한 마그네슘은 특정 유형의 고양이 하부 요로 질환 발병의 위험 요소이다.

3 구리(Cu)

구리는 철 흡수 및 수송, 헤모글로빈 형성, 시토크롬 산화효소 시스템의 정상적인 기능을 위해 체내에서 필요하다. 체내에서 구리의 정상적인 대사는 과잉의 구리가 간을 통과하여 담즙으로 배설되는 것과 관련이 있다. 담즙 배설에 영향을 미치는 장애로 인해 간에 구리가 축적되는 경우가 많으며 때로는 독성 수준까지 축적된다. 이러한 경우, 간 구리 중독증은 기저 간 질환의 영향으로 발생하는 2차 장애이다. 그러나 특정 품종의 개에서 1차 간 구리 축적 질환이 존재한다. 근본 원인은 간에 구리가 축적되는 것이며, 결국에는 퇴행성 간 질환을 유발한다.

4 아연(Zn)

철을 제외하고 아연은 신체 조직에 존재하는 가장 풍부한 미량 무기질이다. 정상적인 탄수화물, 지질, 단백질 및 핵산 대사에 중요하며 표피 완전성, 미각 및 면역 기능 유지에 필요하다. 아연은 delta-6-desaturase(D6D) 효소의 보조인자이므로 체내에서 리놀레산이 아라키돈산으로 전환되는 데 필수적이다. 또한 리보핵산(RNA) 및 데옥시리보핵산(DNA) 중합효소의 보조인자로서 피부에서 발견되는 세포와 같이 빠르게 분열하는 세포에 중요한 무기질이 된다. 이 두 가지 기능으로 인해 연구자들은 개의 피부와 털 건강을 증진하고 잠재적으로 특정 유형의 염증성 피부 질환을 치료하기 위해 아연과 보조 지방산의 시너지 효과를 연구하게 되었다. 아연 결핍은 개와 고양이를 포함한 다양한 동물 종에서 보고되었다. 대부분 종에 공통적인 임상 징후로는 성장 지연, 모발 및 피부 상태의 이상, 위장 장애, 생식 능력 장애 등이 있다. 정상적인 세포 분열 및 성숙 과정의 붕괴는 이러한 징후 중 다수의 근본 원인으로 여겨진다. 개와 고양이의 아연 결핍에 관한 연구에 따르면 첫 번째로 피부와 털의 변화를 일으킨다. 아연이 결핍된 사료를 섭취한 지 2주 이내에 개는 발바닥, 사지, 관절 및 사타구니에 박리 피부 병변이 생길 것이다. 병변은 처음에는 작은 홍반성 영역으로 나타나며 결국 확대되어 건조하고 딱딱한 갈색 병변으로 나타난다. 병변은 부전각화증, 과각화 및 호중구, 림프구 및 대식세포의 염증성 침윤을 나타낸다. 아연 결핍 시 모색이 퇴색되며 모질은 건조해지는 것과 같은 털의 변화가 발생하는 것으로 보고되었다. 적절한 아연이 포함된 식단을 제공하면 이러한 임상 징후가 빠르게 해결된다. 크고 거대한 품종의 빠르게 성장하는 어린 개는 가장 취약한 것으로 보이지만 성체인 동물에서도 여러 사례가 보고되었다. 아연 결핍은 또한 과도한 칼슘 섭취에 의해서도 유발되는 것으로 알려져 있다. 아연 대사의 유전적 장애는 특정 품종의 개에서 발생하며 아연 결핍의 임상 징후를 유발한다.

5 나트륨(Na)

인간의 나트륨 섭취와 고혈압 사이의 연관성에 대한 우려는 반려동물 사료의 나트륨 함량과 반려동물의 건강에 미치는 영향에 관한 관심으로 이어졌다. 나트륨 요구량은 체내에서 나트륨의 손실에 의해 직접적인 영향을 받는다. 나트륨을 보존하는 신체의 능력은 개와 고양이의 식이 나트륨 요구량을 매우 감소하게 한다. 성견 및 성묘의 나트륨 요구량은 0.03%~0.09%(건물 기준) 사이이며 임신과 수유 중에는 약간 증가해야 한다. 대부분의 상업용 반려동물 사료에는 이러한 양보다 훨씬 많은 나트륨이 포함되어 있다. 모든 동물에서 염분 섭취가 증가하면 음수량이 증가한다. 개의 나트륨 균형은 주로 무기질의 소변량 변화를 통해 유지된다. 신체 요구량 이상으로 섭취량이 증가하면 소변양 및 나트륨 배설이 증가한다. 장기간의 염분 과잉으로 인한 가장 중요한 위험은 혈압에 미치는 영향이다. 이러한 연관성은 인간의 고혈압 발병의 인과 요인으로 밝혀졌지만, 개와 고양이에게서 아직 밝혀진 바가 없다. 하지만 반려동물에서 고혈압 증세는 드물게 나타나기도 한다. 개의 혈압에 대한 염분 섭취의 영향을 조사한 연구의 데이터에 따르면 개는 염분 보유 및 고혈압에 대한 내성을 보였다. 고염식사료를 섭취한 성견은 체중 증가나 부종 없이 매우 높은 수준의 염분 섭취에 저항할 수 있었고 신장 시스템은 식이 염분의 변화에 빠르게 적응하였다. 개와 고양이에서 고혈압이 발생하면 일반적으로 신장 질환의 결과로 발생하는 2차 장애이다. 추가 연구가 필요하지만, 개는 염분 유발성 고혈압 발병에 내성이 있는 것으로 보인다. 또한 반려동물은 소변으로 배출되는 나트륨 양은 반려동물 사료의 나트륨 함량과 연관이 있다.

CHAPTER

07

물과 대사작용

CHAPTER 07

물과 대사작용

제1절 물의 성질과 기능

물(water)은 지구상에 매우 풍부한 무기영양소이면서 천연자원으로 특이한 성질을 가지고 있다. 물은 주변의 환경에 따라 물성이 달라지는데 온화한 상태(25℃)에서는 액체로 있다가 온도가 100℃ 이상 올라가면 기화되거나 온도가 0℃ 이하로 내려가면 고체상태로 변한다. 물은 높은 열량과 그 열을 저장하는 능력이 우수하여 생명체가 다양한 자연환경의 변화에 대처할 수 있도록 해준다. 그러므로 물은 지구상의 모든 생명체를 살아가게 하는 원동력이다. 그러나 물이 동물과 같은 생명체에 어떻게 이바지하는지, 그 소중함에 대하여 설명할 필요가 있다.

1 물

물은 수소와 산소로 이루어져 있으며 생체분자의 주요 구성성분이다. 일반적으로 상온에서 색·냄새·맛이 없는 액체로 지구상에 풍부하게 존재한다. 또한 생체 내에서 열량이 없어 영양소로 제공될 수는 없지만, 체내 수용액 상태에서 물질들이 분해되고 합성되는 화학반응 장소로 활용된다. 생물체 내의 물 함유량은 인체의 경우 약 70%, 어류는 약 85%, 그 밖에 물속의 미생물은 약 95%로 구성되어 있다.

2 물의 결합 형태

물은 두 개의 수소원자($2H^+$)와 한 개의 산소원자($1O^-$)가 결합된 H_2O의 분자식을 가진다. 이 원자들은 크기와 전하(electric charge)가 달라서 분자 구조가 비대칭이 생기고 물과 물 그 자체를 포함한 다른 극성(polarity)분자 사이에 강한 결합이 생긴다. 이때 전자의 이동으로 양이온과 음이온들이 서로를 끌어당기며 형성되는 이온결합(ionic bond)은 염화나트륨(NaCl)의 나트륨이온과 염소이온 사이에서 일어나는 것과 동일하다(그림 7.1).

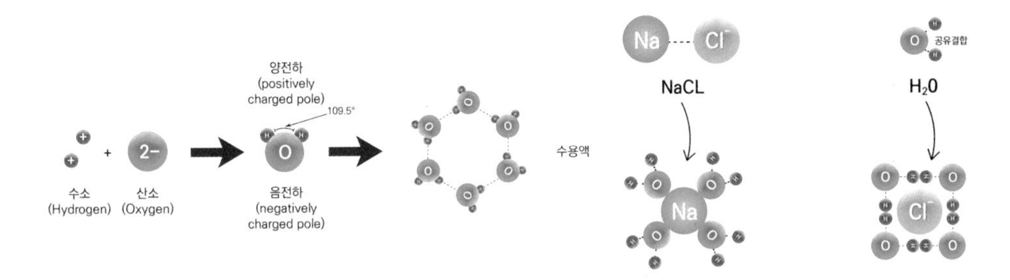

[그림 7.1] 물과 용매

전하를 띠지 않는 원자들은 전자를 공유하는 공유결합(covalent bond)을 형성함으로써 안정해진다. 이는 전자쌍을 공유하는 것을 말하며, 두 개의 산소($2O_1$) 원자 사이에서 산소(O_2)가 만들어지거나 물분자의 수소원자와 산소원자 사이에 일어나는 반응이다. 또한 생체분자들인 탄수화물, 단백질 등은 서로 공유결합을 하고 있으며 질소(N), 인(P), 황(S) 등과 같은 원소들과 결합하여 다양하고 복잡한 생체분자를 생성한다(표 7.1).

〈표 7.1〉 물의 화학적 구조유지 반응

종류	결합내용	예
공유결합	원자들은 전자쌍을 공유	물분자중 O−H(물에서 수소가 산소로 끌려감)
이온결합	한 원자들이 다른 원자를 끌어당기면 반대로 하전된 이온간 결합	소금물(NaCl)
수소결합	음전하를 띤 원자가 다른 양전하를 띤 원자와의 결합	물과 물분자 사이에서 수소와 산소 간의 결합

수소결합(hydrogen bond)은 극성 공유결합을 가지는 분자 내 혹은 분자 간의 약한 정기적 인력이 작용하나 상대적으로 양이 많아 이들이 모이면 상당한 영향력을 발휘한다. 이 결합은 물 분자를 기준으로 음전하를 띠는 산소는 다른 물 분자의 양전하를 띠는 수소를 끌어들여 전기적 인력을 형성하여 결합한다. 이러한 화학반응은 동물의 뇌에서 기억을 담당케 하거나 근육의 움직임, 에너지를 생산하는 등의 대사작용에서 빈번히 일어난다. 특히 핵산, 단백질 등 생체분자를 구성하게 하는 새로운 물질을 생성하기도 하고 분해해 생명체를 유지하는 데 중요한 생화학반응에 관여한다.

수소결합은 항상 생명체에 좋은 반응을 미치는 것은 아니다. 에너지를 생성하는 반응 중에서 전자가 쌍을 이루지 못하거나 그 이상의 전자를 가지고 있으면 매우 불안정하고 다른 분자와의 반응성이 크다. 이때 근처의 다른 분자와 인위적으로 결합해 버리는 경우가 있는데 이를 자유라디칼(free radical)이라 한다. 세포가 살아가는데 필요한 에너지는 세포내 미토콘드리아에서 산소를 환원하여 물이 되는 반응이 된다. 이때 1개의 산소에 2개의 전자를 전자전달계에서 전달하여 2개의 전자가 환원되어 물이 만들어지는 과정에서 활성산소가 부산물로 생성된다. 예를 들면 산소분자는 16개의 전자를 가지고 있으나 다른 1개의 전자가 더 첨가되면 17개가 되고 그중에 쌍을 이루지 못하는 1개의 전자가 자유라디칼이 된다. 자유라디칼은 산소, 질소, 황에서 얻어지며, 활성산소종(ROS, reactive oxygen species)는 과산화물음이온(superoxide anion, $O_2^{-}\bullet$), 하이드로페록시라디칼(hydroperoxy radical, $HO_2\bullet$), 히드록실라디칼(hydroxyl radical, $\bullet OH$), 과산화수소(H_2O_2) 등이 있다(그림 7.2, 표 7.2).

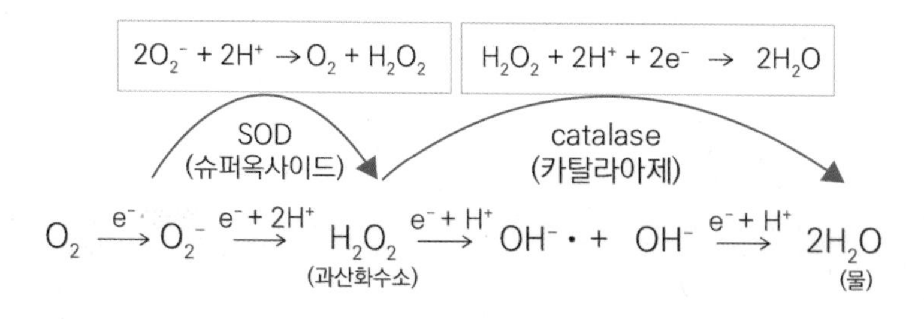

[그림 7.2] 산소로부터 활성산소의 생성과정

〈표 7.2〉 활성산소(ROS)의 종류

라디칼형	비라디칼형
과산화물음이온(superoxide anion, O_2^-•)	과산화수소(H_2O_2)
하이드로페록시라디칼(hydroperoxy radical, HO_2•)	일중항산소($^1O_2$)
히드록실라디칼(hydroxyl radical, •OH)	차아염소산(HOCl)
산화질소(nitric oxide radical, NO•)	peroxynitrite($ONOO^-$)

이런 반응으로 인해 유전물질의 변형으로 암(cancer)이 유발되거나 퇴행성질환인 치매(Dementia, Parkinson's disease) 등의 질환을 유발하기도 한다. 카탈레이즈(catalase)는 과산화수소를 물과 산소로 분해하는 효소로서 인체의 조직과 세포를 공격하고 산화시켜 세포노화를 촉진하는 활성산소를 분해하고 해독하는 역할을 하며, 수퍼옥사이드 디스뮤테이제(SOD; superoxide dismutase)는 O_2^-•를 산소와 과산화수소로 전환하는 역할을 한다. 카탈레이즈(catalase)나 SOD 같은 효소는 세포 내의 독성물질인 활성산소에 의한 산화작용으로 우리 몸이 노화되고 손상되는 것을 막아주는 항산화제(antioxidant)에 해당한다. 동물은 자유라디칼과 반응할 수 있는 항산화물질을 합성하여 대응하거나 외부로부터 채소, 과일, 비타민C와 같은 음식을 공급받음으로 인해 이의 독성을 제거해 건강을 유지한다. 이처럼 물은 생체내의 생화학적 반응을 주도하는 것을 의미한다.

3 물의 극성용매와 응집력

물은 훌륭한 용매(solvent)로 설탕이 물에 잘 녹는다는 것은 극성이 높은 물질이란 뜻이며 많은 다른 분자들과 상호작용한다는 것을 의미한다. 또한 물은 극성분자이므로 양극와 음극을 가지며 소금과 같이 전하를 띠는 물질을 녹인다. 만약 소금 한 덩어리를 물에 떨어뜨리면 물분자는 양전하를 띤 수소와 음전하를 띤 염소이온에 둘러싸이고, 음전하를 띤 산소는 양전하를 띤 나트륨이온에 둘러싸여 서로 결합한다. 이처럼 극성분자와 전하를 가진 이온들이 물분자와 전기적 인력을 가지는데 이를 친수성(hydrophilic)이라 한다. 한마디로 플러스(+)이온은 음(−)이온과 결합한다는 의미이다. 하지만 반대의 경우는 비극성 공유결합을 갖는 더 큰 분자가 쉽게 또는 완전하게 물에 녹지 않으므로 소수성(hydrophobic)이라 한다. 생체 내에 친수성과 소수성의 상호작용은 물질대사 측면에서 중요한 역할을 한다.

물은 수소결합이 분자들 사이에서 연속적으로 결합해 응집력을 가지며, 이들이 모여 표면장력(surface tension)을 형성한다. 이 표면장력은 액체 내부의 분자가 주위의 다른 분자들과 서로 잡아당기고 있어 유동성을 가진 혈액의 이동에 중요한 역할을 한다.

4 산과 염기 그리고 완충력

물의 표면은 잔잔하게 보이는 경우가 있으나 사실 물분자는 결합하고 떨어져 나가는 과정을 짧은 시간에 수없이 반복하고 있다. 수용액에서 물이 해리되면 H^+와 OH^-가 생겨 다른 물질들과 반응하기 더 좋아진다. 수용액 속에 H^+이온이 OH^-보다 많으면 산성(acid)이고 그 반대이면 염기성(base)이 된다. 일반적으로 포유류 체내의 산도(pH)는 중성(pH 7.3－7.4)에 가깝다. 산도가 조금만 변해도 생명이 위태로울 수 있는데 모든 생명체는 물질대사 과정에서 상호균형을 유지하려 노력을 한다. 즉, 동물의 몸속의 체액의 수소이온농도를 적절하게 유지하도록 조절할 수 있는 완충제(buffer) 기능을 효율적으로 한다. 몸의 기관마다 H^+이온의 출입을 조절하는데 H^+이온이 체내에 많이 축적되면 혈액 속의 중탄산염(bicarbonate, HCO_3^-)은 H^+를 수용하여 탄산(carbonic acid, H_2CO_3)을 형성한다. 반대로 염기성이 많으면 탄산이 수소이온을 방출하여 과다한 수소이온과 결합함으로써 물을 형성한다. 이로써 체내에는 일정한 산도를 유지하여 생명을 유지하게 된다. 동물의 신장(kidney, 콩팥)은 중탄산염의 농도를 증가와 감소를 조절하는 장기이며, 우리가 레몬주스(pH 2.3)를 많이 섭취하더라도 체액이 산성으로 변하지 않고 일정하게 유지되는 이유이기도 하다.

$$\underset{\text{중탄산염}}{HCO_3^-} + \underset{\text{수소이온}}{H^+} \rightarrow \underset{\text{탄산}}{H_2CO_3}$$

$$\underset{\text{탄산}}{H_2CO_3} + \underset{\text{수소이온}}{OH^-} \rightarrow \underset{\text{중탄산염}}{HCO_3^-} + \underset{\text{물}}{H_2O}$$

체내의 산과 염기의 균형, 즉 항상성(homeostasis) 유지가 어려워지면 몸의 주요 기관에 기능이상을 초래할 수 있다. 심장(heart)의 산도 변화는 심근(cardiac muscle) 세포의 비정상적인 전기신호를 일으켜 심장박동 이상을 초래할 수 있다. 동물 체내 산성 농도의 증가는 케토산(keto acid)이 과다하게 생기고 지방대사에서 기인한 케토산이 과잉 생산되어 당뇨병 등의 질환을 악화시킨다. 과격한 운동을 할 때 산과 염기의 불균형은 골격근 수축 때문에 젖산이 생성되고 이때 수소이온이 방출되어 다른 분자와 결합함으로써 정상적인 대사기능을 방해한다. 또한 근육 내의 수소이온 농도를 증가시켜 근육세포의 ATP 생산 능력을 감소시켜 대사과정에 방해가 되기도 한다.

따라서 동물 체내에 산과 염기 완충시스템이 절대로 필요하며, 혈액 내의 완충제는 중탄산염, 헤모글로빈, 단백질이 대표적이다. 혈액단백질은 약산인 이온기를 가지고 있어서 완충제 역할을 하며, 중탄산염은 가장 중요한 완충시스템에 속한다.

5 체온과 에너지

물은 열을 가하는데 많은 에너지가 필요하고 데워진 물은 쉽게 식지 않는다. 1g의 물질이 1℃의 온도를 올리는 데 필요한 열량을 비열(specific heat)이라고 하는데 물은 비열이 1로 높다. 비열이 크다는 것은 동물의 체온변화를 최대한 감소시킬 수 있도록 조절할 능력을 갖추는 것이며, 알코올(0.6)과 소금(0.2)보다 같은 조건에서 탁월한 체온 유지가 가능하다는 뜻이다.

일정한 체온을 유지하기 위해서는 많은 에너지가 필요하게 되며, 생체 내에서 지속해서 열을 생산해야 가능하다. 그렇지 않으면 생명체는 체온을 유지할 수 없어 생명의 유지가 어렵게 된다. 그러므로 항온동물(endotherm)은 항상 체온을 일정하게 유지하는 항상성이 있다. 체온은 동물 종마다 다르나 대형 동물보다 소형 동물이 일반적으로 높은 편이다. 소와 당나귀는 37−38℃, 토끼 39.5℃, 닭은 41.7℃ 정도이고, 강아지와 고양이는 견종에 따라 차이가 있으나 일반적으로 정상 체온 범위는 37.2−39.3℃와 37.8−39.2℃ 범위이다.

따라서 물은 비열과 증발열이 커서 동물체 내에서 생성되는 열을 효과적으로 흡수하거나 체외로 발산시켜서 체온의 지나친 변화를 막아준다. 이러한 역할은 생명체가 생명을 유지하는 데 중요한 역할을 한다.

6 물의 체내 기능

동물 체내에서 물의 기능은 다양하며 생명체를 유지하는 데 주요한 기능을 하고 있다. 물의 생리적 기능은 다음과 같다.

① 비열과 증발열이 커서 체온조절에 유리
② 체내물질을 용해하는 용매의 기능
③ 영양소, 혈액, 노폐물, 합성물질 등 수송 역할
④ 세포를 유지와 체조직의 구성성분으로 작용
⑤ 가수분해, 소화과정 등 대사작용 활성화에 관여
⑥ 각 조직 및 신경계의 충격 완화
⑦ 수분은 독성물질 배출을 위한 희석제 역할

제2절 물의 체내 분포와 체액

1 체내의 수분함량

포유동물은 탄수화물, 단백질, 지방과 같은 영양소(물 제외)가 구성물질의 절반이 사라져도 생명을 어느 정도 유지할 수 있지만, 체내의 물이 절반으로 줄어든다면 생명 유지가 어렵게 된다. 동물은 일반적으로 생체 수분함량은 체중의 약 2/3를 차지하며, 세포 중에는 50%, 세포간물질에는 15%의 수분을 함유하고 있다. 반려동물은 약 50-60%가 물로 구성되어 있고, 갓 태어난 강아지는 체중이 약 75%, 성숙한 소는 55-65% 정도이다. 또한 수중에서 생활하는 어류는 약 80%로 많은 수분을 함유하고 있다. 야생동물들의 수분 섭취 방법은 강이나 하천의 지표수를 음용하거나 먹이 속의 수분을 주로 이용하면서 살아간다.

동물의 종류, 나이 등 생리적이나 환경적 요인에 따라 물의 요구도는 다르다. 사막 등 극한의 환경에 살아가는 타란튤라와 같은 몇몇 동물들은 한 달 이상 물을 공급받지 않아도 살아가는 경우가 있으나 일반동물들은 물을 공급받지 못하면 생명을 위협한다. 사람의 경우, 하루에 약 2.5 L의 물을 섭취하고 오줌, 땀, 호흡 등으로 배출함으로 매일 일정한 양을 섭취해야 한다. 보통 전체 체수분의 4%만 손실되면 탈수증이 발생하고 10% 정도 수분을 잃게 되면 위험한 상태이며 20% 정도를 잃게 되면 사망하게 된다. 정상인이 3일간 물의 공급이 없다면 살 수 없다. 동물의 일생(lifetime) 중 물을 가장 많이 소비하는 때는 새끼 분만 후 젖에서 분비되는 모유로서 약 85－90%가 수분이다. 그러므로 동물의 어린 새끼들은 스스로 물을 찾아 마시기가 어려워 모유가 필요하다.

2 체액(body water)

체액은 동물의 체내의 물, 즉 액체성분을 말하며 혈액, 눈물, 침, 림프 등 다양한 형태로 존재하고 전해질(electrolyte)이나 유기물로 구성되어 있다. 동물의 성숙도, 나이, 체내 지방함량에 따라 수분의 보유력의 차이를 보이며 어린 동물 조직은 노령동물 조직보다 체액량이 많다(표 7.3).

〈표 7.3〉 개와 고양이의 평균 혈장 전해질 농도

체액물질	개(Dog)	고양이(Cat)
나트륨(Na)(mEq/L)	145	155
칼륨(K)(mEq/L)	4	4
이온화된 칼슘(ionized－Ca)(mg/dL)	5.4	5.1
총 칼슘(total－Ca)(mg/dL)	10	9
총 마그네슘(total－Mg)(mg/dL)	3	2.5
염소(Cl)(mEq/L)	110	120
중탄산염(HCO_3^-)(Bicarbonate)(mEq/L)	21	20
인(P)(mg/dL)	4	4
젖산(Lactate)(g/dL)	15	15
단백질(Proteins)(mg/dL)	7	7

체액의 기능은 신체의 구조와 형태의 유지, 물질대사와 관련된 수송과 화학반응 장소로 활용, 체온유지 등의 기능을 한다. 사람의 경우 총 체액량은 50－70% 정도인데 세포내액(intracellular fluid)이 40－50%, 세포외액(extracellular fluid)이 20% 정도이다. 세포내액은 서로 독립된 각각의 세포에 함유되어 있으며 생화학반응이 일어나는 장소이다. 세포외액은 세포와 세포사이의 존재하는 액체로서 몸 전체에 골고루 퍼져 이동한다. 반려견과 반려묘는 몸 전체의 무게, 즉 수분함량을 60%로 하여 분석해 보면 세포내액은 40%, 외액은 20%에 해당하고, 외액 중의 세포간질액은 15%, 혈장은 5%로 분포한다(그림 7.3).

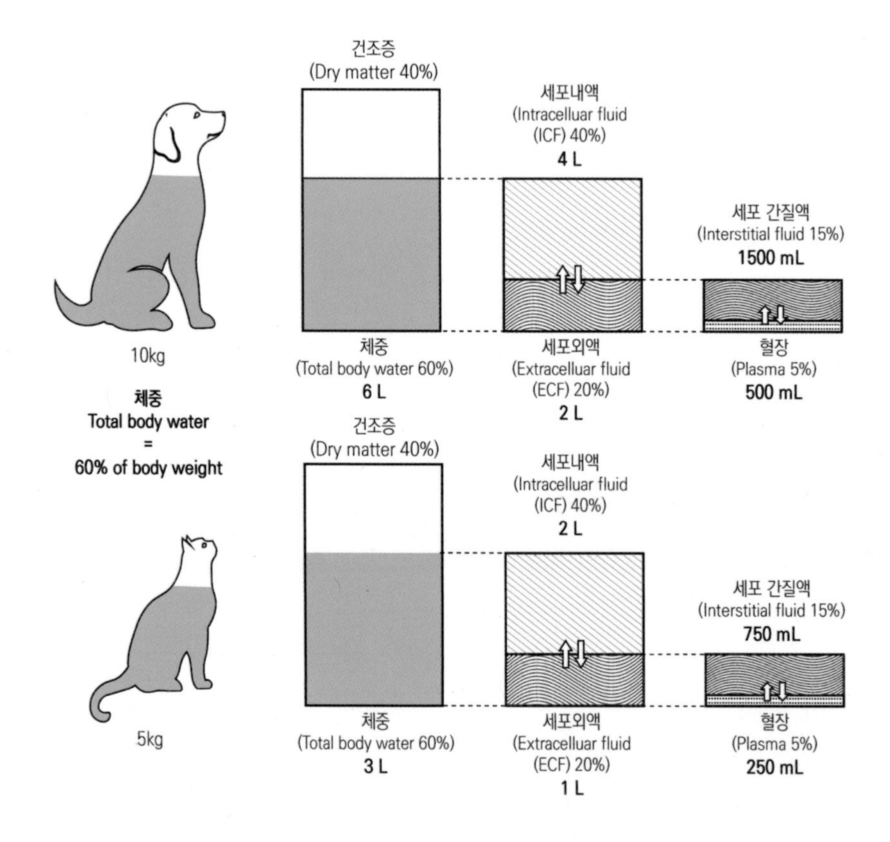

[그림 7.3] 10kg의 개와 5kg의 고양이에 대해 체중과 총 체수분의 백분율로 표현된 총 체수분 구획 (Applied Physiology of Body Fluids in Dogs and Cats)

세포외액은 신체 분비물이나 배설물에 관여하는 세포간질액(interstitial fluid)과 혈장(plasma)으로 나뉜다(그림 7.4). 세포간질액은 세포 바깥쪽의 체액 대부분을 말하며, 조직과 조직 사이의 공간에 분포해 영양공급과 노폐물을 제거한다. 혈장은 혈관 내 용액으로 수분이 주요 성분이며, 호흡을 위해 산소와 이산화탄소를 운반하거나 기관에서 흡수된 영양소나 전해질을 운반하고, 노폐물을 밖으로 배출하는 역할을 한다. 혈장과 세포간질액은 혈관을 통하여 갈라져 있으나 모세혈관의 벽이 얇아 전하를 가진 이온이나 포도당처럼 분자가 작은 용질이 쉽게 이동한다. 세포간질액 일부는 림프관(lymph)을 통해 정맥으로 이동한다.

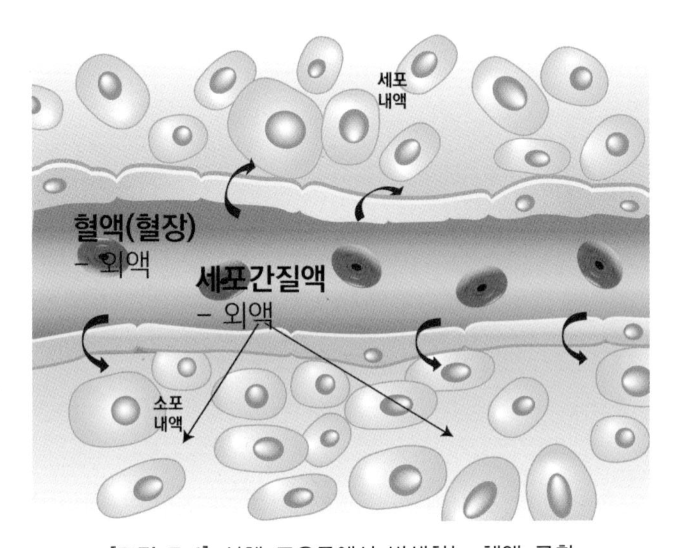

[그림 7.4] 성체 포유류에서 발생하는 체액 구획

체액 속에는 전해질과 비전해질이 공존하고 있으며, 세포내액의 전해질 농도는 K^+, 단백질, HPO_4^{2-}, Mg^{2+} 순으로 많고, 세포외액의 농도는 Na^+, Cl^-, HCO_3^- 순으로 현저한 차이가 있다(표 7.4). 이의 원인은 세포막의 투과성에 기인한다. 일반적으로 정상적인 동물은 양이온(+)과 음이온(-)이 쌍을 이루어 항상 같은 비율을 형성함으로써 체내 일정한 산도(pH)를 유지하게 된다.

〈표 7.4〉 세포외액과 세포내액의 전해질 농도에 대한 평균값

전해질	세포내액 (Intracellular fluid)	세포외액 (Extracellular fluid)
	(mEq/L)	
나트륨(Na^+)	12	145
칼륨(K^+)(mEq/L)	140	4
칼슘(Ca^{2+})(mg/dL)	4	2.5
마그네슘(Mg^{2+})(mg/dL)	34	1
염소(Cl^-)(mEq/L)	4	10
중탄산염(HCO_3^-)	12	24
인산(HPO_4^{2-}, $H_2PO_4^-$)(mg/dL)	40	2
단백질(Proteins)(mg/dL)	50	15

Applied Physiology of Body Fluids in Dogs and Cats

3 혈액

혈액은 혈관을 통해 흐르고 있는 체액으로 액체 성분인 혈장과 세포성분인 적혈구, 백혈구, 혈소판으로 구성되어 체중의 7-8%를 차지한다. 혈장은 혈액의 반 이상을 차지하고 있으며 생명 유지에 꼭 필요한 전해질, 영양분, 비타민, 호르몬, 효소 그리고 항체 및 혈액응고 인자 등 중요한 단백질 성분이 들어있다. 이들의 기능을 보면, 각종 세포에 산소와 영양분을 공급하고 노폐물을 회수 및 배출할 뿐만 아니라 몸을 순환하면서 체온 유지, 삼투압, 수분 평형, 수소이온 농도 등을 유지한다.

반려동물의 혈관 내 체액은 체중이 약 5%(총 체수분의 약 8-10%)이고, 반려견의 혈장의 용량은 42-58ml/kg, 고양이는 37-49ml/kg이다. 개의 총 혈액의 양은 77-78ml/kg(8-9%), 고양이는 62-66ml/kg(6-7%) 정도로 고양이보다는 개가 혈액량이 많다.

제3절 물의 흡수와 배출

동물이 마시는 물은 입·식도·위장·소장·대장 순으로 흡수되고 수용액 상태로 혈액·간·심장·신장을 거쳐 배설되거나 재순환 과정을 거쳐 흡수된다. 동물이 물을 마시면 위장에서는 부분적으로 흡수되고 소장과 대장에서 80% 정도가 흡수된다. 우리가 술을 마시면 빨리 취기가 올라오는데 식도나 위의 점막에서 알코올이 약 10－20% 정도 흡수되고 혈관으로 녹아들기 때문이다. 나머지 알코올들은 소장과 대장에서 흡수된다. 수분의 흡수는 소화관에서 혈관 내에 이동하는 경우와 혈관 내에서 소화관으로 이동하는 차이에 의해 일어난다. 물은 장관의 점막상피세포(epithelial cell)를 통해서 흡수하고 주로 삼투압(osmotic pressure)의 차이에 의한 확산이 일어난다.

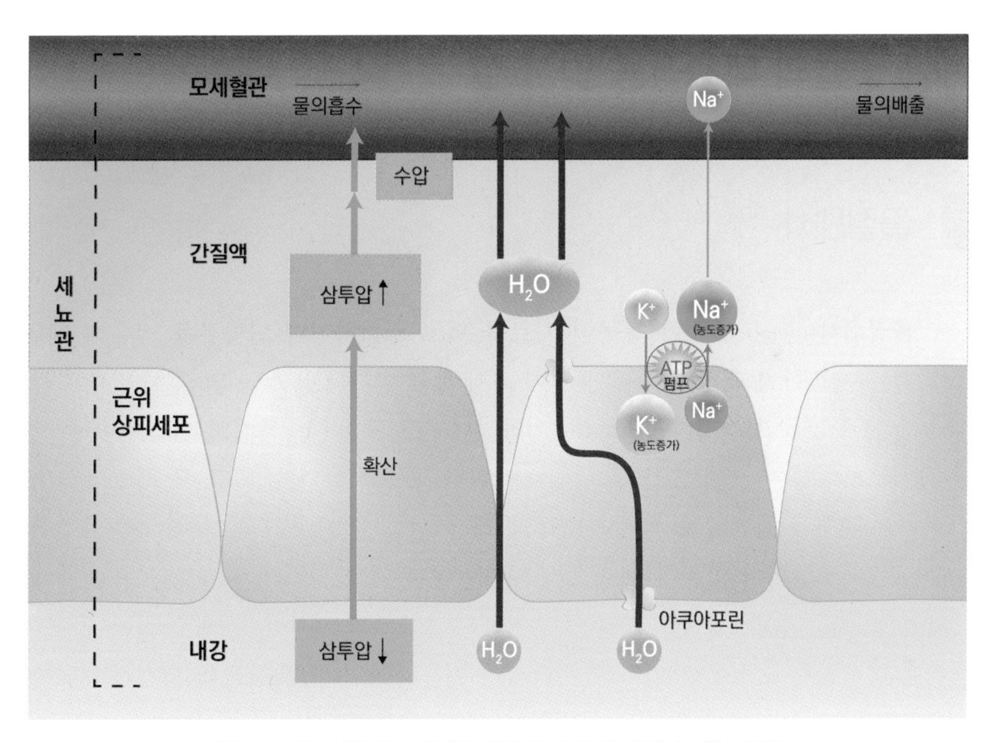

[그림 7.5] 신장의 근위세뇨관에서 수분의 재흡수 흡수과정

일반적으로 단위동물들이 마신 물은 30초 정도면 혈액, 1분 뒤에는 뇌나 생식기, 10분 후에 피부, 40분이 지나면 몸 전체가 순환되고, 2시간이 지나면 소변으로 배출된다. 또한 1개월이 지나면 몸속에서 완전히 배출된다(워터저널, 2014). 대사과정에서 생긴 노폐물은 수분에 녹거나 수분과 함께 신장, 땀샘, 폐호흡 등으로 이동하여 체외로 배출된다.

물의 재흡수는 삼투압에 근거한다(그림 7.5). 용질들이 빠져나간 세뇨관 내강의 삼투압은 낮아지고 재흡수된 세포외액의 삼투압은 높다. 이로 인해 물은 확산에 의해 삼투압이 높은 세포외액으로 재흡수가 일어날 때 아쿠아포린(aquaporin)이란 세포막의 촉진확산(facilitated diffusion)을 담당하는 막 단백질, 즉 채널을 이용해서 물이 재흡수되거나 상피세포 사이의 틈을 통해 재흡수되어 순환된다.

제4절 물의 대사작용 및 조절

1 물질대사

물질대사(metabolism)는 동물이 사료를 먹고 소화하거나 단당류을 이용해 에너지를 얻는 생화학적 과정과 같이 물질이 체내에서 변화되는 것을 말하며, 반대로 변화하지 않는 것을 항상성(homeostasis)이라 한다. 물질대사는 물질의 변함에 따른 행위들이고 항상성은 그로 인한 결과에 해당한다. 동물사료가 분해될 때 사용되는 소화액은 물질대사 과정에서 일어난다. 소화액은 위장의 분비물, 췌장액, 타액의 98%가 수분으로 구성되어 있는데 체내 물질대사는 수용액 상태하에서 생화학적 반응이 수반된다. 예를 들면, 동물은 사료를 섭취하고 효소촉매 반응을 통해 소화가 일어나고 이때 분해하는 과정에서 얻어진 에너지를 이용하여 신생 화합물을 합성하기도 하고 새로운 세포를 만들어내는 등의 다양한 기능을 수행한다.

물질대사에는 이화작용(catabolism)과 동화작용(anabolism)의 두 가지 유형으로 나뉘며, 첫 번째 이화작용은 세포 호흡을 통하여 유기 고분자를 저분자로 분해하여 생체대사에 필요한 에너지를 얻는 반응이고, 두 번째 동화작용은 광합성 과정과 같이 에너지를 이용하여 탄수화물을 합성하거나 아미노산들을 이용해 단백질과 같은 세포 구성성분을 합성하는 반응이다(그림 7.6).

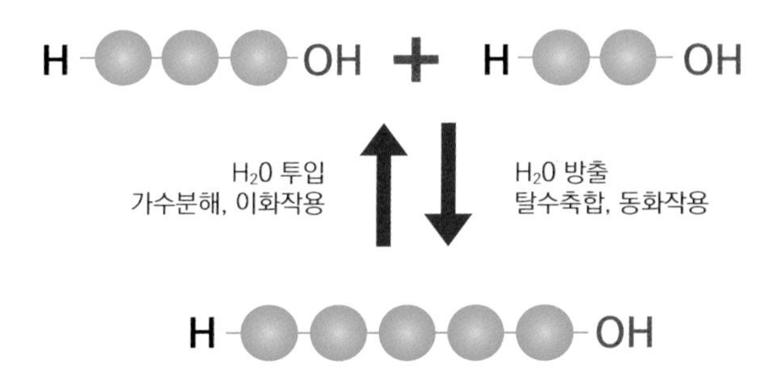

[그림 7.6] 가수분해 및 탈수중합(축합) 반응과 동화 및 이화작용

물질대사에서 중요한 생화학적 반응은 유기 고분자물질을 분해할 때 물을 첨가하여 반응을 시키면 저분자 물질로 분해되는 가수분해(hydrolysis)반응이 생기고, 반대로 두 개의 저분자 물질을 고분자물질로 합성하게 되면 물분자가 떨어져나오는 탈수중합(dehydration polymerization)반응이 일어난다. 이화작용은 물이 없으면 가수분해가 일어나지 않아 대사과정에 장애가 생기고 에너지를 생성할 수 없다. 예를 들면, 탄수화물이 포도당을 만들거나, 단백질이 아미노산을 거쳐 포도당으로 분해되는 과정, 지방이 지방산과 글리세롤을 거쳐 에너지원을 생성하는 과정에서 물이 없으면 반응하지 않으며, 생명체는 위험에 처할 수 있다.

동물의 에너지원은 세포 호흡을 통해 에너지인 ATP(adenosine triphosphate)가 생성되는데 해당과정에서 포도당 한 분자가 산화되어 에너지를 생산하는데 6분자의 물이 생성된다. 대사과정으로는 해당과정과 TCA회로를 거쳐 생성되는데 이들의 반응식을 보면 $C_6H_{12}O_6 + 6O_2 + 6H_2O \rightarrow 6CO_2 + 12H_2O +$ 에너지(ATP)가 생성된다. 이때 포도당 한 분자는 60%[(6×18/180)×100]의 물분자가 대사과정에서 생성되고, 단백질은 42%, 지방은 108%의 수분이 생성되어 동화과정에서 재이용된다.

탈수 시에는 젖산(lactic acid)이 증가하게 되고 포도당 농도가 증가하여 고지혈증(hyperlipidemia)과 같은 질병이 발생할 수 있다. 그러므로 모든 생화학적 반응, 즉 대사과정 중심에는 물이 중요한 역할을 한다.

2 수분의 조절

동물의 신장은 수분과 염류를 체계적으로 배설하여 세포내·외의 체액을 일정하게 유지하는 역할은 담당한다(표 7.5). 신장은 사구체와 세뇨관으로 이루어져 있는데 사구체는 혈장중의 저분자 물질이 통과하며, 수분·당·염류 등은 세뇨관에서 재흡수된다. 물이 재흡수되기 위해서는 첫 번째 포도당이 먼저 흡수되고 나트륨이 흡수된다.

체내의 수분이 결핍되면 뇌하수체 후엽에 있는 바소프레신 항이뇨호르몬(vasopressin anti-diuretic hormone)들이 혈액으로 분비하여 신장 내의 수분을 더 보유하도록 하여 수분흡수를 촉진시킨다. 그리고 혈중에 나트륨 수치가 높으면 갈증이 생겨서 액체 섭취가 증가한다. 염분이 부족하면 부신피질의 aldosterone 호르몬이 나트륨이온을 재흡수시키는데 나트륨 수치가 너무 낮아지면, 신장은 더 많은 수분을 배설하여 혈중 수분량을 감소시켜 다시 균형을 맞춘다. 체내 물의 함량이 많은 경우는 뇌하수체의 바소프레신호르몬을 거의 분비하지 않아 신장이 과잉 수분을 배설하게 한다. 그 결과로 혈중의 수분량을 일정하게 유지한다.

〈표 7.5〉 혈액내의 수분함량과 재흡수

메커니즘 순서	대사물의 변화	
	증가	감소
혈장내 수분량	낮음	높음
뇌하수체 후엽 바소프레신 분비량	높음	낮음
혈장내의 바소프레신 농도	높음	낮음
수분 재흡수량	높음	낮음

3 섭취량과 질병

반려견의 물 필요량은 체중, 크기, 나이, 운동능력, 외부온도 등에 따라 여러 요인에 따라 달라진다. 반려동물의 습식사료의 경우는 70-90%, 건식사료는 10%대의 수분이 함유되어 있다. 또한 생체내 탄수화물, 지방, 단백질의 대사과정에서 생성되는 물을 대사수(metabolic water)라고 하는데 산화과정(oxidation)에서 수소가 산화되어 물이 생성된다.

에너지원 + ADP + Pi → (해당과정, 지방산화, 전자전달계) → 분해산물 + ATP + H^+ + e^- + heat

$$4H^+ + 4e^- + 1O \rightarrow H_2O$$

대사수는 반려견과 묘의 총수분섭취량의 약 10-15%를 차지할 정도로 많으며, 영양소의 종류에 따라 다르다. 일반적으로 탄수화물, 지방, 단백질로 인해 생성되는 대사수는 1kcal당 각각 0.15ml, 0.12ml, 0.09ml로 탄수화물이 가장 많지만, 1g당으로 보면 각각 0.6ml, 1.08ml, 0.36ml로 지방이 탄수화물보다 더 많은 물을 제공한다. 탄수화물과 지방이 많이 함유된 사료 섭취는 체내의 수분요구량을 부분적으로 줄일 수 있다.

동물은 생명을 유지하기 위해 물의 섭취가 선행되어야 한다. 일반적으로 반려견은 체중 kg당 50-70ml, 고양이는 체중 kg당 40-50ml 정도이다. 물론 사료에는 약 10%의 물을 함유하고 있다고 가정하고 계산해도 좋다. 동물이 나이가 들면 체내의 수분량이 줄어들어 노화의 속도가 빨라질 수 있어 수분을 충분히 공급할 필요가 있다(표 7.6, 표 7.7).

〈표 7.6〉 반려견의 하루 중 물의 요구량(ml/kg 체중/일)

	주변 온도	말린 동물성 식품 (ml/kg)	젖은 음식 (ml/kg)
정상적인 신체 활동	< 20℃	40-50	5-10
정상적인 신체 활동	> 20℃	50-100	20-50
신체 활동 증가	< 20℃	100까지	50까지
신체 활동 증가	> 20℃	최대 150	100까지

출처: Meyer/Zentek "Dog Nutrition"(6판)

〈표 7.7〉 반려묘의 하루 중 물 섭취량(ml/kg 체중/일)

체중(kg)	액체(ml)	체중(kg)	액체(ml)
1.0	80	4.5	55
1.5	72	5.0	53
2.0	67	5.5	52
2.5	64	6.0	50
3.0	61	7.0	48
4.0	57	8.0	47

출처: Meyer/Zentek "Dog Nutrition"(6판)

반려견은 어느 정도 운동을 하면 체온조절을 위해 입을 벌리고 침을 흘리는 등 수분의 손실이 큰데 운동할 때 수분의 공급은 중요하다. 일반적인 반려견은 하루동안 배변하면 배변의 수분은 체중 1kg당 약 6－15ml의 정도이다. 그러나 장염으로 인해 설사를 유발했을 때는 배변의 90% 정도의 물이 포함되어 있으므로 탈수증을 유발하기 쉬우므로 지속적인 관리가 필요하다. 물을 잘 먹지 않는 반려동물들은 체내의 혈액의 농도가 짙어지고 혈액 순환량이 줄어들면 몸의 장기들이 심각한 스트레스를 받게 된다. 특히 신장과 췌장은 장기중에서 혈액의 농도에 가장 영향을 많이 받는다. 이들 장기조직에서 지속적인 스트레스가 쌓이게 되면 신부전(renal failure)이나 췌장염(pancreatitis)으로 진행될 가능성이 있다. 그러므로 반려동물에게 물을 충분히 공급하는 일은 매우 중요하다.

CHAPTER

08

에너지 요구량

Companion Animal
Public Health Nutrition

최신 동물보건영양학

CHAPTER 08

에너지 요구량

제1절 에너지 균형

모든 동물은 신체의 에너지 요구 사항을 충족해야 한다. 에너지 균형은 에너지 소비가 에너지 섭취와 같을 때 이루어지며, 결과적으로 신체의 에너지 변화가 최소화된다. 양의 에너지 균형(positive energy balance)은 칼로리 섭취가 에너지 소비를 초과할 때 발생한다. 성장하는 동물과 임신한 동물에서 새로운 조직의 합성과 태아 발달에 각각 양의 에너지 균형이 필요하다. 번식하지 않는 성체 동물에서 양의 에너지 균형은 주로 신체에 저장되는 지방의 양을 증가시킨다. 음의 에너지 균형(negative energy balance)은 칼로리 섭취가 에너지 소비보다 낮을 때 발생한다. 체중 감소와 지방 및 제지방(Lean body) 조직 저장 모두의 감소는 음의 에너지 균형일 때 일어난다. 개와 고양이의 일일 에너지 요구량은 신체가 매일 소비하는 에너지의 양에 따라 다르다. 많은 요소가 반려동물의 에너지 요구량에 영향을 줄 수 있으며 특히 반려동물이 필요로 하는 칼로리와 음식의 양을 결정할 때 이러한 요소를 모두 고려해야 할 것이다.

1 에너지 소비

신체의 에너지 소비는 기초 대사율, 자발적인 근육 활동, 그리고 식이 열 생성의 세 가지 주요 구성 요소로 나눌 수 있다. 적응성(Adaptive) 또는 떨림 없는 열발생(Nonshivering thermogenesis)이라고 하는 네 번째 구성요소는 환경 조건에 반응하여 소비되고 열을 생성하지만, 활동 성과는 무관한 에너지를 말한다. 떨림 없는 열 발생은 소형 온혈 동물에서 처음으로 입증되었으며 개를 포함한 많은 종에서 추위 적응에 필수적이다.

2 기초대사율(Basal metabolic rate, BMR) 및 안정대사율(Resting fed metabolic rate, RFMR)

기초대사율(BMR)은 동물의 총 에너지 소비에서 가장 큰 부분을 차지한다. 이것은 동물이 온열 중성대와 흡수 후 상태(하룻밤 금식 후)에서 쉬고 있는 동안 소비되는 에너지의 양으로 정의된다. 기초대사율은 신체가 음식을 소화하지 않는 휴식 기간에 신체의 모든 통합 시스템에서 항상성을 유지하는 에너지 비용을 나타낸다. 항상성은 신체 내부의 내부 안정성 상태를 나타낸다. 관련 값은 동물이 흡수 후 상태에 있지 않을 때 측정되는 안정 대사율(RFMR)이며 음식을 섭취할 때 생성되는 열을 포함한다. 안정 대사율은 동물의 하루 총 에너지 소비량의 약 60~75%를 차지한다. 안정대사율에 영향을 미치는 요인에는 성별 및 생식 상태, 갑상선 및 자율 신경계 기능, 체성분, 체표면적 및 영양 상태가 포함된다.

연구에 따르면 기초대사율과 안정 대사율은 신체에 존재하는 호흡하는 세포 덩어리의 총량과 양의 상관 관계가 있다. 무지방 질량(Free-fat mass) 또는 제지방 체중(Lean body mass)은 총 호흡 세포 질량의 가장 가까운 근사치이다. 무지방 질량 또는 제지방 조직의 양은 동물의 신진대사율을 가장 잘 예측하는 지표이며, 그 다음이 체표면적과 체중이다. 반려동물의 제지방량과 체표면적이 증가함에 따라 기초대사율과 안정 대사율이 비례하여 증가한다. 유사하게, 동물이 과체중이 되어 체지방이 증가하고 총 체중에 대한 제지방 조직의 비율이 감소하면 단위 체중당 에너지 소비가 감소한다.

3 자발적인 근육 활동(Voluntary muscular activity)

자발적인 근육 활동은 에너지 소비의 가장 가변적인 요소이다. 근육 활동은 신체 총에너지 소비의 약 30%를 차지한다. 육체노동을 수행하는 대사 효율은 일정하지만, 소비되는 총 에너지 양은 활동의 지속 시간과 강도 모두에 영향을 받는다. 또한 걷기나 달리기와 같은 체중 부하 활동의 에너지 비용은 체중이 증가함에 따라 증가한다. 이 효과는 더 큰 체중을 이동하는 데 필요한 추가 에너지의 직접적인 결과이다. 따라서 활동 수준이 높은 반려동물의 에너지 소비는 운동 시간과 강도, 동물의 크기 및 체중에 따라 다르다.

4 식이 열 발생(Dietary thermogenesis)

음식의 특정 동적 효과 또는 식사 유도 열 생성이라고도 하는 식이 열 생성은 식사 소비에 반응하여 생성되는 열을 나타낸다. 영양소 섭취는 소화, 흡수, 대사 및 영양소 저장의 대사 비용의 결과로 신체의 열 생산을 의무적으로 증가시킨다. 이 열은 열 중립 환경에 사는 동물에게는 유용하지 않지만, 동물이 추운 환경에 노출되면 체온을 유지하는 데 이바지할 것이다. 다양한 연구에 따르면 식이 열 생성은 개에서는 두 단계로 발생한다. 첫 번째는 뇌상(Cephalic phase)이라고 하는 음식의 존재에 대한 반응으로 발생하는 대사율의 증가이다. 두 번째 단계인 식후 단계는 식사 후 최대 6시간 동안 발생한다. 식이 열 생성의 두 단계는 개의 일일 에너지 소비량의 약 10%를 나타낸다. 그러나 이 열 생성의 크기는 식이의 칼로리 및 영양 성분과 동물의 영양 상태에 의해 영향을 받는다. 매일 섭취하는 식사 횟수도 식이 열 생성에 영향을 미치며, 식사 횟수가 증가하면 매일 생성되는 총열량이 증가한다. 고양이는 일반적으로 개보다 단백질 함량이 높은 식단을 섭취하고 하루에 여러 번 식사하는 경향이 있으므로 식이 열 생성은 고양이의 대사에너지(Metabolic energy, ME)의 10% 이상을 차지할 수 있다.

또 다른 유형의 열 생성을 적응 열 발생(Adaptive thermogenesis)이라고 한다. 이것은 식사 섭취의 의무적이고 단기적인 열 발생으로 설명되지 않는 추가 에너지 소비이다. 적응 열 발생은 주로 환경 스트레스에 의해 기초대사량이 변화된다. 이러한 스트레스에는 주변 온도의 변화, 음식 섭취의 변화, 정서적 스트레스가 있다. 예를 들어, 작은 포유동물의 추위 적응은 증가된 열 생산에 의존하는 것으로 나타났다. 왜냐하면 열 생산은 어떠한 생산적인 작업과 관련이 없고 비떨림 열발생과는 별개이기 때문이다. 비떨림 열발생이라고 하는 이 열 손실은 추운 환경에 노출된 개에서도 발생한다. 과도한 열손실은 일부 동물의 열 생성에 영향을 미친다. 쥐에게 일일 필요량 이상의 에너지를 급여하면 식이 열 생성은 음식 대사와 체온 유지에 필요한 정상 수준 이상으로 증가한다. 증가된 에너지 손실은 음식 칼로리의 효율적이지 못한 사용의 결과이다. 예를 들어, 긴 시간 과식에 의한 체중 증가의 양은 높은 칼로리 섭취로 인해 예상되는 것보다 덜 효율적이다. 이러한 과정은 과식하는 기간에 에너지 균형을 유지하려는 신체의 경향을 확인할 수 있다. 그러나 이 과정이 실험동물과 일부 인간 대상에서 발생하는 것으로 나타났지만, 개는 과식에 대한 반응으로 식이 열 생성의 유사한 증가를 나타내지 않는 것으로 보인다. 과식 기간의 식이 열 생성은 고양이에서 연구되지 않았다.

5 에너지 소비에 영향을 미치는 요인

다양한 요인들이 반려동물의 일일 총 에너지 소비량에 영향을 줄 수 있다(표 8.1). 개별 동물의 기초대사율은 체성분, 연령, 칼로리 섭취 및 호르몬 상태에 영향을 받는다. 에너지 소비의 기초대사율의 구성 요소는 반려동물이 나이가 들면 자연적으로 감소하며, 주로 순수 신체조직의 점진적인 손실로 인해 감소한다. 기초대사율의 변화는 음식 제한의 결과로도 발생할 수 있다. 열량 섭취가 감소하면 호르몬 영향으로 인해 초기 기초대사율이 감소한다. 칼로리 제한이 계속되면 체중 감소로 인한 제지방 조직의 손실로 인해 기초대사율이 지속적으로 감소한다. 이 감소는 제지방 조직의 정상 수준으로 회복될 때까지 변화하지 않는다. 유사하게, 지속적인 과식은 총 에너지 소비의 증가로 이어질 수 있다. 이러한 증가의 일부는 체중 증가와 식이 열 생성 증가에 따른 제지방 조직의 증가로 인한 것이다.

반려동물의 생식 상태는 안정 대사율(RFMR)에도 영향을 미친다. 고양이를 대상으로 한 연구에 따르면 생식선 절제술(중성화) 된 수컷과 암컷 고양이는 같은 나이의 온전한 고양이보다 안정 대사율 값이 더 낮았다. 이러한 차이는 반려동물의 과체중 상태의 요인이 될 수 있다. 자발적인 활동과 운동 수준의 변화는 개와 고양이의 에너지 소비에 상당한 영향을 미칠 수 있다. 사람과 마찬가지로 반려동물도 나이가 들어감에 따라 더 앉아있는 경향이 있다. 일반적으로 이러한 변화는 반려동물이 성숙할 때 처음 관찰된다. 많은 품종과 개체에서 놀이 행동은 성인이 될 때까지 강하게 지속되지 않으며 성숙의 시작은 신체 활동의 감소를 동반한다. 노년기에 만성 질환, 관절염 발병 또는 운동 내성 감소로 인해 자발적인 활동이 더 감소할 수 있다. 이러한 변경 사항은 반려동물의 총 에너지 요구량 감소에 반영된다. 따라서 반려동물의 일일 운동량을 늘리면 에너지 요구량이 증가한다. 더 높은 에너지 소비의 일부는 운동의 직접적인 칼로리 소모 이점 때문에 발생한다.

또한 더욱더 중요한 것은 운동의 장기적 누적 효과가 체중과 상태의 변화를 유발한다는 것이다. 규칙적인 운동은 반려동물의 신체에서 지방 조직에 비해 제지방 조직의 비율을 높인다. 체지방을 줄이고 제지방 조직을 유지하거나 증가시키는 데 필요한 운동량은 신체 활동의 지속 시간 및 강도와 관련이 있다. 앞서 논의한 바와 같이, 제지방 조직의 증가는 기초대사량을 증가시킨다. 그러므로 자발적인 활동은 에너지를 직접적으로 태울 뿐만 아니라 장기적으로 더 높은 비율의 제지방 조직과 더 높은 기초대사량에 이바지할 수 있다.

〈표 8.1〉 에너지 소비에 영향을 미치는 요소

구성	요소
기초 대사율	성별, 생식상태, 호르몬상태, 자율신경계 기능, 체성분, 체표면적, 영양상태, 나이
자발적인 근육 활동	체중부하 활동, 운동시간, 운동강도, 동물의 크기 및 체중
식사로 인한 열 발생	식사의 열량 및 영양성분, 영양상태
적응 열 발생	주변 온도, 음식 섭취의 변화, 정서적 스트레스

6 사료 및 에너지 섭취

에너지 균형의 나머지 절반은 에너지 섭취이다. 모든 동물의 음식 섭취는 내부 생리적 조절과 행동을 유도하는 외부 자극 등을 모두 포함하는 복잡한 시스템에 의해서 조절된다. 식욕, 배고픔 및 포만감에 영향을 미치는 내부 신호 및 외부 자극은 <표 8.2>에 자세히 설명되어 있다. 개와 고양이의 음식 섭취를 좌우하는 내부 신호를 조사하는 연구가 점점 증가하고 있다. 이러한 신호에 관한 많은 과학적 지식은 주로 실험동물에서 수집되었지만, 다른 종에서 작동할 수 있는 메커니즘을 이해하는 데 사용될 수 있다.

〈표 8.2〉 에너지 섭취에 영향을 미치는 요인

내부 신호	외부 자극
• 위 팽창 • 음식의 시각, 청각, 후각에 대한 생리적 반응 • 특정 영양소, 호르몬, 펩타이드의 혈장 농도 변화	• 음식 가용성 • 식사 시간과 양 • 식품 구성 및 질감 • 기호성

7 사료 섭취에 대한 내부 통제

모든 포유류에서 굶주림도 신체의 자연 상태의 하나에 포함된다. 이 상태는 위장관 내 사료의 존재, 영양소의 소화-흡수-대사, 한 번에 몸에 저장된 영양소의 양 등에 의해서 억제된다. 음식 섭취를 제어하는 시스템은 복잡하며 호르몬 및 신경계 신호를 통해 지방과 위장관에서 뇌로 보내는 피드백을 포함한다.

식사 중 음식은 위장 팽창을 유발하고 단기적으로 포만감을 나타내는 콜레시스토키닌(Cholecystokinin) 및 글루카곤 유사 펩타이드 1(Glucagon like peptide-1, GLP-1)과 같은 위장 호르몬의 즉각적인 방출을 유발한다. 위와 소장 말단부의 물리적 팽창은 미주신경을 자극하고 포만감 정보를 뇌로 전달한다. 그러나 위장에 음식이 존재하는 것만으로는 위 팽창이 발생할 때까지 섭취를 억제하지 않는다. 특히 에너지 밀도가 높은 식단을 섭취할 때 식사량과 식사 종료에 영향을 미치는 이 메커니즘의 상대적 중요성은 상당히 미미하다. 음식 섭취의 두 번째 생리학적 조절은 회장 브레이크(Ileal brake)이다. 회장 브레이크는 장 펩티드 호르몬 GLP-1 및 펩타이드 YY(Peptide YY, PYY)의 작용으로 매개되는 일종의 장거리 반사 반응이다. 정상적인 생리적 조건에서 소화되지 않은 영양소는 소장 말단에 도달하여 위 배출을 지연시키고 장관 운동성을 감소시켜 회장 브레이크를 음식 섭취 조절에서 상대적으로 중요한 메커니즘으로 만든다. 회장 브레이크의 활성화는 위장 운동성과 분비물에 영향을 줄 뿐만 아니라 배고픔과 음식 섭취를 감소시킨다. 위(Stomach)에서 위 세포는 식욕 촉진 호르몬 중 하나인 그렐린을 방출한다. 혈액 그렐린은 식사 시작 전에 최고조에 달하며 그렐린 투여는 개와 고양이에서 식욕을 자극하고 위 배출 속도를 증가시킨다. 근위 소장에서 십이지장과 공장의 I-세포는 지방과 단백질의 존재에 대한 반응으로 콜레시스토키닌을 방출한다. 콜레시스토키닌은 개와 고양이를 포함한 동물에서 위산 분비, 위 배출, 담낭 수축 및 췌장 효소 분비를 매개하며 강력한 식욕억제제(식욕부진제, anorectic agent)로도 작용한다. 개와 고양이에서 GLP-1과 PYY는 모두 회장과 결장의 L-세포에서 방출되고 흡수되지 않은 탄수화물과 지방의 존재에 대한 반응으로 포만감에 영향을 미친다. GLP-1은 인슐린 분비를 증가시키고 췌장 효소 분비를 감소시킨다. 또한 위산 분비를 감소시키고 위 배출 속도를 늦추며 회장 브레이크를 자극하는 기능을 하여 위장관에서 내분비 말단-근위 피드백(Endocrine distal-to-proximal feedback)을 발휘한다. PYY는 혈장 수준이 PYY의 국소적 활성을 반영하지 않기 때문에 주변분비 또는 신경분비 작용제로 작용한다.

다른 호르몬은 더 오랫동안 포만감과 배고픔에 영향을 준다. 여기에는 렙틴과 인슐린이 포함된다. 렙틴은 *ob* 유전자의 산물이며 주로 지방 조직에서 합성된다. 렙틴은 시상하부에 에너지 저장이 가능하다는 신호를 보내고 렙틴 농도가 증가하면 음식 섭취를 줄이고 대사량을 증가시킨다. 혈중 렙틴 농도는 식사에 따라 변하지 않지만, 개와 고양이의 총 체지방 저장량에 비례한다. 과체중 고양이에게서 나타나는 렙틴 농도의 증가는 인슐린 감수성의 감소와 관련이 있다. 인슐린은 식욕과 포만감 모두에 대한 중요한 내부 조절 신호일 수 있다. 이 호르몬의 외인성 투여는 대상의 배고픔을 자극하고 음식 섭취량을 증가시킨다. 관련된 기전은 세포 포도당 사용의 인슐린 유도 감소(글루코스 결핍) 및 심각한 저혈당인 것으로 보인다. 인슐린은 시상하부에 직접 작용하여 이 효과를 중재할 수 있다. 쥐를 대상으로 한 연구에서는 인슐린과 부신 글루코코르티코이드 코르티코스테론이 중추 신경 전달 물질과 상승 작용하여 섭식을 자극하는 것으로 나타냈다. 인간에 있어서 배고픔은 낮은 혈당 수준과 양의 상관관계가 있다.

그러나 과도한 혈장 포도당은 음식 섭취를 억제하지 않는다. 인슐린은 또한 포만감 및 식사 중단 신호에 관여할 수 있다. 동물의 몸에 축적된 지방의 크기는 뇌척수액의 인슐린 농도에 의해 조절될 수 있다는 이론이 있다. 뇌척수액의 인슐린 수치는 지방 세포의 크기가 증가하거나 감소함에 따라 비례하여 증가 혹은 감소한다. 이러한 변화는 혈장 인슐린 수치에서 발생하는 일일 변동 없이 발생한다. 혈장 인슐린 풀에 접근할 수 없는 뇌척수액의 인슐린 수용체는 음식 섭취와 전체 신체 비만의 조절에 관여하는 것으로 보인다.

쥐를 대상으로 한 연구에 따르면 인슐린을 뇌척수액에 몇 주에 걸쳐 주입하였을 때 음식 섭취와 체중이 크게 감소했다. 반면에 인슐린 항체 주입으로 인슐린의 척수 풀(Pool)이 실험적으로 감소되었을 때, 음식 섭취와 체중은 모두 증가하였다. 이러한 변화는 혈장 인슐린 농도의 변화와 독립적으로 발생하였다. 뇌척수액의 인슐린 수치는 내장 펩타이드의 방출과 같은 다른 내부 포만 신호에 대한 뇌의 반응을 조절할 수 있으며 체지방 저장의 장기적 조절에 중요할 수 있다.

무수한 식욕 부진 및 식욕 부진 호르몬의 복잡한 작용은 뇌에 의해 수용되고 조정된다. 구체적으로, 시상하부는 음식 섭취의 양적 및 질적 변화를 매개하는 데 관여하는 것으로 알려져 있다. 시상하부의 아치형 핵은 에너지 저장 및 필요 신호를 중재하는 데 중심적인 역할을 한다. 아치형 핵은 뉴로펩티드 Y(Neuropeptide Y, NPY)를 함유한 뉴런을 통해 음식 섭취를 자극하고 프로피오멜라노코르틴(Proopiomelanocortin, POMC) 뉴런을 통해 포만감을 전달한다. 인슐린과 렙틴은 NPY 함유 뉴런을 억제하고 POMC 함유 뉴런을 자극한다. 또한 PYY는 뇌에서 NPY 방출을 억제한다. 그리고 몇 가지 다른 신경 전달 물질이 이 과정에 관여하는 것으로 사료된다. 자극성 신경전달물질에는 카테콜아민, 노르에피네프린 및 세 가지 종류의 신경펩티드(아편유사제, 췌장 폴리펩티드, 갈라닌)가 포함된다. 쥐의 시상하부에 이러한 화합물을 직접 주사하면 배고픈 동물과 배부른 동물 모두에서 섭식을 강화할 수 있다. 또한, 노르에피네프린의 만성 투여로 실험동물에서 과식으로 인한 비만이 유도될 수 있다. 뇌와 신경계의 여러 부위가 반응하지만, 내측 뇌실주위핵은 이러한 신경전달물질에 가장 민감한 시상하부 영역이다. 흥미롭게도 이러한 화합물이 단순히 총 칼로리 섭취량을 증가시키는 것이 아니라 동물의 특정 영양소 선택에 영향을 주는 것으로 밝혀졌다. 노르에피네프린 주사는 탄수화물 소비를 증가시키고, 아편유사제와 갈라닌 투여는 지방 소비를 증가시킨다. 식욕, 배고픔 및 포만감에 대한 내부 제어 시스템의 이상은 음식 섭취의 병리학적 변화를 초래할 수 있다. 예를 들어, 시상하부의 복내측 중심을 침범하는 병변은 과식을 유발하지만, 측면 핵의 병변은 사료 섭취를 억제한다.

인슐린종, 뇌하수체기능저하증, 부신피질기능항진증, 갑상선기능저하증과 같은 내분비 불균형은 음식 섭취에 영향을 줄 수 있다. 신경 전달 물질 또는 장 펩타이드에 영향을 미치는 모든 대사 기능 장애는 잠재적으로 음식 섭취의 변화를 초래할 수 있다. 흥미롭게도 비만 상태는 식욕, 배고픔 및 포만감 신호를 더욱 교란할 수 있다. 과도한 체중 증가는 고양이와 개에서 인슐린 저항성을 유발할 수 있다. 정상 체중 대조군에 비해 비만인 사람은 위 배출 속도가 더 빠르고 식후 PYY 및 GLP-1 반응이 더 낮다. 이러한 이상은 체중 감소로 개선되었으며 비만인의 포만 신호가 약함을 시사하는 것이다. 또한, 중성화 및 중성화와 같은 다른 생리적 조건은 음식 섭취의 내부 통제에 영향을 줄 수 있다.

영국에서 개를 대상으로 한 설문조사에서 중성화 수술을 받은 암컷과 수컷은 그렇지 않은 개보다 비만일 가능성이 약 2배 더 높았다. 중성화는 수컷과 암컷 고양이의 음식 섭취량, 체중 및 체지방을 증가시키는 것으로 입증되었으며, 이러한 현상은 에스트라디올 투여로 대부분 완화될 수 있다. 더욱이 온전한 암컷 쥐와 난소 절제된 암컷 쥐와 에스트로겐을 투여한 수컷 쥐는 에스트로겐이 보충되지 않은 수컷 쥐와 난소 절제된 암컷 쥐에 비해 뇌에서 렙틴의 식욕 부진 효과에 훨씬 더 민감하였다. 이것은 성호르몬이 내부 포만 신호를 조절하는 데 중심적인 역할을 한다는 것을 시사하는 것이다.

8 사료 섭취에 대한 외부 통제

음식 섭취에 대한 외부 통제에는 식단의 기호성, 음식 구성과 질감, 식사 시간과 환경과 같은 자극이 포함된다. 기호성이 높은 식품에 대한 노출은 인간, 실험동물과 반려동물의 과식에 기여하는 중요한 환경 요인으로 간주된다. 인간을 대상으로 한 연구에 따르면 섭취하는 음식의 양은 기호성에 따라 직접적으로 달라진다. 즉, 음식이 매우 매력적으로 인식되면 초기 배고픔 수준과 관계없이 더 많이 소비하는 경향이 있다. 유사하게, 쥐에게 기호성이 좋은 식단을 제공하면 과식하고 비만이 된다. 이러한 효과는 고지방 식이, 칼로리 밀도가 높은 식이, 다양한 종류의 맛있는 음식을 제공하는 "카페테리아" 식이에서 관찰되었다. 여러 가지 다른 종류의 맛있는 음식이 제공되는 새로움이 정상적인 포만감 신호를 무시할 수 있는 것으로 보인다. 반려동물에게도 흔하지 않은 유사한 관행은 사람이 먹고 남은 잔반과 열량이 높은 간식을 먹이는 것이다. 매우 바람직하고 맛있는 음식을 지속적으로 일부 개와 고양이에게 먹이는 것은 에너지 섭취의 균형을 유지하려는 신체의 자연적인 경향을 무시하고 에너지 과잉으로 이어질 수 있다.

개와 고양이는 특정 맛과 반려동물 사료 유형에 대한 선호도가 있으며, 이러한 선호도는 여러 요인의 영향을 받는다. 예를 들어, 초기 연구에 따르면 쇠고기는 개가 선호하는 고기 유형이며 고기를 요리하면 선호도가 높아진다고 한다. 상업적인 반려동물 사료에 존재하는 것과 같은 조리된 고기에 대한 초기 경험이 조리된 제품에 대한 선호도 발달의 원인이라는 이론이 제기되었다. 또한 개는 자당에 강한 선호도를 가지고 있는 반면, 고양이는 자당이 첨가된 음식이나 액체에 강한 매력을 보이지 않는다. 개와 고양이 모두 차가운 음식보다 따뜻한 음식을 선호하며 기호성은 일반적으로 식단의 지방 함량과 함께 증가한다. 이러한 수용도 증가는 맛뿐만 아니라 질감과 관련이 있기 때문이다. 개와 고양이의 미각 선호도는 혀에서 발견되는 미뢰 또는 "단위"의 유형으로 설명할 수 있다. 예를 들어, 개와 고양이 모두 아미노산 맛에 민감한 미뢰 비율이 높다. 따라서 이들은 육식성 식단에서 발견될 수 있는 다양한 종류의 고기를 구별할 수 있는 능력이 있다고 사료된다.

기호성은 시판 반려동물 사료의 마케팅에서 크게 촉진되는 중요한 식이 특성이다. 반려동물의 선호도 외에도 많은 반려동물 소유자는 식품의 매력에 대한 자신의 인식에 따라 반려동물 사료를 선택한다. 식사 시간과 사회적 환경도 섭식 행동에 영향을 미친다. 개와 고양이는 하루 중 특정 시간에 식사하는 데 빠르게 적응한다. 이 조건화는 행동적으로나 생리적으로 모두 나타난다. 반려동물은 일반적으로 식사 시간에 더 활동적이며 위 분비물과 위 운동성은 식사를 기대하면서 증가한다. 또한 개는 사회집단(동종)에 있는 다른 개와 함께 음식을 섭취할 때 음식 섭취를 늘리는 경향이 있다. 이 과정을 사회적 촉진이라고 한다. 예를 들어, 일부 반려동물 소유자는 어려움 없이 자유롭게 먹이를 먹인 개가 다른 개가 집에 추가되면 과식하고 체중이 증가하기 시작한다는 것을 발견한다. 대부분 개에서 사회적 촉진은 개가 음식에 관한 관심을 적당히 증가시키고 먹는 속도를 증가시킨다. 그러나 어떤 사람들에게는 다른 동물의 존재에 대한 반응으로 발생하는 음식 섭취량의 증가가 단독으로 과도한 음식 섭취를 유발할 정도로 극단적일 수 있다. 그러나 어떤 상황에서는 새로운 개나 고양이를 집에 추가하면 다른 반려동물의 음식 소비를 억제할 수 있다. 이것은 적대적인 관계가 발전하거나 한 반려동물이 다른 반려동물을 두려워할 때 발생할 수 있다.

개의 음식 선택이 동족의 경험과 주인의 행동에 영향을 받을 수 있다는 증거도 있다. 예를 들어, 소규모 연구에서 12쌍의 개를 신체 크기에 따라 일치시킨 다음 무작위로 시범견 또는 관찰견으로 할당했다. 시범견을 다른 방으로 데려가 말린 바질이나 말린 백리향으로 맛을 내는 건사료를 제공하였다. 시범견은 최소 20g의 음식을 섭취한 후, 두 개는 재결합하여 10분 동안 사교하도록 허용되었다. 그런 다음 관찰견을 제거하고 동일한 양의 두 가지 맛을 내는 음식을 제공하였다. 모든 관찰견이 두 음식을 모두 시식하였지만, 개는 짝을 이룬 시범견이 이전에 먹었던 맛에 대해 상당한 선호도를 보였다. 모든 관찰견이 시범견의 입과 머리를 킁킁거리기 때문에 후각 신호가 음식 선호도의 사회적 전달에 중요할 수 있다는 이론이 제기되었다. 흥미롭게도 다른 일련의 연구에서는 개가 양을 구별하는 작업을 올바르게 수행할 수 있고, 소량의 맛있는 음식보다 많은 양을 일관되게 선택한다는 것을 보여주었다.

최근에는 음식 선택에 영향을 미치는 사회적 학습의 또 다른 형태가 개에서도 설명되었다. 주인의 음식 선호도는 개가 만드는 음식 선택에 영향을 줄 수 있다. 한 연구에서 50마리의 개 그룹이 먼저 수량 판별 테스트를 받았고 더 많은 양의 음식(1조각 대 8조각)에 대한 상당한 선호도를 보였다. 그러나 개의 주인이 개가 선택할 수 있도록 하기 전에 더 적은 양의 음식에 대한 선호를 보여주었을 때, 개는 더 자주 더 적은 양의 음식을 선택하고 전환하기 시작하였다. 또한 개에게 동일한 양의 음식이 담긴 두 개의 그릇을 제공하고 주인이 그릇 중 하나에 관심을 보이면 개는 82%의 확률로 선호하는 그릇을 선택했다. 이러한 결과는 개의 사회적 환경의 중요성, 특히 개의 섭식 행동에 대한 주인에 선호도의 영향을 보여준다. 고양이의 음식 선호도에 대한 주인 행동과 음식 선택의 영향을 조사하는 유사한 연구가 필요하다.

식사가 제공되는 빈도는 개와 고양이의 음식 섭취와 에너지 요구에 영향을 줄 수 있는 또 다른 외부 요인이다. 대사적으로 총 에너지 섭취를 일정하게 유지하면서 하루 식사 횟수를 늘리면 식이 열 생성으로 인한 에너지 손실이 증가한다. 성견을 대상으로 한 연구에서 하루에 네 번 먹이를 준 그룹은 산소 소비량을 30% 증가시켰지만, 하루 한 끼에 같은 양의 음식을 먹인 두 번째 그룹은 산소 소비량이 15%만 증가하는 것으로 나타났다. 대조적으로, 음식, 특히 맛있는 음식의 존재는 식사 섭취에 대한 강력한 외부 신호이며 하루에 식사 횟수를 늘리면 외부 신호에 매우 민감한 개인의 과도한 소비로 이어질 수 있다. 성장하는 강아지의 성장과 발달에 대한 자유 선택 수유와 부분 조절 수유의 효과를 비교하기 위한 연구가 수행되었다. 하루 종일 음식에 접근할 수 있었던 강아지는 부분 조절 요법을 사용하여 먹인 강아지보다 더 빠르게 체중이 증가했고 더 무거웠다. 그러나 두 그룹은 앞다리와 몸길이로 측정했을 때 비슷한 양의 골격 성장을 보였다. 이 결과는 두 그룹 모두 최대로 발달했지만, 자유급여 그룹이 부분 조절 그룹보다 체지방을 더 많이 축적했음을 나타낸다. 성장에 영향을 미치는 것 외에도, 매우 맛이 좋은 음식을 여러 번 먹이면 성인 개와 고양이의 과소비와 과체중 증가로 이어질 수 있다. 과소비하는 경향은 식이 열 생성으로 인한 증가된 에너지 손실을 보상하는 것 이상일 수 있다.

에너지 섭취에 기여할 수 있는 최종 외부 요인은 식단의 영양소 구성이다. 영양소 구성은 영양소 대사의 효율성과 자발적으로 섭취하는 음식의 양 모두에 영향을 미친다. 식이 지방, 단백질 및 섬유소는 가장 관심 있는 영양소이다. 대부분 동물이 에너지 요구량의 균형을 맞추기 위해 고지방 식이 섭취를 줄이지만, 식이의 더 높은 칼로리 밀도와 증가된 기호성은 여전히 일부 개인의 에너지 소비를 증가시킬 수 있다. 또한 식이 지방은 탄수화물이나 단백질보다 포만감에 약한 영향을 미친다. 또한, 식이 지방을 체지방으로 전환하여 저장하는 대사 효율은 식이 탄수화물 또는 단백질을 체지방으로 전환하는 효율보다 높다. 체지방으로 저장될 때 지방의 에너지 함량

중 3%만 손실된다. 이러한 손실은 이러한 영양소가 체지방으로 전환될 때 식이 탄수화물 및 단백질의 에너지 함량의 23% 손실과 비교할 수 있다.

따라서 동물이 특정 식단의 칼로리 요구량보다 더 많이 소비하고 초과 칼로리가 지방에서 제공되는 경우 초과 칼로리가 탄수화물이나 단백질에서 오는 경우보다 더 많은 체중이 증가한다. 이 현상은 반려동물에 관한 초기 연구에서 설명되었다. 고지방 식단을 섭취한 강아지는 저지방 식단을 섭취한 강아지와 비교할 때 제지방 체중이 비슷하게 증가했지만, 전자가 훨씬 더 많은 체지방을 축적하였다. 유사하게, 성견에게 고지방식이나 고탄수화물 식단을 먹였을 때, 고지방식을 먹인 개는 고탄수화물 식단을 먹인 개보다 13% 더 많은 에너지를 소비했지만 117% 더 많은 에너지를 유지하였다. 이 증가된 체중 증가의 일부는 에너지 섭취의 작은 차이에 기인했지만, 고지방 식단을 섭취하는 개에서 지방 축적 효율이 증가한 것으로 나타났다. 마지막으로 식단의 단백질 함량도 에너지 섭취에 영향을 미칠 수 있다. 이 효과는 포만감에 대한 식이 단백질의 효과뿐만 아니라 기호성과 연관되어 있다.

최근 연구에 따르면 개는 단백질이 없는 식단을 우선적으로 피하고 총 칼로리의 25%에서 30% 사이의 단백질을 포함하는 음식을 선택하는 경향이 있다고 보고하였다. 대조적으로, 이전 연구에 따르면 고양이는 다양한 농도의 콩 단백질 또는 카제인이 포함된 식단을 제공했을 때 높은 단백질 수준과 낮은 수준의 단백질에 대한 명확한 선호도를 나타내지 않았다.

제2절 반려동물 중 개와 고양이의 에너지 요구량 결정

동물의 일일 총 에너지 요구량은 기초대사량, 식이 열 생성, 자발적인 근육 활동 및 악천후 조건에 노출되었을 때 정상 체온 유지에 필요한 에너지의 합계이다. 유지 상태에 있는 성체 동물은 신체 활동을 지원하고 정상적인 대사 과정과 조직을 유지하는 충분한 에너지만 필요하다. 반면에 성장, 번식 그리고 일하는 개와 고양이는 에너지 요구량이 증가한다.

1 개

개의 에너지 요구량을 추정하기 위한 정확한 방정식을 공식화하는 것은 다양한 신체 크기와 체중 때문에 어려운 작업이다. 총 에너지 요구량은 전체 신체 표면적과 상관관계가 있다. 단위 체중당 체표면적은 동물의 크기가 커짐에 따라 감소한다. 결과적으로 체중이 크게 다른 동물의 에너지 요구량은 체중과 잘 상관되지 않는다. 동물의 에너지 요구량은 체중을 일정 수치로 제곱한 값과 더 밀접하게 관련되어 있다. 이러한 체중 단위를 대사 체중이라고 한다. 체중을 대사 체중으로 표현하면 다양한 크기의 동물 사이의 체표면적 차이를 설명하는 데 도움이 된다. 지금까지 일반적으로 개에 사용된 계수 값의 범위는 0.67에서 0.88 사이이다. 대사에너지(Metabolic energy, ME) 요구 사항에 대한 알로메트릭 방정식은 ME = K(상수) × 체중$^{0.75}$(kg)로 표시된다. 이것은 유지 관리 시 다양한 크기의 성견에 대한 일일 에너지 요구량을 추정할 때 합리적인 출발점을 제공한다. NRC(National Research Council, 1974년 동물의 영양학적 가이드라인이 처음 만들어짐) 지침은 다양한 활동 수준과 생활 상황에 맞게 조정하는 데 사용되는 일련의 K값을 제공한다(표 8.3). 그러나 알로메트릭 방정식을 사용할 때 중요한 고려 사항(및 제한 사항)은 적절한 K값의 선택에 있다.

예를 들어, 가정 환경에 사는 활동량이 적은 반려견의 경우 상수(K)값은 95가 권장되고, 운동량이 많은 반려견의 경우 상수(K)값 130이 적합하다. 이 값을 사용하여 22.7kg의 비활동성 성견의 일일 예상 칼로리 요구량은 약 988kcal이다(표 8.3). 같은 개가 활동적인 것으로 간주된다면 예상 칼로리 요구량은 1,352kcal로 하루 360kcal

〈표 8.3〉 유지 관리 시 성견(Adult dog)의 예상 에너지 요구량 계산

활동량이 적은 성견	활동량이 많은 성견
ME 요구 사항=95×(체중 kg)$^{0.75}$	ME 요구 사항=130×(체중 kg)$^{0.75}$
예: 10kg 개의 ME 요구 사항 = 95×(10kg)$^{0.75}$=534kcal ME/day 22.7kg 개의 ME 요구 사항 = 95×(22.7kg)$^{0.75}$=988kcal ME/day	예: 10kg 개의 ME 요구 사항 = 130×(10kg)$^{0.75}$=731kcal ME/day 22.7kg 개의 ME 요구 사항 = 130×(22.7kg)$^{0.75}$=1,352kcal ME/day

이상 차이가 난다. 따라서 K값을 사용하기 위해 선택한 후에는 결과로 나온 칼로리 추정치를 특정 동물의 일일 에너지 요구량을 결정하기 위한 시작점으로 간주해야 한다. 개체 간의 가변성과 개가 사육되는 환경 조건으로 인해 이 초기 추정치보다 상당히 많거나 적은 요구 사항이 발생할 수 있다.

추정되는 초기 사료량은 사료에 대한 반려견의 장기적인 반응에 따라 조정되어야 한다. 예를 들어, 앞의 예를 사용하면 체중이 22.7kg인 활동하지 않는 성견은 하루에 약 988kcal의 대사에너지가 필요하다. 3800kcal/kg(1,727kcal/lb)이 함유된 음식을 먹였다면 개에게는 0.260kg의 음식이 필요하다. 이것은 9.1온스(257.9g, 1oz=28.3g)와 같다. 8온스(226.7g) 컵의 건사료에는 일반적으로 3~4온스(85~113.2g)의 사료가 들어 있다. 따라서 이 개의 초기 먹이 수준은 하루에 2½컵 이상의 음식이어야 한다(표 8.4).

〈표 8.4〉 개와 고양이 사료 급여량 계산

반려동물의 종류	에너지 요구 (Kcal of ME/day)		에너지 밀도 (Kcal/kg)		양 (kg)				파운드 (lb)		온스 (oz)		컵/일 (Cups per day)
성견 (22.7kg)	988	÷	3,800	=	0.26	×	2.2	=	0.572	=	9.2	=	2.6
고양이 (4kg)	253	÷	4,200	=	0.06	×	2.2	=	0.132	=	2.12	=	0.6
강아지 (10kg)	1,462	÷	3,800	=	0.385	×	2.2	=	0.846	=	13.5	=	3.86
새끼 고양이 (1kg)	250	÷	4,200	=	0.059	×	2.2	=	0.129	=	2.06	=	0.58

또는 이 개가 하루 1,352kcal의 요구 사항으로 다소 활동적인 것으로 간주되는 경우 동일한 음식의 약 3½ 컵을 먹이면 이 요구 사항을 충족할 수 있다. 따라서 주인이 반려견의 실제 활동 수준에 대해 잘 모르는 경우 초기 수유량 3컵이 적절할 수 있으며, 이후 반려견의 몸 상태와 체중에 따라 위 또는 아래로 조정할 수 있다. 알로메트릭 방정식에 의해 예측된 에너지 요구량은 성견 관리 시 개에 대해 계산된다. 에너지 요구량을 증가시키는 삶의 단계에는 성장, 임신, 수유, 격렬한 육체노동 및 극한 환경 조건에 대한 노출이 포함된다(표 8.5).

〈표 8.5〉 성장 단계별 에너지 요구 사항

반려동물의 종류	단계	에너지 요구사항
개	이유 후 성인 체중 40% 성인 체중 80% 임신 후기 수유 장기간 육체 노동 환경온도감소	2×성인 유지 ME 1.6×성인 유지 ME 1.2×성인 유지 ME 1.25~1.5×성인 유지 ME 3×성인 유지 ME 2~4×성인 유지 ME 1.2~1.8×성인 유지 ME
고양이	이유 후 20주 30주 임신 후기 수유	250kcal ME/kg 체중 130kcal ME/kg 체중 100kcal ME/kg 체중 1.25×성인 유지 ME 3~4×성인 유지 ME

특정 품종의 체형과 형태는 유지 에너지 요구량에 영향을 줄 수 있다. 예를 들어, 뉴펀들랜드 성견은 비슷한 체중의 그레이트데인 성견보다 에너지 요구량이 낮다. 이 차이는 두 품종의 제지방 조직 비율의 변화를 반영하며, 활동 수준의 차이로부터 기인한 것이다. 다른 품종에 따른 에너지 차이에 대한 더 많은 연구가 필요하다. 그러한 정보는 특정 품종과 품종 유형에서 나타나는 비만 경향을 설명하는 데 도움이 될 수 있기 때문이다.

이유 후 성장하는 강아지는 같은 체중의 성견보다 단위 체중당 약 2배의 에너지 섭취가 필요하다. 예를 들어, 체중이 10kg인 활동적인 강아지는 하루에 2×731kcal 또는 1,462kcal이 필요하다. 이는 3,800kcal/kg을 함유한 식품을 공급할 때 하루에 4컵 미만의 식품에 해당하다(표 8.4). 에너지 밀도가 높은 음식이 더 많이 공급되면 더 적은 양으로 추정된다. 강아지가 성인 체중의 약 40%에서 50%에 도달하면 이 수준의 음식을 유지 수준의 1.6배로 줄여야 한다. 성인 체중의 80%에 도달하면 유지 수준의 1.2배로 추가로 줄여야 한다(표 8.5).

강아지가 성인 체중의 이러한 비율에 도달하는 나이는 개의 성인 크기에 따라 다르다. 일반적으로 큰 품종의 개는 작은 품종보다 더 천천히 성숙한다. 자이언트 품종을 제외하고 대부분 강아지는 생후 3개월에서 4개월 사이에 성인 체중의 40%, 4.5개월에서 8개월 사이에 성인 체중의 80%에 도달한다. 대형견이 성체에 도달하기 위해서는 10개월 이상의 기간이 필요하다. 작은 품종은 약간 더 이른 시기에 성체에 도달한다. 또한 성체에 도달하는 것이 골격 및 근육 발달 측면에서 신체적 성숙과 동의어가 아니라는 점을 인식하는 것이 중요하다. 성장 중 에너지 요구량의 품종 차이에 관해 발표된 정보는 제한적이지만, 품종 및 기질 유형 간의 활동 차이는 발달 중, 특히 성장 기간의 후반기에 에너지 요구량에 영향을 미칠 수 있다.

임신 및 수유 기간 동안 암컷 개에게 필요한 에너지는 상당히 증가한다. 임신 9주 중 첫 3~4주 동안 에너지 요구량은 유지 관리와 동일하게 유지된다. 임신 4주가 지나면 빠른 태아 성장을 위해 에너지 요구량이 점진적으로 증가한다. 임신한 개체의 에너지 요구량은 임신 기간이 끝날 때까지 정상 유지 요구량의 약 1.25~1.5배까지 증가한다. 또는 임신 후반기 (분만 4주 전) 동안 증가된 요구량은 MEkcal = 유지 에너지 + (26kcal × BW_{kg}) 방정식을 사용하여 추정할 수 있다. 수유는 가장 에너지를 많이 요구하는 단계 중 하나이다. 한 배에서 태어난 새끼의 크기에 따라 수유 중 암캐의 에너지 요구량은 정상적인 유지 관리 요구 사항의 3배까지 증가할 수 있다. 앞의 예를 사용하여 정상 체중이 22.7kg이고 유지 에너지 요구량이 988kcal인 여성은 최대 수유 기간 동안 최대 3×988kcal 또는 2,964kcal이 필요할 수 있다. 이것은 하루에 거의 8컵의 음식과 같다. 이렇게 많은 양의 음식을 섭취하는 것은 위의 크기에 의해 제한될 수 있다. 따라서 이 단계에서 소화가 잘되고 영양이 풍부한 음식을 먹이고 필요한 경우 식사 횟수를 늘리는 것이 중요하다. 더 정확한 추정이 필요한 경우, 한배에 있는 강아지의 수와 수유 주를 모두 설명하는 방정식을 사용하여 수유 중인 암컷의 에너지 요구량을 계산할 수 있다(표 8.5).

육체노동과 환경적 스트레스는 강아지에게 에너지 요구량을 증가시킬 수 있다. 강도 높은 신체 활동의 짧은 시합은 에너지 요구량을 약간만 증가시킬 수 있지만 장기간의 규칙적인 운동 프로그램은 유지 요구량의 2~4배까지 에너지 요구량을 증가시킬 수 있다. 또한 춥고 더운 날씨 조건에 노출되면 개의 에너지 요구량이 증가할 수 있다. 개는 추운 조건에서 정상적인 체온을 유지하고 따뜻한 조건에서 신체의 냉각 메커니즘을 지원하기 위해 추가 에너지를 소비해야 한다. 심각도에 따라 추운 날씨 조건에서 생활하면 유지 관리의 1.2배에서 1.8배까지 에너지 요구량이 증가할 수 있다.

2 고양이

대부분의 집 고양이 성체의 체중은 약 2~7kg이다. 고양이는 신체 크기와 체중의 극단적인 변화를 나타내지 않기 때문에 에너지 요구량은 체중과 선형 관계로 표현된다. 그러나 이 접근 방식은 더 큰 고양이의 에너지 요구량을 과대평가하는 경향이 있다. 다양한 크기와 연령의 고양이 유지 에너지 요구 사항에 대한 최근 연구에 따르면 대사 체중을 이용하면 고양이의 에너지 추정치가 더 정확하다는 것이 밝혀졌다. 마르거나 정상 체중의 고양이는 0.67의 지수를 이용하며, 과체중 또는 비만인 고양이는 0.40의 지수로 제안되었다. 마른 고양이의 유지 에너지 요구량은 $ME = 100 \times (BW_{kg})^{0.67}$ 방정식을 사용하여 추정되고 과체중 고양이의 경우 $ME = 130 \times (BW_{kg})^{0.40}$ 방정식을 사용하여 추정된다. 이 두 방정식은 고양이의 신체조건으로 에너지 요구량을 설명하지만, 활동 수준과 연령도 유지 에너지 요구량에 영향을 미친다.

최근 연구에서 간접 열량계는 어린 성체 고양이의 일일 에너지 소비량을 측정하는 데 사용되었다. 결과는 성별에 관계없이 젊은 성인의 경우 약 60kcal/kg BW의 추정치를 제공했다. 또 다른 연구는 젊은 성인에게 유사한 값을 제공했으며 중년 고양이의 에너지 요구량은 일반적으로 약 45kcal/kg BW로 감소한 것으로 나타났다. 개와 유사하게, 에너지 요구의 이러한 연령 관련 변화는 활동 감소와 신체 구성 변화의 부가적인 효과에 기인한다. 개와 마찬가지로 고양이의 에너지 방정식은 개인을 위한 최적의 음식양을 결정할 때 시작점으로 사용할 대략적인 추정치를 제공한다. 이러한 방정식을 사용한 예는 <표 8.6>에 나와 있다.

NRC 방정식을 사용하면 최적의 신체 조건에서 성체 4.0kg(8.8lb) 고양이는 하루에 약 253kcal의 ME가 필요하다. 대체 방정식($60kcal/BW_{kg}$)은 240kcal의 추정치를 제공한다. 고양이가 시니어라면 추정치는 약 180kcal로 줄어든다. 마지막으로 체중이 8kg(17.6lb)인 과체중 성인 고양이의 예상 에너지 요구량은 하루 약 299kcal이다. 최적의 신체 상태에 있는 성인 고양이의 급여 추정치는 <표 8.4>를 참조하면 된다. 고양이의 에너지 요구량은 성장, 번식, 신체 활동 및 환경 스트레스 조건에서 증가한다(표 8.5). 성장하는 새끼 고양이의 에너지 및 영양소 요구량은 약 5주령에 체중 단위당 가장 높다. 젊고 빠르게 성장하는 새끼 고양이는 체중 kg당 약 200~250kcal의 ME가 필요하다. 이 요구량은 20주령에 130kcal/kg으로, 30주령에는 100kcal/kg으로

〈표 8.6〉 유지 관리 시 성묘(Adult cat)의 예상 에너지 요구량 계산

마른 성인 고양이(NRC 공식)	대체 공식(젊은 성인 고양이)
$ME = 100 \times (체중_{kg})^{0.67}$	$ME = 60 \times (체중_{kg})$
예: 4kg(8.8lb) 고양이의 ME 요구 사항 = $100 \times (4kg)^{0.67}$ = 253kcal ME/day 6kg(13.2lb) 고양이의 ME 요구 사항 = $100 \times (6kg)^{0.67}$ = 332kcal ME/day	예: 4kg(8.8lb) 고양이의 ME 요구 사항 = 60×4kg = 240kcal ME/day 6kg(13.2 lb) 고양이의 ME 요구 사항 = 60×6kg = 360kcal ME/day

과체중 고양이(NRC 공식)	고령자 고양이
$ME = 130 \times (체중_{kg})^{0.40}$	$ME = 45 \times (체중_{kg})$
예: 6kg(13.2lb) 고양이의 ME 요구 사항 = $130 \times (6kg)^{0.40}$ = 266kcal ME/day 8kg(17.6lb) 고양이의 ME 요구 사항 = $130 \times (8kg)^{0.40}$ = 299kcal ME/day	예: 4kg 고양이의 ME 요구 사항 = 45×4kg = 180kcal ME/day 6kg 고양이의 ME 요구 사항 = 45×6kg = 270kcal ME/day

감소한다. 예를 들어, 3개월 된 새끼 고양이의 체중 1kg(2.2 lb)은 하루에 최대 250kcal이 필요하다. 4,200kcal/kg이 함유된 건사료를 급여하는 경우 새끼 고양이에게 59g 또는 약 2온스(56.7g)의 사료를 제공해야 한다. 이것은 하루에 1/2컵의 음식보다 약간 더 많은 양이다. 예상되는 성체의 차이를 설명하고 이유 후 새끼 고양이의 현재 체중에 대해 특별히 계산되는 보다 복잡한 방정식은 NRC에서 제공한다.

그러나 이 방정식은 많은 소유자에게 제공되지 않을 수 있는 성인 체중 정보의 추정치에 의존한다. 이 방정식에서 제공하는 추정치는 일반적으로 더욱 일반적인 권장 사항에서 제공하는 추정치와 유사하다. 번식하는 어미에 관한 연구에 따르면 고양이의 에너지 요구량은 지난 4~5주 동안이 아니라 임신 기간 내내 증가하는 것으로 나타났다. 임신 9주가 끝날 때까지 정상적인 유지 에너지 요구량보다 약 25% 정도 증가해야 한다. 임신 기간 동안 모체의 과도한 신체 조직이 축적되어 어미는 수유의 강렬한 에너지 요구량에 대해 적절하게 준비할 수 있다. 그런 다음 어미는 수유 중 증가된 에너지 요구량을 충족하기 위해 이러한 모성 저장과 추가 식이 에너지를 사용한다. 한배 새끼의 크기에 따라 최대 수유 기간 동안 어미의 식이 에너지 요구량은 유지 요구량의 2.5배까지 높을 수 있다. 모든 생리적 단계에서 특정 고양이의

에너지 요구량은 고양이의 활동 수준, 신체 상태, 고양이 털의 길이와 두께, 그리고 고양이가 살고 있는 환경 조건의 영향을 받는다. 따라서 이러한 추정치는 개별 동물의 정확한 필요를 결정할 때 시작점으로만 사용해야 한다. 그런 다음 고양이의 체중 및 상태를 평가하여 초기 에너지 요구량 추정치를 조정할 수 있다.

CHAPTER

09

영양소
요구량

CHAPTER 09

영양소 요구량

반려동물의 건강을 유지하고 질병을 관리하는 데 적절한 식이는 매우 중요하다. 보호자의 관리하에 있는 개와 고양이는 스스로 식이를 선택할 기회가 거의 없으므로, 필요로 하는 모든 영양소는 오직 보호자에게서 제공받는 식이로 결정된다.

균형 잡힌 반려동물 식이급여를 위한 영양의 기본요소와 반려동물에 따른 각 성장 단계별 영양소 요구량 및 모든 연령의 개와 고양이에 대한 실질적인 급여 방법에 대한 식이관련 기준정보는 AAFCO와 NRC에서 제공하는 기준으로 활용되고 있다.

AAFCO는 미국사료협회(Association of American Feed Control Officials)의 약자로, 개와 고양이 사료의 품질 및 안정성을 확보하기 위한 기준과 영양소 및 성분표시에 대한 가이드라인을 제시하고 있다. 현재, 국내 많은 사료회사들은 AAFCO의 가이드라인을 참고하여 사료를 제조하고 있다. NRC는 미국 국립연구위원회(National Research Council)의 약자로, 2006년 NRC에서 마지막으로 작성한 보고서는 개와 고양이의 체내 대사, 영양 결핍의 징후, 영양 부족 등을 다룬 내용으로, 다양한 유형의 반려동물 사료의 특성, 개와 고양이에게 식이를 제공할 때 고려해야 할 요소 등에 대한 정보를 제공하고 있다. AAFCO(Association of American Feed Control Officials)의 식이관련 자료 전까지는 NRC(National Research Council)가 기준을 제공하였으나, 지금은 AAFCO의 기준이 더 널리 사용되고 있다.

제1절 필수 영양소

개는 육식동물로 분류되지만, 오래된 사람과의 생활을 통해 유전적, 영양학적인 측면에서는 사실은 잡식동물로 필요로 하는 영양소를 동물과 식물에서 모두 얻을 수 있다는 것을 의미한다. 하지만 반려동물인 고양이의 경우는 명백한 육식동물이다.

영양소란 건강을 유지하는 데 도움이 되는 식이의 성분을 말한다. 체내에서 합성할 수 없으나 동물이 섭취가 필요한 영양소를 필수영양소(essential nutrient)라고 부른다. 필수영양소는 동물들이 섭취하는 식이에 들어가 있어야 하고, 어떤 필수영양소가 없거나 너무 적으면 올바른 영양적 식이라고 할 수 없다. 영양소는 기본적으로 단백질(protein), 지방(fat), 탄수화물(carbohydrate), 무기질(mineral), 비타민(vitamin), 물(water)의 분류로 나뉜다.

1 탄수화물

대부분의 동물은 포도당의 대사적 요구량이 있으나, 제공되는 식이는 충분한 포도당 전구체(amino acid, glycerol)를 함유하고 있어서 대부분의 동물은 식이탄수화물의 공급 없이도 대사에 필요한 포도당을 충분히 합성할 수 있다. 그러나 당분과 조리된 전분은 경제적이면서 쉽게 소화될 수 있는 에너지원이다. 당분은 개에게 기호성을 높여주지만, 고양이는 단맛에 기호성이 없다.

(1) 탄수화물 요구량

개와 고양이의 경우, 탄수화물 요구량이 정해져 있지는 않다. 그러나, 중추신경계, 적혈구, 수정체와 망막, 성장기, 비유기, 임신 등의 포도당 공급이 필수인 조직과 생애주기별 식이특징이 있다. 탄수화물은 최소 50－62.5g/1,000kcal ME(건조물 기준으로 4,000kcal ME/kg인 식이의 20－25%)를 함유하는 것이 좋다. 동물 체내에서는 영양소 균형을 유지하기 위해 식이, 글리코겐(glycogen), 당 생성 아미노산, 지방으로부터 당신생을 통해 포도당을 얻을 수 있으며, 이 기전은 특히 개에서 매우 효율적으로 일어난다. 고양이는 육식성으로 탄수화물이 반드시 필요하지는 않다. 대사과정에서 당 신생(Gluconeogenesis)이 끊임없이 일어나기 때문에 단백질을 에너지원으로 더 많이 이용한다. 개에 비해 고양이는 비교적 포도당 활용이 느리더라도 식이에 포도당을 제공해야 하고, 또한 사료의 질감 형성, 경제성, 섬유소 공급원으로 활용이 된다. 또한, 원재료의 전분(starch) 함량은 원재료의 종류에 따라 다른데, 전분은 식물체의 여러 부분에 분포하는 저장성 탄수화물로 곡류, 뿌리, 열매, 씨앗 등에 많이 함유되어 있어 동물사료에서 가장 중요한 에너지 공급원 중 하나이다. 원재료의 전분 함량은 <표 9.1>과 같다.

〈표 9.1〉 원재료별 전분 함량

성분	대략적인 함량(건조물 기준 g/kg)
보리, 밀, 옥수수, 쌀	500, 590, 650, 810
귀리, 호밀	400,500
옥수수, 쌀겨	250
콩과 식물	350
감자	650
밀기울	140

(2) 상업사료

일반적으로 상업용 개와 고양이 사료의 식이 내 탄수화물 함량은 가용성 무질소물(NFE: Nitrogen free extracts)이 건조물 기준으로 약 30–40%에서 최대 약 60%까지 포함되어 있다(건조물 기준으로 에너지 함량이 4,000kcal/kg인 식이 기준).

① 식이섬유

식이섬유는 탄수화물의 소화와 흡수에 영향을 미친다. 식이섬유(dietary)는 다당류의 탄수화물 중 단위동물의 체내에서 분비되는 소화효소에 의해 분해되지 않는 물질을 말하며, 크게 불용성 섬유소와 수용성 섬유소로 나눌 수 있다. 불용성 섬유소는 사료성분 중에 셀룰로오스(cellulose), 리그닌(lignin), 펙틴(pectin)과 같은 불용성 다당류로 구성된다. 이는 식물 세포벽의 주요 구성성분으로, 개와 고양이의 소화관에서 비교적 소화되지 못한다. 수용성 섬유소는 펙틴(pectin), 검(gum), β-글루칸(β-glucan) 등이 해당된다. 검과 점액질은 보리, 귀리, 밀, 콩, 해조류 등에 많으며 끈적끈적한 점성(viscosity)을 가지고 있어 사료입자들이 서로 붙는 형태를 보인다. 따라서, 검 성분을 많이 함유한 보리, 귀리 등은 입자가 가늘게 분쇄되면 점도가 증가하여 동물들이 사료를 섭취할 시 입이나 부리에 달라붙어서 허실량이 많아질 수 있다. 식이섬유의 기능을 보면, 단위동물인 개와 고양이의 식이 중 섬유소의 역할은 변의 부피를 증가시키고, 장운동을 조절하며, 변비와 설사를 예방한다. 식이섬유는 소화하기가 매우 어렵기 때문에 식이의 에너지 함량을 감소시켜서 비만을 교정하고 예방하는 역할을 한다.

개와 고양이의 식이섬유 요구량은 다양한 요인에 영향을 받는데, 동물 종, 식이 섬유 종류, 건조물 기준 섭취한 식이의 양, 식이의 에너지 밀도, 일일 에너지 요구량(DER) 등이 있다. 개와 고양이의 소화율에 영향을 미치지 않으면서 건강을 개선하는 적정 또는 최대 식이섬유 함량은 정해져 있지는 않으나, 안전한 상한섭취량은 <표 9.2>와 같다.

건강한 성체에서는 17-20%의 발효성 식이섬유를 포함한 37-50g 식이섬유/1,000kcal ME(건조물 기준으로 에너지 함량이 4,000kcal/kg인 식이 기준으로 15-20%)가 적절한 함량으로, 이상적인 식이섬유로는 사탕무박 또는 곡식의 겨(밀기울)가 있다.

〈표 9.2〉 식이섬유 요구량(안전 상한섭취량)

식이섬유의 종류(g/kg 건조물 기준)	개	고양이
Cellulose(셀룰로오스)	94	100
Cellulose:Pectin(셀룰로오스:펙틴)	83	83
Fructooligosaccharide(프락토올리고당)	40	7.5
Guar gum(구아검)	34	관련자료 없음
Inulin(이눌린)	70	관련자료 없음
Tomato juice(토마토 주스)	87	관련자료 없음
Mannan-oligosaccharides(만난-올리고당)	5.9	관련자료 없음
Pectin(펙틴)	34	관련자료 없음
Beet-pulp(사탕무박)	75	관련자료 없음
Bran(밀기울)	128	100

출처: Practical Atlas of nutrition and feeding in cats and dogs, 2022.

2 지질

지방식이가 필요한 이유는, 동물의 체내에 에너지 제공, 지용성비타민(V-A, V-D, V-E, V-K)의 흡수를 돕기 위해, 기호성을 높이기 위해, 필수지방산의 공급을 위해 필요하다.

일부 아미노산처럼 체내에서 합성되지 못하여 반드시 식이를 통해 공급해야 하는 지방산을 필수지방산(essential fatty acids, EFA)이라고 한다. 지방을 섭취하면 이러한 필수지방산인 리놀레산(linoleic acid), 리놀렌산(linolenic acid), 아라키돈산(arachidonic acid)을 공급받을 수 있다.

리놀레산은 모든 동물에게 식이에 필요한 필수지방산이다. 리놀레산은 특히 식물성 기름에 풍부하나, 식물성 기름의 종류에 따라 함유량은 매우 상이하다. 가금과 돼지의 지방에 15~25%를 차지하지만, 소의 지방에는 단지 5%만 존재한다. 리놀렌산(linolenic acid)은 개와 고양이 모두에서 리놀레산(linoleic acid)으로부터 합성된다. 개의 경우 아라키돈산(arachidonic acid)을 리놀레산(linoleic acid)으로부터 합성하지만, 고양이의 경우 이 대사과정이 불가능하여 반드시 식이로 공급해야 한다. 아라키돈산(arachidonic acid)은 동물 유래의 지방에서만 존재한다. 그러므로 두 종 모두 식이지방에서 리놀렌산(linolenic acid)을 필요로 하지 않는다.

필수지방산은 세포막을 구성하고, 프로스타글란딘을 합성하며, 피부를 통한 수분손실을 조절하는 데 필요하다. 또한, 혈중 콜레스테롤을 감소시키며, EPA나 DHA의 공급을 통한 두뇌발달과 시각기능을 유지할 수 있으며, 지용성 비타민의 흡수를 촉진하는 역할을 한다.

(1) 지방 요구량

NRC 권고에 따르면(2006), 개의 경우 성견에서 총지방 함량은 섭취한 대사 에너지의 약 12%정도가 권장되어야 하며 10-15%정도의 값이 허용된다고 보고 있다. 상한치의 경우 대사 에너지의 70%(82.5g/1,000kcal ME)이지만, 단백질의 함량에 따라 상한치가 달라지기도 한다. 섭취한 대사 에너지의 최소 2.3%는 리놀레산(Linoleic acid)이어야 한다. 그러나 최소 요구량은 이 권장량의 55%정도이며, 개는 리놀레산

(Linoleic acid)을 이용하여 아라키돈산(Arachidonic acid)을 합성하며, 이는 정상적인 생리 활성을 위해 필요한 아라키돈산(Arachidonic acid)의 최소 농도에 영향을 주기 때문에 높은 양을 함유하는 것이 더 좋다.

고양이는 성묘의 경우 유지 관리를 위해 섭취된 대사 에너지의 약 19%를 지방으로 구성하는 것이 좋은데, 개와 비교하였을 때 60% 정도가 높은 수치이다. 그러나, 상한치는 개와 고양이 모두 비슷하다. 고양이는 섭취한 대사 에너지의 67%까지는 큰 문제 없이 잘 견디며, 지방 역시 고양이 식이의 맛에 영향을 주는 요소이긴 하나, 그 맛은 지방 성분 구성에 따라 기호성이 달라질 수 있다. 예를 들어, Caprylic acid(8:0, 야자유와 코코넛유에 높음)가 건조물 기준 0.01－0.1% 존재 시, 고양이는 그 음식을 거부할 가능성이 있다.

고양이의 필수 지방산에 대한 자료는 많지 않으며, 리놀레산(Linoleic acid)의 권장량은 섭취한 대사 에너지의 약 1.19%로 개에 비해 고양이의 요구량은 50% 정도 밖에 되지 않는다. 그 이유는 리놀레산(Linoleic acid)이 다른 긴 사슬 필수 지방산 합성에 이용되지 않기 때문이다.

(2) 과잉증

과도한 식이지방은 범지방조직염(pansteatitis), 즉 황색지방병(yellow fat disease)을 유발할 수 있다. 이 질환의 증상은 피부통, 식욕부진, 발열, 피부의 결정성 지방침착 등이다. 값싼 붉은 육질의 참치를 주식으로 하는 고양이에서 발생할 수 있다. 치료는 식단을 바꾸고 비타민 E를 공급해야 한다. 과잉 식이 지방은 또한 비만을 일으켜 평생의 건강에 유해한 당뇨병, 심장병, 관절질환 및 피부질환을 초래할 수 있다. 영국의 경우, 반려동물의 50% 이상이 과체중이며, 미국의 경우, 개와 고양이의 약 35%가 과체중 혹은 비만으로 알려져 있다.

또한, 높은 지방 및 낮은 단백질 식이의 경우 췌장에 변화를 유발할 수 있으며, 또 다른 부작용으로는 비만, 고콜레스테롤혈증, 췌장염 등이 있을 수 있다.

(3) 결핍증

필수지방산의 체내 결핍은 번식장애, 창상치유지연, 피부의 건조와 각질을 유발할 수 있다. 또한 피부의 세균감염과 습진이 쉽게 발생한다. 특히 식이에서 필수지방산의 결핍은 우(牛)지가 들어있는 저지방 건사료나 특히 고온 다습한 장소에 너무 오래 보관한 건사료를 급여하는 개에서 가장 흔히 발생한다. 지방산은 이중결합의 산화로 인해 산패되는데, 산패되면 지방산은 영양학적인 가치를 잃어버린다. 이러한 산화는 높은 온도와 습도에서 촉진된다. 지방의 산화는 비타민 E 등의 항산화제(antioxidant)를 첨가하면 방지된다.

(4) 상업사료

식이 내 지방 함유량으로 보면, 지방은 반려동물의 모질이나 사료의 맛에 영향을 주기 때문에, 대부분의 상업용 개 사료에는 건조물 기준으로 최소 5% 정도 들어있다. 건조물 기준 최소 5% 정도면 개의 필수 지방산 요구량은 충족이 가능하다.

상업용 고양이 사료는 건조물 기준으로 8-13% 정도의 지방을 함유하고 있으며 식이 종류에 따라 25%정도까지 함유되어 있기도 하다. 고양이의 선호도는 10%보다 25%에서 더 높게 나타난다.

개와 고양이의 NRC 기준 필수 지방산 권장량은 <표 9.3>과 같다.

〈표 9.3〉 개와 고양이의 필수 지방산 권장량(NRC)

NRC 2006(g/1,000kcal ME)	개	고양이
총지방 함량	13.8	22.5
LA(리놀레산, Linoleic Acid)	2.8	1.4
ALA(α-리놀렌산, Alpha Linolenic Acid)	0.11	미활용
AA(아라키돈산, Arachidonic Acid)	비필수	0.015
EPA + DHA (EPA: 에이코사펜타엔산, Eicosapentaenoic acid) (DHA: 도코사헥사엔산, Docosahexaenoic acid)	0.11	0.025
EPA:DHA	50-60:40-50	20:80
n-6:n-3	5-4:1	

출처: Practical Atlas of nutrition and feeding in cats and dogs, 2022.

개와 고양이의 AAFCO 기준 필수 지방산 권장량은 <표 9.4>와 같다.

〈표 9.4〉 개와 고양이의 필수 지방산 권장량(AAFCO)

AAFCO (g/1000kcal ME)	개	고양이
총지방 함량	13.8	22.5
LA(리놀레산, Linoleic Acid)	2.8	1.4
ALA(α-리놀렌산, Alpha Linolenic Acid)	–	–
AA(아라키돈산, Arachidonic Acid)	–	0.05
EPA + DHA (EPA: 에이코사펜타엔산, Eicosapentaenoic acid) (DHA: 도코사헥사엔산, Docosahexaenoic acid)	–	–

출처: AAFCO nutrient, 2023.

3 단백질

단백질은 각각의 특성에 따라 피부와 털의 구성 요소, 연골 조직, 수축성 단백질, 혈액 내 운반 단백질, 호르몬, 효소, 세포 수용체와 항체, 신경 전달 물질, 에너지원을 만들 수 있다. 많은 종류의 아미노산은 동물 체내에서 합성될 수 있어서 식이를 제공할 필요가 없다.

하지만 일부 아미노산은 생체에서 합성할 수 없어 반드시 식이에 포함되어야 한다. 이를 필수아미노산(essential amino acid)이라고 부른다. 필수 아미노산 중 하나라도 섭취가 부족하면 결핍 반응으로 신경내분비계에서 이상이 나타나 사료 섭취량이 감소하게 된다. 개는 10개의 필수아미노산이, 고양이는 11개의 필수아미노산이 있다. 고양이의 경우 고기를 주로 섭취하는 육식동물로 이러한 불균형이 나타나기 어렵긴 하나, 필수 아미노산 부족으로 인한 효과는 오랫동안 지속될 수 있다. 개와 고양이에게 필요한 필수 아미노산을 정리하면 아래와 같다(표 9.5).

〈표 9.5〉 개와 고양이의 필수 아미노산 정리

개	고양이
□ 페닐알라닌(phenylalanine)	□ 페닐알라닌(phenylalanine)
□ 발린(valine)	□ 발린(valine)
□ 트립토판(tryptophan)	□ 트립토판(tryptophan)
□ 트레오닌(threonine)	□ 트레오닌(threonine)
□ 이소류신(isoleucine)	□ 이소류신(isoleucine)
□ 메티오닌(methionine)	□ 메티오닌(methionine)
□ 히스티딘(histidine)	□ 히스티딘(histidine)
□ 아르기닌(arginine)	□ 아르기닌(arginine)
□ 류신(leucine)	□ 류신(leucine)
□ 라이신(lycine)	□ 라이신(lycine)
	□ 타우린(taurine)

고양이의 경우 위의 10개의 아미노산과 더불어 11번째 필수아미노산인 타우린(taurine)이 있다. 고양이의 식이에서 타우린이 불충분한 경우 비가역적인 시력상실과 심장질환을 야기할 수 있다. 식물성 단백질은 타우린을 포함하고 있지 않다. 타우린의 유일한 공급처는 동물성 단백질인데, 이는 고양이가 절대적 육식동물이라는 증거이다.

단백질은 살아있는 모든 세포의 필수요소로, 대사를 조절하는 다양한 역할을 하고, 세포벽과 근섬유를 구성한다. 또한 단백질은 조직의 성장과 재생에도 중요한 요소이고, 식이에서 에너지의 근원으로 사용된다. 동물은 새로운 아미노산을 합성할 수 없기 때문에, 신체기능의 손실을 막거나 새로운 조직을 생성하기 위해서 식이성 단백질을 공급받아야 한다.

단백질의 품질은 함유하고 있는 필수아미노산의 수와 양에 따라 다양하다. 단백질의 품질을 생물가(biological value)라 부르는데, 단백질을 어떻게 허용(acceptable), 소화(digestible), 이용(utilizable)하는지에 따라 좌우된다.

(1) 단백질 요구량

라이신(Lysine)을 기준으로, 동물의 다양한 기능을 최적화하는 이상적인 아미노산 구성을 이상적인 단백질이라는 개념으로 보며, 개와 고양이의 이상적인 아미노산 비례는 <표 9.6>과 같다. 표를 보면, 평균적으로 고양이의 요구량이 개보다 30% 정도 더 많다는 것을 알 수 있다.

〈표 9.6〉 개와 고양이의 이상적인 아미노산 비례

아미노산	개	고양이
▫ 페닐알라닌(phenylalanine)	1.00	1.00
▫ 발린(valine)	0.64	1.00
▫ 트립토판(tryptophan)	0.71	1.12
▫ 트레오닌(threonine)	1.00	1.12
▫ 이소류신(isoleucine)	0.22	0.19
▫ 메티오닌(methionine)	0.29	0.38
▫ 히스티딘(histidine)	1.00	1.50
▫ 아르기닌(arginine)	0.57	0.63
▫ 류신(leucine)	0.75	0.75
▫ 라이신(lycine)	0.67	0.87

(2) 과잉증

동물이 요구량 이상으로 과잉 섭취된 식이단백질은 근육에 저장될 수 없으나, 탈아미노화를 통해서 간에서 분해되며, 아미노기는 요소로 전환되어 신장을 통해 배설된다. 아미노산의 산성 부분은 글리코겐이나 지방으로 전환되어 저장된다.

단백질 과잉섭취는 동물의 간과 신장에 문제를 일으킬 수 있다. 특히, 메티오닌(Methionine) 과잉의 경우, 비교적 가격이 저렴하여 예방차원에서 무분별하게 보충해도 될 것 같지만, 개와 고양이에서 과도한 메티오닌(Methionine) 섭취는 독성을 유발한다는 보고가 있어 주의가 필요하다. 또한, 라이신(Lysine) 과잉의 경우, 아르기닌(Arginine)의 길항제로 작용하며 과도한 섭취 시 구토, 혈장 내 질소 상승, 결정 형성을 동반한 오로트 산성뇨증(Orotic acidura) 등을 유발할 수 있다. 일부 달마시안 견종은 요산염 산화효소(Urate－oxidase)의 활성과 연관된 유전적 결함(상염색체 열성)이 있으며, 이는 정상적으로 요산(Uric acid)이 알란토인(Allantoin)으로 전환되는 데 문제를 유발하며, 이런 품종 소인이 요산(Uric acid) 결정을 형성하게 한다. 이는 단백질과 퓨린(Purine)이 풍부한 재료인 생선, 동물 장기 등과 같은 섭취를 줄여 관리할 수 있다.

(3) 결핍증

단백질 결핍은 식이 단백질의 불충분한 공급이나 특정 아미노산의 결핍에서 온다. 단백질 결핍 증상으로는 성장 불량 또는 체중 감소, 거친 피모, 근육량 손실, 질병에 대한 감수성 증가, 부종, 사망 등이 있다.

(4) 상업사료

건강한 동물에서 섭취가 에너지 요구량에 달려있는 것을 고려하였을 때, 식이 내 단백질 함량은 사료의 에너지 밀도에 비례하며 에너지가 높은 음식은 건조물 섭취가 감소되는 것을 보충하기 위하여 높은 함량의 단백질을 함유하고 동시에 이 섭취는 동물의 유지 상태의 성견, 성장하는 강아지 등의 생리적 상태와 연관되어 있다. 개와 고양이의 최소 단백질 요구량은 <표 9.7>과 같다.

〈표 9.7〉 개와 고양이의 최소 단백질 요구량

고품질 단백질을 사용한 식이기준	개	고양이
성숙 동물에서 최소 단백질 요구량	20g/1,000kcal ME	40g/1,000kcal ME
안전역을 포함하는 권장량	25g/1,000kcal ME	50g/1,000kcal ME
AAFCO 및 FEDIAF 기준	45g/1,000kcal ME	62.5g/1,000kcalME

4 비타민

비타민은 생명체가 살아가는 데 중요한 역할을 하는 영양소로, 많은 양이 필요하진 않지만 스스로 합성하는 것은 어렵기 때문에 식품을 통하여 섭취해야 한다. 비타민은 소량으로 동물체내 기능을 조절한다는 점에서 호르몬과 비슷하지만 내분비기관에서 합성되는 호르몬과 달리 외부로부터 섭취되어야 한다. 비타민은 체내에서 전혀 합성되지 않거나, 합성되더라도 충분하지 못하기 때문이다. 이렇게 체내 합성 여부에 따라 호르몬과 비타민이 구분되기 때문에 어떤 동물에게는 비타민인 물질이 다른 동물에게는 호르몬이 될 수 있다. 예를 들어, 비타민 C는 사람에게는 비타민이지만 토끼나 쥐를 비롯한 대부분의 동물은 몸속에서 스스로 합성할 수 있다.

(1) 비타민 요구량

모든 비타민이 모든 종에 필수적인 것은 아니다. 예를 들어, 기니피그와 영장류는 비타민 C가 식이로 공급되어야 하지만, 개와 고양이를 비롯한 다른 많은 동물들은 스스로 비타민 C를 합성할 수 있다.

비타민은 지방이나 물에 용해되는 상태에 따라 수용성 비타민(B 복합체, C)과 지용성 비타민(A, D, E, K)으로 나누어진다. 비타민은 생체의 에너지 대사를 조절하는 것을 돕고, 많은 생화학적 반응에 관여한다. 대부분의 비타민은 체내에서 합성될 수 없어서 식이에 들어있어야 한다. 특히 수용성 비타민은 오줌을 통해 쉽게 소실되고 체내에 잘 저장되지 않기 때문에 매일 공급해 주어야 한다. 지용성 비타민은 체내에 저장이 잘 되므로 매일 섭취하지 않아도 되며 오히려 과잉섭취로 인한 독성이 더 흔히 발생한다.

개와 고양이는 포도당으로부터 비타민 C(아스코르빈산)를 전부 합성할 수 있기 때문에 매일 섭취할 필요가 없다. 다양한 요소들이 동물 개체마다 비타민 요구량에 영향을 미칠 수 있다. 성장기와 번식기의 동물은 새로운 조직을 만들어야 하므로 비타민을 포함한 모든 영양소가 보다 많이 필요하다.

① 수용성 비타민

a. 비타민 B 복합체

비타민 B 복합체에는 티아민(thiamin), 리보플라빈(riboflavin), 나이아신(niacin), 비오틴(biotin), 엽산(folic acid)과 시아노코발라민(cyanocobalamin)이 포함된다. 수용성 비타민 B는 일반적으로 무독성이다. 상업 사료에는 비타민 B가 풍부하게 들어있으므로 사료를 먹는 동물에서 결핍은 거의 없다. 결핍은 특정 항비타민(antivitamin)을 포함한 특정 식이를 과잉 섭취한 결과로 발생한다. 예를 들면, 계란 흰자에 들어있는 아비딘(avidin)은 비오틴에 결합하고, 날생선에 들어있는 티아미나제(tiaminase)는 고양이에서 티아민 결핍을 일으킨다. 수용성 비타민 결핍은 또한 집에서 만든 식이를 먹는 동물에서 발생할 수 있다. 오로지 죽과 같은 곡물만 먹는 개는 피부염, 설사, 치매, 죽음을 유발하는 나이아신 결핍증(펠라그라, pellagra)을 유발하는 것으로 보고되었으며, 고양이는 나이아신 합성 효소활성이 매우 낮다.

b. **비타민 C**

비타민 C는 요구량 전체가 건강한 개와 고양이의 체내에서 합성되기 때문에 엄밀히 말하면 추가적인 급여는 필요하지 않다. 비타민 C의 주요 기능은 체내에서 항산화제와 자유라디칼(free radical) 청소부 기능을 하며, 콜라겐 합성에 필요하다. 다량의 비타민 C는 대퇴관절이형성을 막는 데 유익한 것으로 추측되나, 증명된 바는 없다. 최근 연구는 일부 형태의 암을 예방하기 위해 비타민 C의 보조제를 사용하는 것에 초점을 맞추고 있다.

c. **엘-카르니틴(L-carnitine)**

엘-카르니틴(L-carnitine)은 붉은 고기와 유제품에서 발견되는 비타민 유사체로써, 지방대사를 통한 에너지 생산에 필요하다. 엘-카르니틴이 간과 신장에서 모두 합성되지만, 특히 칼로리 제한 사료를 먹여 체중을 관리하는 경우 식이에 엘-카르니틴을 보충하는 것이 도움이 된다. 식이 중 고농도의 엘-카르니틴은 체중감소율을 개선시켜 체중감소 기간 동안 지방을 제외한 신체조직을 보존하는 데 도움을 줄 수 있다.

② 지용성 비타민

a. **비타민 A**

레티놀(retinol)이라고도 부르는 비타민 A는 영양학적으로 가장 중요한 비타민이다. 이것은 정상 시력과 건강한 털, 피부, 점막 및 치아를 위해 필요하다. 비타민 A가 풍부한 천연 원료로는 생선기름, 간, 계란 및 유제품이 있다. 식물은 활성 비타민 A를 함유하고 있지는 않지만, 대신에 카로티노이드(carotenoid)라고 하는 프로비타민이 풍부하다.

결핍은 흔하지 않으나, 고양이는 오직 동물조직에서만 존재하는 비타민 A 공급원이 필요하므로 이론적으로 채식 식이는 결핍을 일으킬 수 있다. 비타민 A 중독은 고양이가 간이 많이 들어있는 식이를 먹거나 대구 간유를 과잉 공급받는 경우 흔히 발생한다. 이 식품들은 비타민 A를 다량 함유하고 있기 때문이다. 비타민 A 중독의 임상 증상은 간 손상과 통증성 뼈질환(특히 경추와 앞다리의 긴 뼈)이 있다.

b. 비타민 D

비타민 D는 소장에서 칼슘 흡수 그리고 칼슘과 인의 이용 및 뼈 침착을 위해 필요하다. 이것은 식이를 통해 소장에서 흡수되고, 또한 햇빛을 쐰 후 피부에서 합성되나, 개와 고양이의 경우, 햇빛을 통해 충분한 비타민D 합성은 어렵다. 바다 생선과 생선 기름은 비타민 D의 풍부한 천연 공급원이나, 잠재적으로는 독성을 나타낼 수가 있다. 비타민 D의 결핍은 매우 드물지만, 어린 동물에서 구루병과 성숙 동물에서 심각한 뼈 질환을 일으킬 수 있다. 독성은 과잉 섭취에 의해 발생하며, 고칼슘혈증, 연조직 석회화 등이 유발 될 수 있으며 때때로 죽음에 이르게 할 수 있다.

c. 비타민 E

비타민 E는 중요한 항산화제로, 비타민 E의 요구량은 식이성 다불포화지방산(polyunsaturated fatty acid, PUFA)의 농도에 따라 증가한다. 비타민 E는 오로지 식물에서만 합성되고, 가장 풍부한 자연 공급원은 식물성 기름, 씨, 곡물이다. 비타민 E 결핍의 임상 증상은 품종 간에 현저히 달라진다. 개에서 대표적인 임상 증상은 근무력과 임신 기능부전을 동반한 퇴행성 뼈 질환이다. 고양이에서 결핍은 기름진 생선과 같은 다불포화지방산을 많이 먹일 때 발생한다. 고양이에서 비타민 E 독성과 관련된 임상증상은 통증성 피부결절이 형성되는 지방조직염(steatitis)뿐만 아니라 심근염과 근염이 있다.

d. 비타민 K

비타민 K는 여러 혈액 응고 인자의 형성을 조절하며, 녹색 잎채소에 들어있다. 건강한 개와 고양이의 일일 요구량은 장내 세균으로부터의 합성되어 충족되므로 결핍은 드물다. 그러나 와파린(wafarion)은 잠재적인 비타민 K 길항제로, 출혈을 일으킨다.

> **기능성 식품**
>
> 기능성 식품(neutraceutical)은 정상 신체 구조와 기능에 필요한 물질로, 정제된 형태로 경구투여하면 동물의 건강과 행복을 증진시킨다.
> 반려동물 식이와 관련된 가장 흔한 기능성 식품으로는 엘－카르니틴(L－carnitine), 글루코사민(glucosamine), 황산 콘드로이틴(chondroitin sulphate) 등이 있다.
>
> **1) 엘 카르니틴**
>
> 엘－카르니틴은 붉은 고기와 유제품에 함유된 천연 수용성 비타민 유사 물질이다. 대부분의 상업 사료에는 적색육이 많이 들어있지 않으므로, 천연 엘－카르니틴의 함량도 적다. 엘－카르니틴은 체내에서 체지방을 에너지로 전환시키기 위한 산화작용을 돕는 데 필요하다. 정상 동물이 필요로 하는 엘－카르니틴 요구량은 모두 간에서 합성하므로, 동물은 이 비타민을 식이 공급에 의존하지 않는다. 과체중이면서 저칼로리 사료를 먹는 개와 고양이는 더 많은 지방을 소모하기 때문에, 엘－카르니틴의 요구량이 증가한다. 과체중 개와 고양이를 위한 '라이트'사료는 엘－카르니틴을 보충해주어야 한다.
>
> **2) 글루코사민 및 황산콘드로이틴**
>
> 글루코사민과 황산콘드로이틴은 '연골보호제(chondroprotective)'라고 불린다. 즉, 연골 건강을 유지하는 데 도움이 된다는 의미이다. 연골보호제는 체내에서 자연적으로 생성되지만, 동물이 나이가 들거나 관절이 받는 스트레스가 증가함에 따라 생산량이 감소한다. 추가적으로 글루코사민과 황산콘드로이틴을 추가하면 관절운동과 건강을 유지하는 데 도움이 된다. 대형견은 몸의 크기가 매우 커서 관절이 받는 스트레스도 더 크다. 대형견 사료에 추가적으로 연골보호제를 추가하면 유익할 수 있다.

(2) 과잉증 및 결핍증

지속적인 식욕부진 증상에 의한 질병상태에서 섭취감소 또는 신장 질환에 의한 비타민 D 합성 감소로 영양소의 손실 증가나 생산 감소를 통해 체내 비타민의 상태에 영향을 미치게 된다.

(3) 상업사료

모든 상업 사료는 합성과 천연 원료로부터 비타민이 보충되어 있다. 그러므로 건강한 개와 고양이에서 추가적인 종합 비타민 보조제를 식이에 첨가하는 것은 금기사항이다. 개와 고양이의 NRC 기준 비타민 권장량은 <표 9.8>과 같다.

〈표 9.8〉 개와 고양이의 비타민 권장량(NRC)

비타민(2006년 NRC) U/1,000kcal ME	개	고양이
Trans－retinol(A, 레티놀)	379μg	250μg
Dihydroxycholecalciferol(디히드록시콜레칼시페롤), cholecalciferol(콜레칼시페롤), calcitriol(칼리트리올)(D_3, 콜레칼시페롤)	3.4μg	1.75μg
α－tocopherol(E, 토코페롤)	7.5mg	10mg
Menadione(K, 메나디온)	없음	0.25mg
Thiamine(B_1, 티아민)	0.56mg	1.4mg
Riboflavin(B_2, 리보플라빈)	1.3mg	1mg
Niacin(B_3, 나이아신)	4.25mg	10mg
Pantothenic acid(B_5, 판토텐산)	3.75mg	1.44mg
Pyridoxine(B_6, 피리독신)	0.375mg	0.625mg
Cobalamine(B_{12}, 코발아민)	8.75μg	5.6μg
Folic acid(B_9, 엽산)	67.5μg	188μg
Biotin(비오틴)	없음	18.75μg
Choline(콜린)	425mg	637mg

출처: Practical Atlas of nutrition and feeding in cats and dogs, 2022.

개와 고양이의 AAFCO 기준 비타민 권장량은 <표 9.9>와 같다.

〈표 9.9〉 개와 고양이의 비타민 권장량(AAFCO)

비타민(AAFCO) U/1,000kcal ME	개	고양이
Trans－retinol(A, 레티놀)	1,250IU	833IU
Dihydroxycholecalciferol(디히드록시콜레칼시페롤), cholecalciferol(콜레칼시페롤), calcitriol(칼리트리올)(D_3, 콜레칼시페롤)	125IU	70IU
α－tocopherol(E, 토코페롤)	12.5IU	10IU
Menadione(K, 메나디온)	없음	0.025mg
Thiamine(B_1, 티아민)	0.56mg	1.4mg
Riboflavin(B_2, 리보플라빈)	1.3mg	1.0mg
Niacin(B_3, 나이아신)	3.4mg	15mg
Pantothenic acid(B_5, 판토텐산)	3.0mg	1.44mg

비타민(AAFCO) U/1,000kcal ME	개	고양이
Pyridoxine(B_6, 피리독신)	0.38mg	1.0mg
Cobalamine(B_{12}, 코발아민)	0.007mg	0.005mg
Folic acid(B_9, 엽산)	0.054mg	0.2mg
Biotin(비오틴)	없음	0.018mg
Choline(콜린)	340mg	600mg

출처: AAFCO nutrient, 2023.

5 무기질

식이에 있는 모든 무기원소를 말하며, 식이를 직접 분석 시 유기질의 완전 연소를 통해 얻어지는 재가 미네랄이다. 무기질은 때때로 반려동물의 사료에 '회분(ash)'으로 표기되기도 한다.

(1) 무기질 요구량

무기질은 모든 체내 조직에 함유되어 있으며, 동물의 종류 및 연령에 따라 체내 함량이 달라진다. 무기질 사이에는 상호작용이 발생하기 때문에 특정한 하나의 무기질의 보충은 다른 무기질의 결핍을 일으킬 수도 있다. 필수적으로 많이 필요로 하는 다량무기질(macro mineral)과 소량만 필요로 하는 미량무기질(trace mineral)로 나뉠 수 있다. 다량무기질은 동물 체내에 비교적 많이 함유하고 있고 사료에 비교적 다량으로 요구되는 광물질로 칼슘(Ca), 인(P), 나트륨(Na), 염소(CI), 칼륨(K), 마그네슘(Mg), 황(S) 등이 있으며, 미량무기질은 망간(Mn), 철(Fe), 구리(Cu), 아연(Zn), 코발트(Co), 요오드(I), 불소(F), 몰리브덴(Mo), 비소(As), 셀레늄(Se), 규소(Si), 크롬(Cr) 등이 있다. 무기질은 동물의 생체 내에서 골격 구조(칼슘, 인, 마그네슘), 산-염기와 체액 균형(칼륨, 나트륨, 염소), 세포 기능, 신경전도(칼륨, 마그네슘), 근 수축(마그네슘, 칼슘)과 같은 다양한 기능을 가진다.

(2) 과잉증과 결핍증

① 다량무기질

a. 칼슘(Ca)과 인(P)

칼슘과 인은 주요 무기질로써 치아와 뼈를 구성하여 구조의 견고성을 유지하는 기능을 한다. 혈중 칼슘과 인 농도는 부갑상샘호르몬, 칼시토닌 및 비타민 D의 복합적인 반응에 의해 조절된다. 칼슘과 인의 절대 농도가 가장 중요하지만, 칼슘과 인의 비율 또한 중요하다. 성장을 위한 올바른 비율은 1:1 - 2:1이다. 이 비율이 과잉으로 불균형을 이루면 골격 변형을 일으킨다. 뼈를 포함한 고깃가루는 칼슘이 풍부하지만, 대부분의 곡물은 칼슘이 부족하다. 칼슘결핍은 인을 많이 함유한 식이(다량의 고기와 내장)에서 가장 흔하며, 수유중인 암캐에서 자간증(eclampsia)을 일으킬 수 있다. 칼슘 과잉은 고칼슘 식이를 급여하는 경우, 특히 대형품종의 자견에서 발생한다. 칼슘보조제를 자견사료에 첨가해 줄 때 가장 흔히 발생한다. 많은 골격질환이 칼슘 과잉으로 발생하는데, 박리뼈연골염(osteochondritis dissecans, OCD), 대퇴관절형성이상(canine hip dysplasia, CHD), 위블러증후군(wobbler syndrome) 등이 해당된다.

b. 마그네슘(Mg)

마그네슘은 심근과 골격근의 정상적인 기능을 위해 필요하다. 뼈, 곡식 및 섬유소가 들어있는 식이에 마그네슘이 풍부히 들어있다. 마그네슘결핍은 근육쇠약을 유발할 수 있으나, 식이에 의한 마그네슘결핍 가능성은 매우 희박하다. 마그네슘을 매우 과잉 섭취하는 것은 고양이하부비뇨기계질환(FLUTD) 및 스트루바이트 결석 형성과 관련이 있다.

c. 나트륨(Na)과 염소(Cl)

나트륨과 염소는 체수분에 있어서 중요한 전해질이다. 이들은 산-염기 균형과 체액의 농도조절을 위해 필요하다. 염소는 담즙과 염산(hydrochloric acid)의 구성성분이다. 생선, 계란, 유청(whey) 및 가금 고기에 나트륨과 염소 모두 풍부하다. 이 무기질의 결핍은 구토와 설사와 같은 과도한 체액 손실로 발생할 수 있다. 임상증상은 탈진, 수분균형 조절 실패, 건조한 피부와 탈모 등이 있다. 과잉공급은 정상보다 많은 수분섭취를 일으켜 고혈압을 일으켜 심장과 신장 질환을 일으킬 수 있다.

d. 칼륨(K)

칼륨은 세포 내에 풍부하고 산-염기 균형과 삼투압 균형을 유지하는 데 중요한 역할을 한다. 칼륨은 또한 신경 자극 전도 및 근수축을 촉진시키는 데 필요하다. 칼륨은 콩, 쌀겨, 곡물, 밀겨 등 다양한 종류의 식이에 존재한다. 칼륨결핍은 저칼륨혈증(hypokalemia)이라 하며, 식욕부진, 무기력, 근육 쇠약을 일으킨다. 칼륨 과잉은 드물지만, 칼륨 분비에 이상이 생겼을 때 발생할 수 있으며, 서맥을 일으킨다.

② 미량무기질

a. 철(Fe)

철은 혈액의 산소운반 색소인 헤모글로빈과 근육 내에 존재하는 산소운반 색소인 미오글로빈의 필수 구성요소이다. 대부분의 고기 성분에는 철이 많이 들어있어 원발성 식이성 결핍은 드물다. 철 결핍은 만성 혈액손실이 발생할 수 있으며, 빈혈과 피로의 원인이 된다. 또는 어린 강아지와 어린 고양이에서 너무 오랜 기간 젖을 먹을 때 발생하는데 이는 우유에는 철 함량이 낮기 때문이다.

b. 구리(Cu)

구리는 적혈구 형성과 피부와 털의 정상 색소에 필요한 미량원소이다. 대부분의 고기 성분, 특히 반추류의 간은 구리 함량이 풍부하다. 구리결핍은 아연과 철이 과도하게 증가할 때 발생할 수 있고, 번식기능 장애, 초기 태아 유산 및 털 탈색을 일으킨다. 구리중독은 대사기능이 정상인 개와 고양이에서 매우 드물긴 하나, 간에 조금씩 축적되며 특히 3-7살에 위험할 수 있으며 특히 베들링턴 테리어, 웨스트 하이랜드 화이트 테리어, 도베르만 핀셔 종에서 주로 발생한다. 이 품종들은 모두 간경화를 일으키는 유전성 대사결함 확률이 높다.

c. 아연(Zn)

아연은 건강한 피부와 털을 유지하기 위해 모든 동물에게 필요한 미량원소이다. 아주 높은 고칼슘 식이는 아연 요구량을 증가시킨다. 아연은 비교적 독성이 없고, 식이에 의한 과잉섭취의 증상은 상업사료를 정상적으로 먹는 동물들에서는 거의 일어나지 않으나, 다량의 구리동전을 삼키는 이식증(pica)에 의한 발생이 보고되었다. 곡물을 주식으로 하는 개에서 아연결핍이 보고되었는데, 이는 피트산(phytate)이 아연과 결합하여 흡수를 방해하기 때문이다. 아연결핍의 가장 흔한 증상은 거친 피부, 과각화증 및 탈모 등이 있다.

d. 망간(Mn)

망간은 개와 고양이의 식이관리에서 거의 중요하지 않지만, 모든 조류의 식이에서는 필수적인 미량원소이다. 망간은 많은 효소 활성에 필요하므로 다양한 중요 대사 과정에 관련된다. 섬유소 공급원과 생선에 망간이 풍부하다.

e. 요오드(I)

요오드는 갑상샘호르몬의 주요 구성요소로 체온조절, 번식, 성장 및 대사에 필요하다. 동물의 요오드 요구량은 생리 상태와 식이의 영향을 받는다. 수유 중인 동물은 식이요오드 요구량이 증가하는데, 섭취한 요오드의 약 10%가 젖으로 배출되기 때문이다. 생선, 계란 및 가금 부산물은 요오드의 풍부한 공급원이다.

f. 셀레늄(Se)

셀레늄은 신체의 항산화 보호시스템의 중요한 구성요소로, 비타민 E와 협력하여 기능을 한다. 셀레늄 결핍은 반추동물에서 근위축과 번식 이상을 일으키나, 개와 고양이에 관한 보고는 없다.

(3) 상업사료

각각의 무기질의 체내에서의 작용과 흡수는 서로 연관되어 있는 경우가 있어 한 가지 무기질의 과잉섭취는 다른 무기질의 결핍을 가져올 수 있다. 그러므로 한 가지 종류의 무기질을 첨가하면 다른 무기질의 결핍을 일으킬 수 있다는 것을 반드시 숙지해야 한다.

개와 고양이의 NRC 기준 무기질 권장량은 <표 9.10>과 같다.

〈표 9.10〉 개와 고양이의 무기질 권장량(NRC)

무기질(2006년 NRC) U/1,000kcal ME	개	고양이
B[1]	0.5mg	
Ca(칼슘)	1g	0.72g
Ca : P(칼슘 : 인)	1:1 or 2:1	0.65:2

무기질(2006년 NRC) U/1,000kcal ME	개	고양이
Cr[2](크롬)	10kg: 13.65μg/day 25kg: 25.23μg/day 40kg: 34.56μg/day	5kg: 8.84μg/day 7kg: 11.7μg/day
Cu(구리)	1.5mg	1.2mg
Fe(철)	7.5mg	20mg
I(요오드)	220μg	350μg
K(칼륨)	1g	1.3g
Mg(마그네슘)	150mg	100mg
Mn(망간)	1.2mg	1.2mg
Na, Cl(나트륨, 염소)	200mg(Na) 300mg(Cl)	170mg 240mg
P(인)	0.75g	0.64g
Se(셀레늄)	87.5μg	75μg
Zn(아연)	15mg	18.5mg

[1] 이 종에 대한 정보 없음. 사람 및 쥐와 닭을 이용한 연구에서 값을 추론함(<0.3mg/kg).
[2] 이 종에 대한 정보 없음. 체표 면적에 따른 하루 용량을 바탕으로 의학에서 사용되는 값을 추론함 (0.7−3ug/kg/day).
출처: Practical Atlas of nutrition and feeding in cats and dogs, 2022

개와 고양이의 AAFCO 기준 무기질 권장량은 <표 9.11>과 같다.

〈표 9.11〉 개와 고양이의 무기질 권장량(AAFCO)

무기질(2023년 AAFCO) U/1,000kcal ME	개	고양이
B[1]	0.56mg	1.4mg
Ca(칼슘)	1.25g	1.5g
Ca : P(칼슘 : 인)	1:1 or 2:1	3:2.5
I(요오드)	22mg	0.15mg
K(칼륨)	1.5mg	1.5g
Mg(마그네슘)	0.15mg	0.1g
Mn(망간)	1.25mg	1.9mg

무기질(2023년 AAFCO) U/1,000kcal ME	개	고양이
Na, Cl(나트륨, 염소)	0.2g(Na) 0.3g(Cl)	0.5g(Na) 0.75(Cl)
P(인)	1g	1.25g
Se(셀레늄)	0.08mg	0.075mg
Zn(아연)	20mg	20mg

출처: AAFCO nutrient, 2023.

CHAPTER

10

펫푸드의 종류와 특징

Companion Animal
Public Health Nutrition

최신 동물보건영양학

CHAPTER 10 펫푸드의 종류와 특징

제1절 펫푸드의 역사와 제도

개와 고양이가 가축 개념에서 애완동물 그리고 반려동물로서 발전되면서, Pet Humanization화 되는 시대가 왔다고 할 수 있다. 이러한 변화에 따라 사료 역시 많은 발전을 거듭해 왔다. 펫푸드는 초기에는 비글을 대상으로 단순한 에너지 및 영양소 요구량을 기준으로 제조되었으나 요즘은 완전하고 균형 잡힌 영양의 관점에서 논해지고 있으며, 개와 고양이의 성장단계, 생리적 상태 그리고 각각의 견종에 따른 영양소 요구량들을 고려하여 제조하고 있다. 펫푸드의 음식으로는 가정에서 만든 음식과 사료회사에서 상업용으로 조제된 사료가 있으며, 후자의 비중이 대부분을 차지하고 있다. 그러나 상업용 펫푸드 사료가 시장에 출시됨과 동시에 위험과 부작용도 잠재해 있으며 이러한 위험과 부작용을 최소화하기 위하여 각 국가별로 정부 차원에서 또는 민간 기구를 중심으로 규제 및 권고사항이 증가하게 되었다.

1 펫푸드의 역사

펫푸드가 상업적으로 만들어지기 이전에는 반려동물의 주된 음식은 반려동물만을 위하여 특별히 가정에서 조제한 음식이거나 또는 사람과 같이 먹거나 먹고 남은 음식이었다. 최초의 상업용 사료는 1860년에 James Spratt가 만든 비스켓형태의 사료였다. 그 후 캔 형태의 습식 사료가 개발되었고 1950년대에는 건조사료(Dry Food)가 만들어지기 시작하였다.

[그림 10.1] SPRATT'S 사료 광고

반려동물을 기르는 사람들은 사료의 출시로 인하여 가정에서 매번 조제할 필요가 없고, 한꺼번에 대량 구매하여 보관할 수 있는 등 매우 편리해졌다. 1900년 초에 미국의 비스켓 회사인 나비스코(Nabisco)는 최초로 사람의 음식을 판매하는 식료품점에서도 사료를 판매할 수 있도록 유통망을 확장하였으며, 그 후 1930년 중반에는 많은 사료회사가 식료품점에 입점하기 시작하였다. 그 당시 비스켓이나 건조사료가 시중에 판매되고는 있었지만 가장 인기 있는 제품은 습식사료인 캔사료였다. 캔사료의 인기는 건사료 제조에서 익스트루젼 공법이 개발되기 전까지 꾸준하였으나 이후 1950년대에 익스트루젼 사료가 증가되었다(Linda P. Case et al, 2000).

익스트루젼 공법이란 사료의 종류에 따라 익스트루더를 사용하여 수분, 열, 압력, 기계적인 힘 등이 합쳐진 압출성형 방식으로 전분을 팽창시켜 제조하는 방법이다. 사료의 알맹이가 열처리되고 팽창하기 때문에 반려동물이 섭취하였을 경우 사료 중 전분 등의 영양소 소화율이 좋아지고 기호성이 증대된다. 기계를 빠져나온 사료에 건조과정을 거쳐 지방으로 코팅을 하거나 기타 기호성 및 기능성을 높일 수 있는 여러 첨가제를 사료 알맹이의 외부에 뿌려서 완성된 제품이 나오게 된다.

익스트루젼 공법의 도입으로 반려동물 건조사료는 그 시장 규모가 급속하게 성장하였고 사료산업에도 많은 발전이 이루어졌다.

사료가 처음으로 제조되었을 당시에는 개, 고양이에 대한 영양학적인 요구가 거의 알려지지 않았다. 따라서 초기에는 개, 고양이사료를 구별하지 않고 제조 및 급여를 하였다. 그러나 시간이 지남에 따라 개와 고양이의 영양에 대한 요구가 다름을 인식하게 되고 개, 고양이 사료를 구별하여 제조 및 급여하게 되었다. 현재는 개와 고양이에 대한 영양학적인 지식이 높아감에 따라서 사료 제조회사들 역시 '라이프 스타일(Life style)' 및 '라이프 스테이지(Life stage)'별 그리고 품종별로 세분화하여 사료를 제조하기 시작하였다. 또한 반려동물의 영양과 건강에 대한 관심이 높아지고 많은 조제된 사료를 쉽게 구할 수 있게 됨에 따라서 반려동물 관리자들이 선택하고 급여하여 사료를 평가하게 되었다.

2 반려동물 사료의 표시

소비자들이 사료를 구매할 때에는 일차적으로 사료의 포장지 외부에 표기되어 있는 정보를 통하여 구매를 결정하게 된다. 일반적으로 포장지에 표기된 사료의 정보에 관한 사항은 사료의 성분, 영양학적 적정성 등이 표기되어 있다.

우리나라의 사료관리법에 의하면 <표 10.1> 및 <표 10.2>와 같이 시중에 유통되는 사료는 성분에 대하여 다음의 여섯 가지를 국가기관에 등록하고 그 내용을 사료의 포장지 겉면에 표기해야 한다. 그리고 소비자의 보호를 위하여 한국의 사료관리법은 사료 명칭, 형태, 사용한 원료의 명칭, 주의사항과 의약품 첨가내용 및 유통기간 등과 같은 다음의 사항을 사료의 용기 및 포장지에 반드시 기재하여 판매하도록 하고 있다.

〈표 10.1〉 반려동물 사료의 표시사항

<u>사료관리법에 근거한 국가기관의 등록사항(한국)</u>

- 하한치(%이상) 등록사항 – 조단백질, 조지방, 칼슘, 인
- 상한치(%이하) 등록사항 – 조섬유, 조회분, 수분 14%

<u>용기 및 포장지에의 표시사항 및 표시방법(제14조 관련)</u>

- 표시사항
  - (1) 사료의 성분등록번호
  - (2) 사료의 명칭 및 형태
  - (3) 등록 성분량
  - (4) 사용한 원료의 명칭
  - (5) 동물용 의약품 첨가내용
  - (6) 주의사항
  - (7) 사료의 용도
  - (8) 실중량(kg 또는 톤)
  - (9) 제조(수입) 연월일 및 유통기관 또는 유통기한
  - (10) 제조(수입)업자의 상호(공장명칭) · 주소 및 전화번호
  - (11) 재포장 내용
  - (12) 사료 공정에서 정하는 사항, 사료의 절감 · 품질관리 및 유통개선을 위하여 농림축산식품부장관이 정하는 사항

- 표시 방법
  - (1) 사료의 명칭은 법 제2조 제3호의 규정에 의하여 농림축산식품부장관이 고시한 배합사료의 명칭을 사용한다.
  - (2) 사료의 형태는 사료내용물의 처리된 형태를 표시한다.
    - (가) 종류
      - 가) 가루: 곱게 가루로 만든것
      - 나) 펠렛: 가루사료를 일종의 주형틀에서 압착하거나 밀어내어 성형시킨 것.
      - 다) 크럼블: 펠럿으로 성형한 사료를 특정목적에 부합하게 분쇄 · 선별한 것.
      - 라) 후레이크: 사료를 그대로 또는 증기로 쪄서 납작하게 압편한 것.
      - 마) 익스투르젼(팽화): 압력 및 온도를 가하여 전분을 호화한 후 부피를 팽창시킨 것.
      - 바) 액상: 용액으로 된 것.
      - 사) 그 밖의 형태: 형태의 구분이 명확하지 아니한 것은 그 형태에 적합하도록 표시.
    - (나) 표시예
      사료의 형태: 펠렛사료
  - (3) 등록성분량은 법 제 12조 제1항의 규정에 의하여 성분등록된 성분명과 성분량을 표시하며 성분량 표시는 백분율(%)로 하고, 최저량에는 “이상”, 최대량에는 “이하”를 표시한다.

(4) 사용한 원료의 명칭은 배합비율이 큰 순위대로 기재한다. 다만, 식물성의 곡류, 강피류 및 박류는 원료의 품명을 쓰지 아니하고 곡류 · 강피류 · 박류 등으로 구분하여 명시하며, 첨가한 단미사료 중 광물성과 보조사료는 명칭을 적고, 다음 내용을 덧붙일 수 있다.
(5) "위 사용원료는 공장사정에 따라 배합비율이 변경될 수 있음"
(6) 동물용의약품 첨가내용은 첨가한 동물용의약품의 명칭(상품명은 괄호 안에 적을 수 있음)과 사용된 함량과 사용목적을 구체적으로 기재하고, 붉은색 글씨 또는 눈에 잘 보이도록 "동물용의약품첨가사료"로 표시하며, 휴약기간이 있는 동물용의약품일 경우에는 그 휴약기간을 명시한다.
(7) 주의사항은 보증분석표 하단에 (주의): 형태로 붉은색 글씨 또는 눈에 잘 보이도록 표시하여야 하고, 반추동물에서 유래한 동물성 사료 또는 남은 음식물사료가 포함된 배합사료는 "반추가축에게 먹이지 마십시오"를 표시하여야 한다.
(8) 사료의 용도는 정확하게 표시하고 수요자가 쉽게 이해할 수 있어야 하며, 수요자가 혼란을 줄 정도로 사료의 명칭에 비하여 제품의 상품명을 과대표시하여서는 아니 된다.
(9) 실중량은 제품의 실중량을 정확하게 표시하여야 하며, 단위는 포장 크기에 따라 "kg" 또는 "톤"으로 표시한다.
(10) 제조(수입)연월일과 유통기간은 제조(수입)포장된 날짜를 기준으로 하여 정확하게 표시한다.
(11) 재포장 내용은 재포장 사유 · 일자 · 중량 · 재포장한 자의 상호 · 주소 · 전화번호를 표시하고, 그 외에 등록성분량 등은 재포장 전에 표시된 대로 표시하여야 하며, 재포장은 제조업자 또는 수입업자와 계약된 자만 할 수 있다.

〈표 10.2〉 반려견 사료의 종류별 주요 영양성분 함량 표시 예

종류 / 성분	자견 사료	성견 사료	과체중이거나 저활동견 사료
조단백질(이상) %	32.0	26.0	19.0
조지방(이상) %	21.0	15.0	9.0
조섬유(이하) %	4.0	4.0	4.0
함습도(이하) %	10.0	10.0	10.0
오메가-6 지방산(이상) %	3.25	2.53	1.70
오메가-3 지방산(이상) %	0.59	0.46	0.31
대사에너지(Kcal/kg)	4,491	4,060	3,875

제2절 우리나라의 반려동물 사료 시장

반려견과 반려고양이를 포함한 반려동물의 수적 증가에 힘입어 반려동물 사료 시장 역시 가파른 성장을 보이고 있다. 유로모니터 조사에 의하면 2021년 기준 국내 반려동물 사료 시장은 개·고양이의 건사료, 습식사료 및 간식 매출 추청치가 약 1.5조원 정도이며, 이중 간식 및 습식사료 시장은 5년 전에 비하여 각각 77%, 71%로 성장하였다. 반려견 1마리당 월 양육비는 11만원으로 이 중 사료비로 32.4%, 간식비는 18.3%로 식비관련 비용으로 50.7%를 지출하는 것으로 조사되어(황과 손, 2021), 반려동물 관련 지출 중 '사료(주식)비'와 '간식비'가 큰 비중을 차지하고 있음을 알 수 있어 향후의 반려동물사료 산업도 꾸준히 발전될 전망이다.

현재 시중에서 판매되고 있는 반려견 사료의 대부분은 자견, 성견, 노령견의 형태인 Life Stage별로 구분은 하였으나, 특별한 기능이 없는 단순한 구분인 경우가 많다. 미국을 비롯한 대부분의 사료 제조회사들은 포장지에 'Formulated to meet the nutritional levels established by the AAFCO dog food nutrient profiles for all life stages'들의 형태로 사료에 표기하고 있으나, AAFCO에서도 Puppy, Adult에 대한 영양학적 프로파일만 있을 뿐 노령견 등에 대한 영양과 관련된 특별한 가이드라인을 제공하지 않고 있다. 의료기술의 발달로 인하여 반려견의 수령이 연장되면서 노령견은 증가하고 있는 추세여서 Senior(노령), Geriatric(초노령) 제품은 좀 더 관심을 가져야 할 부분이다. 반려견은 육식에 가까운 동물이기 때문에 기본적으로 동물성 단백질을 급여하여야 하며, 식물성 단백질은 소화 흡수율이 낮으므로 별도의 가공 처리를 해서 급여하여야 한다. 한편 국내에서 사용되고 있는 반려동물용 동물성 단백질 중 부산물 등은 원료의 품질을 높이기 위하여 소화 흡수를 높일 수 있는 연구와 제품도 개발되어지고 있다(정, 2019).

제3절 사료의 영양학적 평가

사료 선택에 있어 가장 중요한 요소는 '기호성'과 '영양소의 내용'이다. 기호성(Palatability)은 아무리 좋은 사료라고 할지라도 반려동물이 먹지 않으면 최적으로 영양을 공급할 수 없기 때문에 반려동물의 사료에 있어서 기호성은 매우 중요하다(그림 10.2). 필수영양소의 체내흡수는 결국 급여한 사료의 양과 사료에 함유되어 있는 가용 가능한 영양소의 농도에 의한 것이다. 이러한 이유로 반려동물이 먹는 사료의 양은 사료가 포함한 영양소와 에너지의 내용만큼이나 중요하다. 기호성이 떨어진 사료는 그 사료가 포함하고 있는 영양소의 수준이나 균형에 상관없이 반려동물은 먹지 않을 것이다.

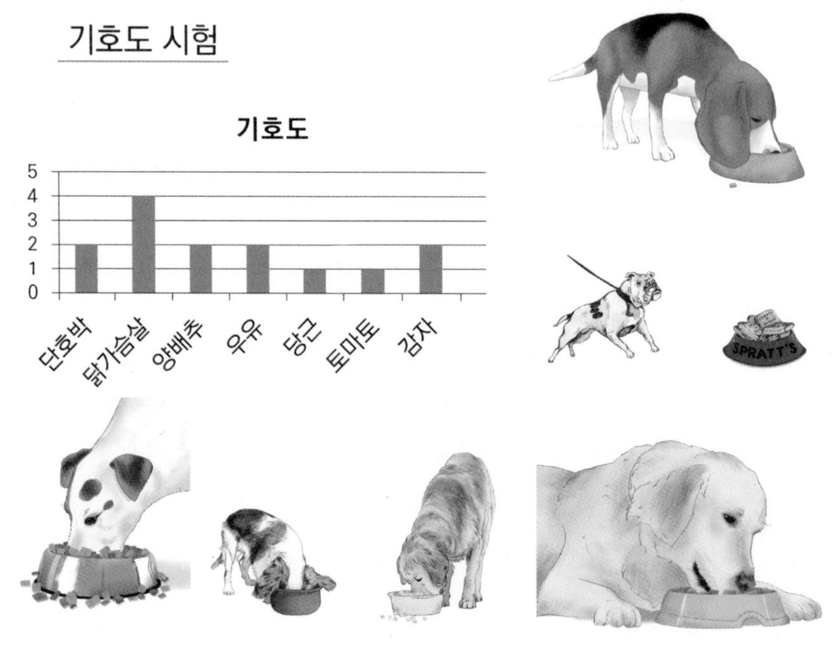

[그림 10.2] 반려견의 기호성 평가 예

영양소의 내용은 사료 내에 함유되어 있는 '영양소의 정확한 수준'과 '필수영양소의 소화와 유효성'을 의미한다. 영양소는 사료에 포함되어 있는 여러 원료에 의하여 공급되어 진다. 사료를 제조하는 데 있어서 사용된 원료의 품질과 형태는 여러 가지가 있으며 어떤 원료가 양질의 원료인가를 판단하는 것은 쉬운 일이 아닌데, 영양소 내용을 결정하는 방법은 다양하다. 한편 AAFCO에서는 <표 10.3, 표 10.4>와 같이 성장과 번식기와 성견에 필요한 영양소 프로파일을 건물기준으로 표시하고 있다.

1 실험실 분석법

〈표 10.3〉 개의 필요 영양소 프로파일(건물기준), (AAFCO, 2016)[a]

Nutrients	Units DM Basis	Growth & Reproduction Minimum	Adult Maintenance Minimum[b]	Maximum
Crude Protein	%	22.5	18.0	
Arginine	%	1.0	0.51	
Histidine	%	0.44	0.19	
Isoleucine	%	0.71	0.38	
Leucine	%	1.29	0.68	
Lysine	%	0.90	0.63	
Methionine	%	0.35	0.33	
Methionine-cystine	%	0.70	0.65	
Phenylalanine	%	0.83	0.45	
Phenylalanine-tyrosine	%	1.30	0.74	
Threonine	%	1.04	0.48	
Trytophan	%	0.20	0.16	
Valine	%	0.68	0.49	
Crude Fat[c]	%	8.5	5.5	
Linoleic acid	%	1.3	1.1	
alpha-Linolenic acid	%	0.08	ND[d]	
Eicosapentaenoic + Docosahexaenoic acid	%	0.05	ND[d]	
(Linoleic + Arachidonic) : (alpha-Linolenic + Eicosapentaenoic + Docosahexaenoic) acid Ratio				30:1

Nutrients	Units DM Basis	Growth & Reproduction Minimum	Adult Maintenance Minimum[b]	Maximum
Minerals				
Calcium	%	1.2	0.5	2.5(1.8)[e]
Phosphorus	%	1.0	0.4	1.6
Ca:P ratio		1:1	1:1	2:1
Potassium	%	0.6	0.6	
Sodium	%	0.3	0.08	
Chloride	%	0.45	0.12	
Magnesium	%	0.06	0.06	
Iron[f]	mg/kg	88	40	
Copper[g]	mg/kg	12.4	7.3	
Manganese	mg/kg	7.2	5.0	
Zinc	mg/kg	100	80	
Iodine	mg/kg	1.0	1.0	11
Selenium	mg/kg	0.35	0.35	2
Vitamins & Other				
Vitamin A	IU/kg	5000	5000	250000
Vitamin D	IU/kg	500	500	3000
Vitamin E[h]	IU/kg	50	50	
Thiamine[i]	mg/kg	2.25	2.25	
Riboflavin	mg/kg	5.2	5.2	
Pantothenic acid	mg/kg	12	12	
Niacin	mg/kg	13.6	13.6	
Pyridoxine	mg/kg	1.5	1.5	
Folic acid	mg/kg	0.216	0.216	
Vitamin B12	mg/kg	0.028	0.028	
Choline	mg/kg	1360	1360	

[a] Presumes a caloric density of 4000kcal ME/kg, as determined in accordance with Regulation PF9. Formulations greater than 4000kcal ME/kg should be corrected for energy density; formulations less than 4000kcal ME/kg should not be corrected for energy. Formulations of low−energy density should not be considered adequate for reproductive needs based on comparison to the Profiles alone.

[b] Recommended concentrations for maintenance of body weight at an average caloric intake for dogs of a given optimum weight.

[c] Although a true requirement for crude fat per se has not been established, the minimum concentration was based on recognition of crude fat as a source of essential fatty acids, as a carrier of fat-soluble vitamins, to enhance palatability, and to supply an adequate caloric density.

[d] ND – Not Determined. While a minimum requirement has not been determined, sufficient amounts of omega-3 fatty acids are necessary to meet the maximum omega- 6:omega-3 fatty acid ratio.

[e] The maximum of 1.8% is applicable to formulas that may be fed to large size puppies (those weighing 70 pounds or greater as mature lean adults). For other life stages, including non-large size growth formulas, the maximum calcium is 2.5% DM.

[f] Average apparent digestibility for iron associated with recommended minimums is 20% of that consumed. Because of very poor apparent digestibility, iron from carbonate or oxide sources that are added to the diet should not be considered in determining the minimum nutrient concentration for iron.

[g] Because of very poor apparent digestibility, copper from oxide sources that are added to the diet should not be considered in determining the minimum nutrient concentration for copper.

[h] It is recommended that the ratio of IU of vitamin E to grams of polyunsaturated fatty acids (PUFA) be ≥ 0.6:1. A diet containing 50 IU of vitamin E will have a ratio of ≥ 0.6:1 when the PUFA content is 83 grams or less. Diets containing more than 83 grams of PUFA should contain an additional 0.6 IU of vitamin E for every gram of PUFA.

[i] Because processing may destroy up to 90% of the thiamine in the diet, allowances in formulation should be made to ensure the minimum nutrient concentration for thiamine is met after processing.

〈표 10.4〉 고양이의 필요 영양소 프로파일(건물기준), AAFCO(2016)[a]

Nutrients	Units DM Basis	Growth & Reproduction Minimum	Adult Maintenance Minimum[b]	Maximum
Crude Protein	%	30.0	26.0	
Arginine	%	1.24	1.04	
Histidine	%	0.33	0.31	
Isoleucine	%	0.56	0.52	
Leucine	%	1.28	1.24	
Lysine	%	1.20	0.83	
Methionine	%	0.62	0. 20	1.5
Methionine-cystine	%	1.10	0.40	
Phenylalanine	%	0.52	0.42	
Phenylalanine-tyrosine	%	1.92	1.53	
Threonine	%	0.73	0.73	

Nutrients	Units DM Basis	Growth & Reproduction Minimum	Adult Maintenance Minimum[b]	Maximum
Tryptophan	%	0.25	0.16	1.7
Valine	%	0.64	0.62	
Crude Fat[c]	%	9.0	9.0	
Linoleic acid	%	0.6	0.6	
alpha−Linolenic acid	%	0.02	ND[d]	
Arachidonic acid	%	0.02	0.02	
Eicosapentaenoic + Docosahexaenoic acid	%	0.012	ND[d]	
Minerals				
Calcium	%	1.0	0.6	
Phosphorus	%	0.8	0.5	
Potassium	%	0.6	0.6	
Sodium	%	0.2	0.2	
Chloride	%	0.3	0.3	
Magnesium[e]	%	0.08	0.04	
Iron[f]	mg/kg	80	80	
Copper (extruded)[g]	mg/kg	15	5	
Copper (canned)[g]	mg/kg	8.4	5	
Manganese	mg/kg	7.6	7.6	
Zinc	mg/kg	75	75	
Iodine	mg/kg	1.8	0.6	
Selenium	mg/kg	0.3	0.3	
Vitamins & Others				
Vitamin A	IU/kg	6668	3332	333300
Vitamin D	IU/kg	280	280	30080
Vitamin E[h]	IU/kg	40	40	
Vitamin K[i]	mg/kg	0.1	0.1	
Thiamine[j]	mg/kg	5.6	5.6	
Riboflavin	mg/kg	4.0	4.0	

Nutrients	Units DM Basis	Growth & Reproduction Minimum	Adult Maintenance Minimum[b]	Maximum
Pantothenic acid	mg/kg	5.75	5.75	
Niacin	mg/kg	60	60	
Pyridoxine	mg/kg	4.0	4.0	
Folic acid	mg/kg	0.8	0.8	
Biotin[k]	mg/kg	0.07	0.07	
Vitamin B12	mg/kg	0.020	0.020	
Choline	mg/kg	2400	2400	
Taurine (extruded)	%	0.10	0.10	
Taurine (canned)	%	0.20	0.20	

[a] Presumes an energy density of 4000kcal ME/kg as determined in accordance with Regulation PF9. Formulations greater than 4000kcal ME/kg should be corrected for energy density; formulations less than 4000kcal ME/kg should not be corrected for energy. Formulations of low-energy density should not be considered adequate for growth or reproductive needs based on comparison to the Profiles alone.

[b] Recommended concentrations for maintenance of body weight at an average caloric intake for cats of a given optimal weight.

[c] Although a true requirement for crude fat per se has not been established, the minimum concentration was based on recognition of crude fat as a source of essential fatty acids, as a carrier of fat-soluble vitamins, to enhance palatability, and to supply an adequate caloric density.

[d] ND - Not Determined.

[e] If the mean urine pH of cats fed *ad libitum* is not below 6.4, the risk of struvite urolithiasis increases as the magnesium content of the diet increases.

[f] Because of very poor bioavailability, iron from carbonate or oxide sources that are added to the diet should not be considered in determining the minimum nutrient concentration.

[g] Because of very poor bioavailability, copper from oxide sources that are added to the diet should not be considered in determining the minimum nutrient concentration.

[h] Add 10 IU Vitamin E above the minimum concentration for each gram of fish oil per kilogram of diet.

[i] Vitamin K does not need to be added unless the diet contains more than 25% fish on a dry matter basis.

[j] Because processing and specific ingredients may destroy up to 90% of the thiamine in the diet, allowances in formulation should be made to ensure the minimum nutrient concentration is met after processing.

[k] Biotin does not need to be added unless the diet contains antimicrobial or anti-vitamin compounds.

사료에 포함된 영양소의 수준을 결정하는 방법 중에서 가장 많이 사용하고 정확한 방법은 완제품을 이용한 실험실 분석법이다. 그중에서 사료의 일반조성분 분석은 가장 흔하게 사용하는 방법이다. 이 분석법에 의하여 실험실에서 수분, 조단백질, 조지방, 조회분 및 조섬유를 측정하고 가용무질소물은 이 다섯 가지 성분을 100으로부터 차감해서 산출하는 방법이다.

2 계산법(Calculation)

표준테이블(Standard Table)에 근거하여 사료에 포함된 성분별 평균 영양의 내용을 계량화하는 방법이다. 사료에 포함된 각각의 필수영양소의 전체량을 계산하는 것이다. 표준테이블은 사료성분에 함유된 필수영양소의 평균수준을 의미한다.

이 계산법이 실험실 분석법에 비하여 비용과 시간이 절약된다고 하지만 사료에 함유된 영양소의 내용만을 결정할 뿐이라는 문제점이 있다.

3 소화율에 의한 결정법

사료의 소화 능력은 '반려동물이 사료를 섭취하고 소화되어 체내에 흡수된 정도'를 의미하기 때문에 사료의 품질을 측정하는 수단이기도 하다. 사료는 소화 흡수되어서 비로소 반려동물의 영양원이 되므로 사료의 소화율은 사료의 가치를 결정하는 중요한 인자이다. 사료 소화율은 위와 장관을 통과할 때 영양소의 손실과 체내 흡수의 비율에 의하여 결정된다(표 10.5). 소화율은 섭취한 성분량에서 분에 포함된 성분량을 차감해서 섭취한 성분 중의 흡수된 성분의 비율을 백분율(%)로 나타낸다. 식으로 표시하면 다음과 같다.

$$\text{소화율(\%)} = \frac{\text{섭취한 성분량} - \text{분에 포함된 성분량}}{\text{섭취한 성분량}} \times 100$$

〈표 10.5〉 반려동물 사료의 소화율 비교

	A사료	B사료	C사료
단백질 소화율(%)	70.25	80.99	85.86
지방 소화율(%)	82.70	90.42	90.72
섬유 소화율(%)	17.44	48.53	61.48
대변 지수*	'3.95	'4.47	'4.48
대변량	162.38	89.18	46.48

출처: Iams Techincal Center, Lewisburg, Ohio, 1993
대변지수(1~5)*: 1은 매우 묽은 경우, 5는 단단한 경우(정상). 일반적으로 4~5의 상태를 이상적이라고 설정.

단백질의 소화에 관하여 예를 들면, 상기 3종류의 사료가 모두 28%의 조단백질을 포함하고 있다면

- A사료의 경우 단백질의 70.25%가 소화되어 19.67%이고
- B사료의 경우 단백질의 80.99%가 소화되어 22.68%가 소화된다는 의미이다.

4 대사에너지(Metabolizable Energy)에 의한 결정법

사료에 있어서 대사에너지의 총량은 반려동물이 좀 더 정확한 유용한 사용량을 의미한다. 이것은 총에너지(GE)로부터 분뇨 및 가스로 소비되는 에너지를 차감한 것을 말하며, 사료가 가지는 총에너지 중에서 반려동물에게 유효하게 사용될 수 있는 에너지를 의미한다.

5 영양소 내용의 표시

사료에 있어서 보증 분석치는 종종 'as fed'(AF)에 근거한 영양소의 수준을 의미한다(표 10.6). 즉 사료에 있어서 영양소의 내용은 수분을 제거하지 않은 상태에서 직접적으로 측정한다. 예를 들면, 10kg의 반건조사료가 2.5kg의 단백질을 포함하고 있다면, 이 사료는 AF기준에 의하면 25%의 단백질을 포함하고 있다는 의미이다.

또한 10kg의 건조사료가 2.5kg의 단백질을 포함하고 있다면, 역시 AF기준에 의하면 25%의 단백질을 포함하고 있다는 의미이다. 이 두 사료를 비교할 때 AF기준에 의하여 반려동물에게 급여했을 경우 비슷한 수준의 단백질양이 반려동물에게 기여했다고 볼 수 있다. 그러나 이 두 사료의 수분의 함량이 다르기 때문에 실제 반려동물에게 급여하였을 경우 기여하는 영양소 양은 다를 수 있다.

〈표 10.6〉 As-Fed와 DM(dry matter, 건물)에 근거한 영양소 및 에너지의 비교

사료종류	As-Fed(사료자체) 기준	DM(건물) 기준 조단백질 % 계산
반건조사료	조단백질 25%, DM 75%	25% ÷ 0.75 = 33.33%
건조사료	조단백질 25%, DM 90%	25% ÷ 0.90 = 27.78%

일반적으로 반려견과 반려묘에 있어서 이상적인 단백질과 지방의 영양소 분포율은 반려묘에서 더 높은 수준을 요구한다.

〈표 10.7〉 반려동물사료(개)에 있어서 이상적인 영양소 분포율(Linda[a], 1999)

영양소	성장기 (자견)용	성견유지용	과체중 (비만)견용	고활동견용
단백질(%)	28	26	22	32
지방(%)	40	38	20	56
탄수화물(%)	32	36	58	12
합 계	100	100	100	100

〈표 10.8〉 반려동물사료(고양이)에 있어서 이상적인 영양소 분포율표(Linda[a], 1999)

영양소	성장기 (자묘)용	성묘유지용	노령묘용	저활동묘용
단백질(%)	32	28	32	28
지방(%)	45	28	34	29
탄수화물(%)	23	44	34	43
합 계	100	100	100	100

제4절 주로 이용되는 사료 원료

원료는 양질의 사료를 제조하는 기반이 되며 최종 혼합의 영양분을 형성하기도 하고 파괴하기도 한다. 원료가 특정 영양소군의 공급원이 되기 위해서는 적어도 완성된 사료에 존재하는 영양소만큼 함유하고 있어야 한다. 예를 들면, 한 원료가 단지 단백질을 함유하고 있다고 해서 그것이 그 사료의 단백질원일 수는 없다(표 10.9).

옥수수가루는 6%~8%의 단백질이 함유되어 있지만 실제 사료에서는 충분한 단백질 공급원이 아니다. 개나 고양이의 필요 단백질 섭취량이 8% 이상이므로 옥수수 분말은 단백질원으로 부적절하다. 사료라벨(또는 포장지)에서의 원료 구성표는 해당 사료를 제조하기 위한 원료(가공 전 원료)가 나열되어 있다. 사료의 라벨에는 실제 사용된 원료만이 나열되어 있으며 그 원료의 품질은 표시되어 있지 않는다. 사료를 제조하는데 사용된 각각의 원료는 모두 특별한 목적을 가지고 있다. 어떤 원료는 한 가지의 영양소를 공급하기 위하여 사용된 것도 있지만 어떤 원료는 여러 필수 영양소들을 동시에 충족시키기 위하여 사용된 것도 있다. 예를 들면, 건조사료에 사용된 옥수수는 전분의 훌륭한 공급원이고 가소화 탄수화물의 주요 공급원이다. 닭고기는 고단백질, 고지방을 함유하고 있어서 단백질과 지방의 공급원이다.

〈표 10.9〉 주로 사용되는 사료원료

단백질	탄수화물	지방	섬유
쇠고기	알팔파 밀	동물지방	사과박
맥주효모	보리	닭지방	보리
닭고기 분말	쌀	옥수수기름	사탕무우펄프
닭간 분말	마쇄미곡	생선기름	셀룰로스
닭고기 부산물	건조켈프(다시마, 미역류, 모자반류의 총칭)	아마씨	감귤류
닭고기	건조유청	가금류지방	연맥강
옥수수그루텐 분말	아마씨	싸플라워(Safflower)기름	땅콩외피
건조계란	아마씨 가루	콩기름	생미강
생선	수수	해바라기기름	대두피
생선가루	옥수수	야채유	토마토박
양고기	쌀가루		
육류 부산물	밀		
육류 가루	당밀		
육류와 뼈 가루	귀리가루		
가금부산물	밀		
대두박	밀가루		

제5절 반려동물사료의 분류

사료란 동물이 생명을 유지하고 성장 및 생산하는 데 필요한 유기 또는 무기 영양소를 함유하고 있는 물질을 말한다. 반려동물 사료는 제조방법, 성분 및 보존방법 등에 따라 여러 가지로 나눌 수 있으며, 또한 영양소의 상태, 제조된 목적, 사료가 함유하고 있는 원료의 품질에 따라서 나눌 수 있다. 그러나 가장 많이 사용된 분류방법은 제조방법, 보존방법 및 수분의 양에 따라 분류하는 방법이다. 이러한 분류방법에 따라서 일반적으로 건조사료, 캔사료 및 반 건조사료로 구분할 수 있으며 사료의 품질이 반드시 그 종류(형태)와 관계있는 것은 아니다.

1 가공형태에 의한 분류

(1) 알곡사료

알곡사료(Grain Feed)란 가공하지 않은 옥수수, 수수, 밀과 같은 곡류를 말한다.

(2) 가루사료

가루사료란 모든 원료사료의 입자를 일정한 크기로 분쇄하여 배합한 것을 말한다.

(3) 펠렛사료

사료로부터 유래되는 먼지를 막고 사료의 부피를 줄이며, 동물의 사료섭취량을 높이기 위하여 가루사료를 고온, 고압하에서 단단한 알맹이 사료로 만든 것을 펠렛(pellet)사료라고 한다.

(4) 크럼블사료

펠렛사료를 다시 거칠게 분쇄한 것을 크럼블사료라고 하는데, 일반적으로 이러한 사료는 기호성과 소화율이 개선되지만 생산가격이 비싸지는 단점이 있다.

(5) 후레이크 사료

곡류를 증기로 처리하거나 증기처리 없이 열을 가하고 다시 높은 압력을 가하여 납작하게 누른 가공형태로, 박편에는 steam rolling, steam pressure flaking, pressure flaking 등이 있으며, 사료의 증기박편 처리공정은 가습, cooking, 압축, 건조 및 냉각의 4단계로 구분할 수 있다.

(6) 익스트루전 사료

익스트루전(Extrusion)은 익스트루더(Extruder)를 사용하여 원료의 종류에 따라 적당히 수분, 열 및 압력을 가해서 원료중의 전분을 젤라틴화 시킨 후 공기 중으로 급격히 배출하면서 팽창된 것으로 비중이 0.3 내외인 펠렛의 일종이다. 반려견과 반려묘에 주로 사용되는 사료가공 방식으로 원재료내에 존재하는 유해 미생물이나 트립신저해물 등의 항영양인자를 파괴하고, 전분의 호화도를 거의 100% 이르게 하고, 다공질로 이루어져 있어 소화율이 높고 기호성이 좋다(그림 10.3).

[그림 10.3] 사료의 가공형태에 따른 종류

2 수분 함량에 따른 분류

(1) 건조사료

건조사료는 수분의 함량이 6%~10%이고 건물기준으로(dry matter; DM) 90%이상인 사료를 말한다. 건조사료의 주원료는 곡류, 고기, 가금류, 생선 등이 있으며, 유제품, 비타민 및 광물질이 추가되기도 한다. 시중에서 익스트루전 사료는 대표 반려동물 주식사료로 유통되는 사료로 고온과 압력 및 다습상태에서 원료를 팽창시키고 익힘으로서 기호성과 영양소 흡수율을 높이게 되는 장점을 가지고 있다. 익스투르전 공법의 발달에 힘입어 많은 건조사료의 제조회사가 이 공법을 사용하고 있다(표 10.10).

건조사료의 에너지 농도는 건물기준(DMB)의 1kg당 대사에너지(Metabolic Energy; ME)는 약 3,000~4,500kcal이다. 고양이 사료는 개 사료보다 약간 높은 편이다. 건조사료의 에너지 농도는 제조공법 또는 포장방법에 따라 약간의 차이가 있을 수 있다. 그러나 대부분의 건조사료는 반려동물이 필요로 하는 에너지를 공급하는데 별 문제가 없다. 자견용, 성견유지용, 활동견 및 스트레스를 많이 받는 견 등의 용도에 따라서 단백질 및 지방 함량이 차이가 있을 수 있다. 고양이의 경우 개보다는 약간 높은 단백질과 필수아미노산을 더 필요로 한다.

건조사료 급여 시 연마효과(abrasive effect)는 치석 축적 감소에 도움이 되며, 보관성이 좋은 장점을 가지고 있다. 그러나 저급 건조사료의 경우 식물성 원료를 사용하게 되면 필수아미노산 부족이 초래되고 다량의 섬유소 함량은 소화율을 낮게 하여 배변량이 많아지는 경향이 있다.

(2) 습식 사료(Canned Pet Foods)

캔사료는 용도에 따라서 두 가지 종류가 있으며 수분의 함량은 약 74~80% 정도이다. 완전하고 균형을 유지하는 사료(주식) 및 수의사 처방식과 고기나 부산물을 주원료 사용하는(간식)형태가 있다. 주로 동물성 단백질류(고기, 가금류, 생선부산물 등) 및 곡류와 비타민 및 미네랄 등의 첨가물로 제조되는 사료를 말한다. 후자는 고기류만을 사용하며 완전한 균형을 이루는 사료가 아닌 보충식이나 간식의 용도로 사용된다. 일반적으로 통조림 사료의 기호성은 탁월하게 좋다. 그러나 개봉 후 부패가 쉬워 보관성이 낮으며, 가격도 영양소 함량 대비 고가이며 연마 효과를 기대할 수 없어서 치석이 빨리 쌓일 수 있는 단점을 가지고 있다.

(3) 반건조사료(Semi moist Pet Foods)

반건조사료는 주로 간식으로 이용되는 사료로 수분 함량이 약 15%~30%이고 주원료로 당분을 포함한 신선하거나 냉동된 동물의 근조직, 곡류, 지방 등을 포함하고 있다. 사료 내에 포함된 수분 유지와 방부효과가 매우 중요한데, 프로필렌글리콜과 같은 수분조절제는 고양이에게 빈혈증(anaemia)을 유발하기 때문에 고양이 사료에는 사용할 수 없으며 개사료에는 사용해도 된다.

〈표 10.10〉 반려동물 사료의 수분함량 차이에 따른 종류별 영양소량(예)(Linda[b], 1999)

영양소	개		고양이	
	As-Fed Basis	DM Basis	As-Fed Basis	DM Basis
건사료				
수분(%)	6~12	0	9~12	0
지방(%)	6~20	8~22	12~22	14~24
단백질(%)	16~30	18~32	24~32	26~36
탄수화물(%)	40~70	45~75	45~65	50~72
대사에너지(kcal/kg)	2,800~4,200	3,000~4,500	3,500~5,000	3,800~5,500

영양소	개		고양이	
	As-Fed Basis	DM Basis	As-Fed Basis	DM Basis
반 건조사료				
수분(%)	15~35	0		
지방(%)	7~12	8~16		
단백질(%)	17~22	20~30		
탄수화물(%)	35~60	55~75		
대사에너지(kcal/kg)	2,500~2,800	3,000~4,000		
캔사료				
수분(%)	70~78	0	70~78	0
지방(%)	4~9	20~32	5~12	20~46
단백질(%)	7~13	28~50	9~15	34~60
탄수화물(%)	4~13	18~57	4~13	16~44
대사에너지(kcal/kg)	850~1,250	3,500~5,000	1,000~1,400	3,900~5,800

3 사료의 원료에 따른 등급

반려인들이 동물병원이나 펫숍, 마트에서 사료를 구매할 때 포장지에 표시되는 등급은 알 수가 없다. 일부 사료들이 '홀리스틱'이나 '오가닉' 등의 사료 이름을 사용하지만 이것이 등급을 말하는 건 아니다. 결국 이러한 사료 등급은 공식적으로 표기되는 등급이 아니기 때문이다. 기본적으로 사료 등급이 미국농무부(USDA)나 미국사료협회(AAFCO)의 기준에 의한 것이 아니라 상업적으로 이용되는 용어라 볼 수 있다. 이 두 기관 모두 6단계, 즉 마트용→프리미엄→슈퍼프리미엄→홀리스틱→오가닉→로가닉사료에 대한 등급을 규정하거나 시행하고 있지 않다. 그러나 오가닉은 실제 미국농무부에서 사용한 용어로 유기농 재료를 95% 이상 사용한 동물사료 라벨에만 USDA인증 마크를 사용할 수 있도록 허락하고 있다. 따라서 원료보다는 영양성분이나 구성을 살펴봐야 한다. 개와 고양이는 주식이 사료이기 때문에 사료에서 부족한 성분이 있게 되면 신체에 필요한 영양소 및 에너지가 결핍되어 문제가 생길 수 있기 때문이다.

4 기타 사료

(1) 간식사료

반려동물 사료에서 간식사료는 기호성이 높은 사료로 주식보다는 간식으로 이용되는 사료이다. 우리나라의 연간 간식 구입 횟수 및 비용은 반려견의 경우 연간 9.1회, 17만 9천원이었으며, 반려묘는 6.3회, 10만 6천원을 지출하여 사료시장에서 점점 비중이 커지고 있다(그림 10.4).

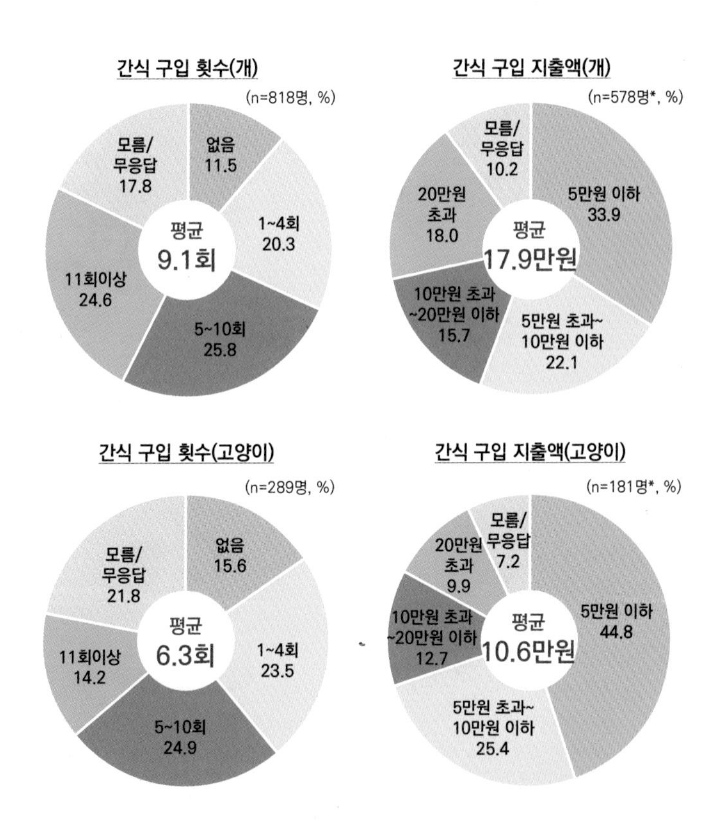

[그림 10.4] 연간 간식 구입 횟수 및 비용(2018 반려동물에 대한 인식 및 양육 현황 조사, 문화체육관광부)

스낵류(Snacks and Treats)는 최근에 점점 인기를 더해가는 제품이며 종류 또한 매우 다양하게 사료제조 회사들이 판매하고 있는 실정이다. 이러한 스낵류의 증가는 반려동물이 인간과의 관계에 있어서 애완동물이 아니고 동일한 사회구성원, 즉 반려동물이라는 점을 반영하는 것이라고 할 수 있다. 즉 반려동물의 소유주들은 스낵류를 구매할 때 단지 영양학적인 가치의 측면에서 구매하는 것이 아니고 반려동물에게 애정과 사랑의 표시로 주기 위하여 구매를 한다. 대부분의 스낵류는 완전하고 균형잡힌 사료가 아니기 때문에 단지 소량만 급여하는 것이 좋다. 스낵류의 급여량은 주식급여량의 10%미만을 급여하는 것이 좋다. 종류에는 저키류, 껌, 스낵, 수제음식 등이 포함되며, 대부분 반려견이나 반려고양이에 간식으로 제공된다(그림 10.5).

수제 간식 요리과정(예)

양배추 소고기죽	단호박 퓨레

1. 소고기60g을 먹기 좋게 썰어 주고 현미50g을 믹서기에 갈아줍니다. 2. 양배추40g을 끓는 물에 살짝 데친 뒤 냄비에 소고기를 볶아줍니다. 3. 우유400ml와 현미를 넣고 걸쭉해질 때까지 끓어 준 뒤 200g을 급여합니다.	1. 단호박400g을 먹기 좋게 찐 뒤 닭가슴살 100g을 뜨거운 물에 삶고 멸치 10g을 끓는 물에 데친 뒤 믹서기에 갈아줍니다. 2. 으깬 단호박과 닭가슴살을 냄비에 넣고 물200ml을 넣은 뒤 푹 끓여줍니다. 3. 충분히 식혀 준 뒤 멸치가루를 올려준 뒤 100g을 그릇에 담아줍니다.

[그림 10.5] 시판되는 비스켓, 개껌, 트릿 및 수제음식

(2) 수의 처방식

수의 처방식은 "피부와 요로계, 체중감량, 위장관, 신장, 심장, 간 등" 질환 종류에 따라 다양한 처방식 사료가 있다. 사료 종류마다 영양소 함량과 기능이 달라 반드시 진단된 질환에 따라 급여해야 하는 사료이기도 하다. 사료와 질병과의 관련성을 규명하고 사료 내에 존재하는 특별한 성분이 어느 특정한 질병의 치료를 돕거나 치료에 중요한 역할을 할 수 있도록 하는 사료이다. 이러한 사료는 건강한 반려동물에게 급여하는 사료와 구별되며 수의사와 상담을 통해 선택하여 급여하는 것이 좋다.

(3) 사료의 보충식

보충식 급여는 때로는 좋은 의도가 나쁜 결과를 유발할 때도 있다. 반려동물에게 정규적인 사료급여 이외에 비타민, 미네랄 및 기타 보충식을 급여할 때 가끔 볼 수 있는 현상이다. 이러한 행위는 가끔씩 여러 가지 건강문제를 유발하기도 한다.

반려동물 관리자들은 현재 급여하고 있는 사료의 급여성 증진, 완전한 영양, 그리고 반려동물이 사랑스러워서 보충식을 급여하는 경향이 있다. 그러나 반려동물이 요구하는 칼로리를 충족시키기 위하여 제조된 완전하고 균형 잡힌 사료를 급여할 경우 보충식이 전혀 필요하지 않다. 고품질의 사료는 라이프 스테이지와 라이프 스타일에 따라서 완전성과 균형성을 만족시키며 반려동물에게 필수 아미노산, 지방산, 비타민 및 미네랄을 충분히 공급한다. 일부 보충식이나 사람이 먹는 음식을 추가적으로 급여하게 되면 영양의 불균형이 발생할 수 있는 염려가 있다.

제6절 반려동물의 사료급여

개와 고양이는 이제 가족의 구성원인 반려동물이나 그들은 식물과는 다르게 체내에 필요한 영양소를 스스로 해결하지 못해 반려동물관리자의 힘을 빌어서 섭취할 수밖에 없는 게 현실이다. 그러면 이들은 얼마만큼의 에너지와 어떤 종류의 영양소를 어떻게 섭취해야 할까에 대한 의문을 가지고 있다. 본래 동물은 체내에 필요한 에너지 섭취를 스스로 조절할 수 있는 능력이 있으나 최근 음식의 기호성이 과도하게 높아졌고 인간의 의지대로 급여되어 점점 스스로 조절할 능력을 상실해 가고 있다. 즉, 영양소 과다 또는 결핍급여에 시달려야 하는 것이 요즘의 현실이어서 반려동물관리자의 책임이 크다고 할 수 있다.

1 사료 선택 시 고려할 점

대부분의 반려동물 관리자들은 편리성, 비용, 신뢰성 등의 이유 때문에 상업용으로 조제된 사료를 반려동물에게 급여한다. 건조사료, 캔사료, 반 건조사료 중에서 어느 것을 급여할 것인가는 각 사료의 편리성에 근거하여 선택하는 경향이 많다.

개, 고양이의 사료 선택 시 가장 중요한 고려사항 중의 하나는 그들의 '라이프스테이지'(Life Stage)와 '라이프스타일'(Life Style)에 맞는 사료를 선택해야 한다는 것이다. 반려동물의 나이, 활동수준, 임신유무, 건강상태 등에 따라서 필요한 영양소와 에너지의 요구량이 다르다. 반려동물의 사료를 선택하는 데 있어서 가장 중요한 요소 중의 하나는 해당 반려동물의 생리적인 상태를 반드시 고려해야 한다는 것이며 '영양소의 내용'과 '생물학적인 이용효능'은 가장 중요한 고려사항이다. 이에 사료는 반려동물의 라이프스타일과 라이프스테이지에 따른 필요량을 충족시킬 수 있는 적당한 양과 균형을 유지하는 모든 필수영양소를 포함하고 있어야 하며, 이상적인 체중을 유지하고 최적의 체 조직 성장을 위한 충분한 영양과 에너지를 포함하고 있어야 한다. 또한 잘 먹을 수 있도록 기호성이 좋아야 하며 반려동물에 맞는 사료알맹이의 모양과 조직은 잘 씹을 수 있도록 되어야 하며 소화와 흡수율이 양호해야 한다. 그리고 변이 일정하고 단단해야 한다.

2 사료급여 시기 및 방법

반려동물에게 사료를 급여하는 데 있어서 자유급여와 제한급여, 즉 시간제한 급여, 분량제한 급여 등의 급식 방법이 있다. 급식방법은 생리적인 상태, 에너지 수준, 성격 및 라이프스타일 등에 따라 다르게 선택할 수 있다.

(1) 자유급여

반려동물이 충분히 사료를 언제든지 먹을 수 있도록 하는 것이다. 이 급여방법은 반려동물이 스스로 먹을 양을 조절하여 필요한 영양소와 에너지를 섭취할 수 있을 때 가능한 방법으로 비교적 쉽게 부패하지 않는 건조사료 급여 시 적당한 방법이다. 건조사료 급여 시는 특히 항상 신선한 물을 공급하는 것은 잊지 않고 유지해야 한다. 다른 급여방법과 비교하여 자유급식은 특별한 기술이나 노하우를 필요로 하지 않지만 무제한 급여 시 비만을 일으키기도 한다. 특히 대형견 품종의 경우 급속한 체중증가는 뼈의 성장보다 빠르게 되어 여러 가지 골격 등의 문제를 일으키기 쉽게 된다. 그러나 높은 에너지를 필요로 하는 반려동물은 자유급식과 같은 급여방법을 이용하여 수시로 사료를 섭취해야 한다. 비록 자유급식이 편리한 급식관리라 할지라도 주의하여야 할 몇 가지의 부작용은 안고 있다.

(2) 시간제한 급여

반려동물이 스스로 조절할 수 있는 경우에 가능하다. 정상적인 신체를 가진 대부분의 성견(묘)은 매일 필요한 양을 충족시키는 충분한 양의 사료를 15~20분에 섭취할 수 있다. 비록 하루 1회 식사가 성견(묘)에게 신체를 유지하기에 충분하다고 할지라도 하루 2회의 식사를 제공하는 것이 더 건강한 신체를 유지하고 만족시킬 수 있다. 하루 1회의 식사는 대형견에 있어서 위확장증(gastric dilatation)을 유발할 수 있으나, 일일 2회 식사는 음식과 관련된 문제 행동을 줄일 수 있다.

자유급식에 익숙한 반려동물의 경우, 시간제한 급여방법으로 변경하였을 경우 잘 적응하지 못하는 경우도 종종 있다. 한정된 시간 내에 최대한 많이 먹어야 한다는 것을 학습하여 과식행동(gluttonous behavior)을 유발하기도 한다.

(3) 분량제한 급여방법

가장 많이 이용하는 방법이며 반려동물이 1일 필요한 적정양의 영양과 에너지 공급을 계산하여 급여함으로서 인위적으로 필요한 만큼을 급여시킬 수 있도록 조절할 수 있다. 반려동물의 상태에 따라 하루 1회 또는 2~3회 급여 하는 것이 일반적이다. 분량제한 급여방법의 경우 반려동물관리자는 사료 포장지에 표시된 에너지와 단백질 요구량 등을 계산하여 사료급여량을 결정해서 급여할 수 있는 충분한 지식을 가지고 있어야 한다.

3 사료 급여량 계산

반려견의 경우 초소형종에서 초대형종까지 다양하여 이에 따른 생리적 차이점들이 매우 다르다. 이들은 성성숙도 소형종이 대형종에 비해 거의 3배정도 빠르며, 생시체중에서 성견까지의 체중증가도 20배에서 100배정도 차이를 보여 대형견이 소형견에 비해 5배 정도 더 증가된다. 또한 기대수명도 차이가 커 거의 소형견이 대형견에 비해 2배 정도 더 오래 살게 된다. 이러한 차이점 때문에 생리적 상태에 따라 요구되는 영양소와 에너지 필요양이 각각 다르다고 할 수 있다. 일반적으로 성장 중인 강아지는 성견보다 2배 이상의 에너지와 단백질을 필요로 하고 있고, 수유중인 견의 경우는 성견보다 4배 이상의 단백질과 대사에너지요구량을 가지고 있다. 사료급여량은 사료 포장에 사료량으로 표시되는데 일반적으로 일일대사에너지 요구량(DER, Daily Metabolic Energy Requirement)은 대사체중과 단백질필요량, 활동량, 신체충실지수(Body Condition Score, BCS), 내외부 환경 등을 고려하여 계산된다. 개와 고양이에 대한 DER 계산은 [표 10.11, 표 10.12] 및 [표 10.13]과 같이 일단 휴식기의 에너지 요구량(Resting Energy Requirement, RER)을 계산한 후 여러 생리적 상태에 따라 상수를 곱하여 산출한다(서울특별시 수의사회, 2019).

〈표 10.11〉 개와 고양이의 휴식기 에너지요구량(RER) 계산공식

종류	공식(㎉/day)	종류	공식(㎉/day)
개	RER = 70×체중(kg)$^{0.75}$	고양이	RER = 40×체중(kg)
	RER = 30×체중(kg)+70		

〈표 10.12〉 개와 고양이의 일일에너지 에너지요구량(DER) 계산공식

종류	공식	비고
개	DER = 2×RER	활동적 상태
고양이	DER = 1.6×RER	
	DER = 60×체중(kg)	

〈표 10.13〉 개와 고양이의 생리적 단계 및 해당 요인에 따른 일일에너지요구량(DER) 상수

상 태		RER×상수	
		개	고양이
성 체 (adult)	비 만	1	1
	비만 경향	1.4	1
	중성화 수술	1.6	1.2
	운동량 없음	1.8	1.4
	가벼운 운동	2	1.6
	적당한 운동	3	–
	심한 운동	4.0~8.0	–
성장기 (Growth)	성견 체중의 50% 이하	3	3
	성견 체중의 50~80%	2.5	2.5
	성견 체중의 80% 이상	2	2

예) 말티스 3kg 성견, 가벼운 운동 상태의 경우 1일에너지요구량(DER) 계산

- RER = (30×3)+70 = 160㎉이므로 "가벼운 운동상태"일 경우
DER은 상수 2에 RER 160㎉를 곱하여 2×160㎉ = 320㎉이 된다.

본 QR코드를 스캔하시면
[최신 동물보건영양학]의
참고문헌을 확인하실 수 있습니다.

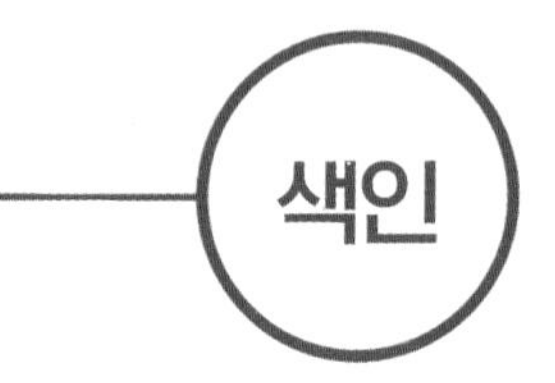

ㄱ

ㄴ

ㄷ

ㄹ

ㅁ

ㅂ

ㅅ

ㅇ

ㅈ

ㅊ

ㅋ

ㅌ

ㅍ

ㅎ

공저자 약력

오희경

서울대학교 농학박사
장안대학교 건강과학부 바이오동물보호과 부교수

김미지

대구가톨릭대학교 이학박사
대구보건대학교 반려동물보건관리학과 부교수

송광영

건국대학교 축산대학 농학박사
대구한의대학교 반려동물산업학과 조교수

이경동

경상대학교 농학박사
동신대학교 반려동물학과 교수

이재연

충남대학교 수의학박사
대구한의대학교 반려동물보건학과 조교수

이형석

충남대학교 농학박사
우송정보대학 반려동물학부 교수

정현아

숙명여자대학교 이학박사
대구한의대학교 반려동물보건학과 교수

강민희

건국대학교 수의학박사
장안대학교 건강과학부 바이오동물보호과 조교수

최신 동물보건영양학

초판발행 2023년 8월 31일
중판발행 2024년 7월 15일

지은이 오희경·김미지·송광영·이경동·이재연·이형석·정현아·강민희
감 수 김유용·도성호
펴낸이 노 현

편 집 배근하
기획/마케팅 김한유
표지디자인 이은지
제 작 고철민·김원표

펴낸곳 ㈜ 피와이메이트
서울특별시 금천구 가산디지털2로 53 한라시그마밸리 210호(가산동)
등록 2014. 2. 12. 제2018-000080호
전 화 02)733-6771
f a x 02)736-4818
e-mail pys@pybook.co.kr
homepage www.pybook.co.kr
ISBN 979-11-6519-444-4 93520

정 가 26,000원